高等院校教材

通信新技术及其实验

沈连丰　主编

宋铁成　徐平平　刘　云　胡　静　编著

科学出版社

北　京

内 容 简 介

本书是将科研成果应用于教学的一种尝试,重点论述通信的若干新技术并给出对应的实验。全书共分为 10 章,包括:数字基带仿真,服务发现,局域网接入,电话网接入,语音传输,数据传输,无线多点组网,通信传输的有效性和可靠性分析,数字图像的采集传输和处理以及 GSM/GPRS 接入等。书中深入浅出地给出了每个实验涉及的实验原理、实验设备与环境、实验内容、实验步骤以及预习和实验报告要求。它不仅是一本实验指导书,同时也是一本涵盖了众多通信知识点的基础教材,充分体现了通信与计算机的紧密结合、硬件和软件的紧密结合以及系统和网络的概念。学生通过全面参与来体验这些新技术,而每一个实验又可延伸为研究开发平台进而进行新的研究。

本书可作为高等院校通信、信息、电子、自动控制、计算机科学与工程等专业本科生或研究生"通信新技术及其实验"课程的配套教材,也可作为相关技术、科研和管理人员的参考书。

图书在版编目(CIP)数据

通信新技术及其实验/沈连丰主编;宋铁成等编著.—北京:科学出版社,2003
(高等院校教材)

ISBN 978-7-03-012141-7

Ⅰ.通… Ⅱ.①沈… ②宋… Ⅲ.通信技术:新技术-实验-高等学校-教材 Ⅳ.TN91-33

中国版本图书馆 CIP 数据核字(2003)第 077344 号

责任编辑:匡 敏 钟 谊/责任校对:林青梅
责任印制:徐晓晨/封面设计:陈 敬

科学出版社出版
北京东黄城根北街 16 号
邮政编码:100717
http://www.sciencep.com

北京虎彩文化传播有限公司 印刷
科学出版社发行 各地新华书店经销

*

2003 年 9 月第 一 版 开本:B5 (720×1000)
2018 年 1 月第十二次印刷 印张:16 3/4
字数:335 000

定价:49.00 元
(如有印装质量问题,我社负责调换)

前　　言

　　IT 业对人才的巨大需求直接引发了高校 IT 相关专业的扩招。在通信技术日新月异的今天，如何让学生在校期间有机会接触一些前沿技术并开展实际的工程设计和研发训练，进而提高学生就业的竞争力，是高校教学改革的重要内容之一。东南大学移动通信国家重点实验室以及依托实验室建立的南京东大移动互联技术有限公司，先后承担了江苏省"十五"重大科技攻关项目"CDMA 无线接入系统"、国家"十五"科技攻关项目"基于蓝牙技术的无线接入系统"、国家自然科学基金、教育部重点科学研究等项目以及与 Motorola 等公司的合作项目，对 Bluetooth、IEEE802.11、HiperLAN 及 LMDS 等技术进行了较深入的研究。2002 年初，香港中文大学电子工程学系购买我们研制的基于蓝牙技术的各类接入设备数十套(包括硬件和软件)，用于本科生的教学、实验以及研究生的课题研究，另外，国内一些大学希望我们为他们设计以蓝牙技术为代表的现代通信技术教学实验。鉴于这一需求，结合我们的教学和科研实践，我们于 2002 年设计了"现代通信技术教学实验平台"，并逐步将其演变成目前的这套系列实验，试图把科研工作中的成果和体会应用到教学实践中，以实验的方式让学生对这些近年提出的新技术有一个感性的认识，在实验中让学生参与进来，通过亲手进行硬件电路的修改和制作、软件程序的局部修改/编译/编写、结合自己的实际研制开发新设备、拓展新应用等，使学生对无线接入乃至各类现代通信系统的基本原理、体系结构、实现方法等有切身的感受和实际的经验。经过一年多的实践，我们有理由相信这条路对于学生掌握最新技术、理论联系实际、提高学校的教学质量和增强学生的就业竞争力，已经起到了积极作用。

　　本系列实验选用蓝牙技术为主要物理平台。蓝牙技术是一种短距离无线通信的标准，可以使蜂窝电话系统、无绳电话系统、无线局域网和因特网等现有网络增添新的功能，能在小范围内把各种移动通信设备、固定通信设备、计算机及其采集端设备、各种数字数据系统(包括数字照相机、数字摄像机等)甚至各种家用电器，通过一种廉价的无线电缆方法互相连接起来，增添其无线传输和组网的功能，方便地形成个域网。因此，它的应用几乎可以渗透到所有通信及信息传输领域，具有极为广泛的应用前景。以这种小区域无线接入技术作为教学示范，足以让学生以小见大，更快更好地建立系统级、网络级的概念。

　　本书涉及的知识点较多，因此它不仅是一本实验指导书，同时也是一本涵盖了众多通信知识点的基础教材。全书共分为 10 章，各章的内容简介如下：

　　第 1 章为数字基带仿真，用仿真的方法给出了无线通信系统基带传输中信源编码、差错控制编码、保密通信以及扩频通信的基本概念、原理和方法。

第 2 章为服务发现,通过具体的蓝牙服务发现协议说明了网络的服务发现机制、数据的表示方式和服务发现的工作流程,使学生理解典型的客户-服务器工作模式以及查询服务与协调应用等概念。

第 3 章为局域网接入,介绍无线采集端设备接入局域网或者 Internet 的工作过程,使学生了解计算机通信网和 Windows 设备驱动程序的知识,明了串口通信的过程,理解局域网从有线接入到无线接入的实现原理。

第 4 章为电话网接入,介绍无线采集端设备的 TCS 信令和 PSTN 电话网接入系统的实现模式以及 PSTN 电话网关和无线语音采集端的工作过程,使学生通过实验理解 PSTN 电话网的 DTMF 信令的交换流程。

第 5 章为语音传输,介绍蓝牙技术支持的三种语音编码方式及其差别,让学生通过实验和实际编程理解语音传输与数据传输的异同、随机错误和突发错误以及分组交换和电路交换等概念。

第 6 章为数据传输,介绍协议分层概念、上下层与对等层概念、逻辑链路与物理链路的区别、面向连接和面向无连接的服务、自环与广播等。通过精简的 OBEX协议,使学生理解协议实现的多样性和互操作性,并且通过实际编程来实现一个上层应用和本实验中的程序进行通信。

第 7 章为无线多点组网,学生通过利用已有的多个设备组网,学习无线组网的基本原理及相关概念,理解点对多点的网络、Ad hoc 网络多跳转接的拓扑结构、组网过程、简单的路由协议以及广播和组播的相关知识。

第 8 章为通信传输的有效性和可靠性分析,介绍点对点数据传输中的流量控制、差错控制与共享信道的基本方法、停止-等待协议、连续 ARQ 协议,分析信道利用率和最佳帧长,通过对不同通信口的测试,使学生体会流量控制、差错控制对通信有效性和可靠性的综合影响;通过仿真受控接入中的轮叫轮询、传递轮询以及随机接入中的 ALOHA、CSMA 和 CSMA/CD 机制来比较各种机制的性能。

第 9 章为数字图像的采集传输和处理,介绍数字图像的采集、传输过程以及数字图像的压缩与传输方法,使学生掌握简单的数字图像处理的方法,如伪彩、平滑、锐化及图像增强等。

第 10 章为 GSM/GPRS 接入,介绍 GSM/GPRS 的基本组成、协议结构、接续流程、信令流程以及话音、短消息、WAP 等各类网络服务的实现,学生可以通过 AT命令操作 GSM/GPRS 模块,深入理解 GSM/GPRS 客户端的工作过程。

本书在原讲义的基础上经多轮修改而成,深入浅出地给出了每个实验所涉及到的实验原理,详细说明了实验设备与环境、实验内容及实验步骤等,对每个实验都有预习和完成实验报告的要求,还安排了课后思考题。书中的大部分实验已申请了专利。我们力图在本书中体现通信与计算机的紧密结合、硬件和软件的紧密结合以及系统和网络的概念,学生通过全面参与来体验这些新技术,而每一个实验均可延伸为研究开发平台进而开展新的研究。此外,为了配合教学,本书还将出版配套光盘,光盘中将包括本书索引和电子课件等内容;本书的索引还将放在以下网站上：http：//www.sciencep.com 及 http：//www.semit.com.cn。这些都是本书的特色所在。

本书可作为高等院校通信、信息、电子、自动控制、计算机科学与工程等专业本科生或研究生"通信新技术及其实验"课程的配套教材，建议课程安排 40 学时，2 个学分，其中实验授课 10 学时，实验辅导 30 学时，要求学生每次实验后都要认真撰写并提交实验报告。教学中可以根据实际需要和学生的知识背景安排各部分实验，可以分成演示学习、学生动手操作和研发设计三个层次。南京东大移动互联技术有限公司研制完成了本书全部的实验设备，感兴趣的读者可浏览其网页（http：//www.semit.com.cn）或电话联系（025-84455801）。

本书由沈连丰主编，宋铁成、徐平平、刘云、胡静等共同编著，叶芝慧、肖婕、宋扬、夏玮玮、鲍淑娣、王大伟、陆苏、陈小硕、顾敏敏、黄慧研、吴小安、王伟等做了许多具体工作。书中的系列实验由南京东大移动互联技术有限公司依托东南大学无线电工程系和移动通信国家重点实验室设计和研制，20 多位博士、硕士研究生以及南京东大移动互联技术有限公司的研发人员参与了系列实验软、硬件的设计与开发。香港中文大学陈锦泰教授、中国科学技术大学朱近康教授、浙江大学黄爱苹教授、上海交通大学罗汉文教授、东南大学吴镇扬教授、东北大学傅仲述教授、南京工程学院陆履豪教授、杭州商学院任志国教授等对实验内容和讲义提出了很多很好的建议并参与了其中部分研究工作，许多兄弟院校的老师在使用本书系列实验和原讲义时给出了许多修改意见，东南大学教务处、研究生院和无线电工程系的领导对我们的工作给予了大力支持和指导。因此，本书及其实验是集体智慧的结晶，在此向支持我们工作及对本书作出贡献的同仁致以最诚挚的感谢！

本书系列实验已在多个高校开设，取得了良好的教学效果。但是，通信技术的发展日新月异，将之引入教学实践是一项富有挑战且永无止境、使命感极强的工作，限于时间和水平，实验平台的设计开发以及本书的内容可能存在不少缺点或错误，不足之处，敬请读者不吝指正。

编　者

2003 年 5 月

于东南大学移动通信国家重点实验室

目　　录

第1章　数字基带仿真

1.1　引　　言

基带信号处理是通信系统研究的重要内容,但是其理论性较强,学生难以形成感性认识。针对这种情况,我们设计了数字基带仿真实验。本章首先介绍了基带部分的物理链路、逻辑信道、发送/接收处理和时隙等概念,在此基础上着重研究基带系统的包结构和差错控制方法以及扩频跳频、保密通信等原理及其实现方法。以蓝牙基带部分的工作原理为例,通过对蓝牙基带差错控制、跳频原理和加密技术的软件仿真,学生能够直观认识一般通信系统的基带工作原理及其实现方法,理解通信系统特别是无线通信系统对基带信号的处理方法和目的,掌握通信系统的基带传输中诸如差错控制、扩频通信以及保密通信的基本概念、原理和方法。

1.2　基　本　原　理

1.2.1　概述

通信系统的一般模型如图 1.1 所示,包括信源、发送设备、信道、接收设备、信宿以及噪声源。其中,信源的作用是把各种可能消息转换成原始信号;发送设备将原始信号变换为便于传输的信号,其功能可以包括信源编码、加密、信道编码(差错控制编码)和调制等;信道是指信号的传输媒介,可以是无线或有线的;接收设备的功能与发送设备相反,能从接收信号中恢复出相应的原始信号;信宿的功能是将复原的原始信号转换成相应的消息;噪声源是分散在通信系统各处的噪声以及其他系统对本系统干扰的集中表示。

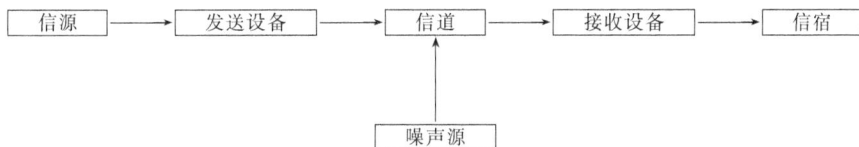

图 1.1　通信系统的一般模型

1.2.2 蓝牙基带系统介绍

1.蓝牙微微网与信道划分

蓝牙通信网络的基本单元是微微网,由一个主设备和至多7个从设备组成,在同一区域中可以有多个微微网,相互连接在一起构成分布式网络。每个微微网的主设备是不同的,所以跳频序列和相位是独立的。如果同一区域中有多个微微网共存,一个蓝牙设备可以利用时分复用在多个网络中工作。

蓝牙系统工作在2.4GHz的工业、科学和医疗(ISM,Industrial Scientific Medical)频段上,它的工作频段为 $2400\sim2483.5\text{MHz}$,使用79个频点,射频信道为 $(2402+k)\text{MHz}(k=0,1,\cdots,78)$。

在蓝牙的微微网中,主动发起链接的设备称为主设备,被动链接的设备称为从设备。微微网中信道的特性完全由主设备决定,主设备的蓝牙地址(BD_ADDR,Bluetooth Device_ADDRess)决定了跳频序列和信道接入码;主设备的系统时钟决定了跳频序列的相位和时间。

每个蓝牙设备都有一个内部系统时钟,用来决定传送的时间和跳频频率。为了与其他蓝牙设备同步,我们只在本地时钟上加偏移,提供临时时钟,使它们相互同步。时钟速率为3.2kHz。在蓝牙的不同工作状态,设备所使用的时钟有本地时钟(CLKN,CLocK Native)、估计时钟(CLKE,CLocK Estimate)、主设备时钟(CLK,CLocK)。在微微网的信道中,跳频频率由主设备时钟决定,每个从设备加一个偏差到它的本地时钟上,以与主时钟同步。CLKN是自由运转的本地时钟,是其他所有时钟的参考。CLK是微微网中主设备的时钟,在连接状态,所有蓝牙设备使用CLK来确定它们的发送和接收时间,它是在CLKN上加上偏移量来得到的。每个从设备在自己的CLKN上加上合适的偏差来与CLK同步。

在每个微微网中,一组伪随机跳频序列被用来决定79个跳频信道,这个跳频序列对于每个微微网来说是惟一的,由主设备地址和时钟决定。信道分成时隙,每个时隙相应有一个跳频频率,通常跳频速率为1600跳/s。

蓝牙系统的信道以时间长度 $625\mu s$ 来划分时隙,根据微微网主设备的时钟对时隙进行编号,号码从0到 2^{27}-1,以 2^{27} 为一个循环长度。系统使用一个时分双工(TDD,Time Division Duplex)方案来使主设备和从设备交替传送,如图1.2所示[$f(k)$表示跳频序列]。主设备只在偶数的时隙开始传送信息,从设备只在奇数的时隙开始传送,信息包的开始与时隙的开始相对应。

2.物理链路

蓝牙系统可以在主/从设备间建立不同形式的物理链路,共定义了两种方式:实时的同步面向连接(SCO,Synchronous Connection-Oriented)方式和非实时的

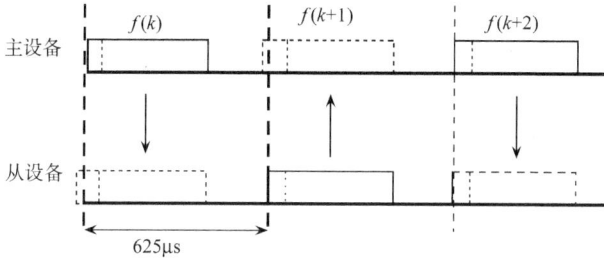

图 1.2 TDD 方案示意图

异步无连接(ACL,Asynchronous Connection-Less)方式。对于 SCO,主设备和从设备在规定的时隙传送话音等实时性强的信息,所发送的 SCO 包不被重传;而对于 ACL,主设备和从设备可在任意时隙传输,以数据为主,为保证数据的完整性和正确性,ACL 包可被重传。

3.蓝牙基带包结构及发送/接收处理

(1) 包的一般格式

在信道中数据以包的形式传输,其一般形式如图 1.3 所示,通常分为三个部分,即接入码、包头和有效载荷。基带包的种类很多,有些用于传输语音信息,有些用于传输数据信息;根据信道质量的不同,可以对包采用各种差错控制以获得需要的传输质量。

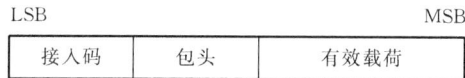

LSB   MSB

接入码	包头	有效载荷

图 1.3 包的一般格式

1) 接入码。接入码的长度通常是固定的,由网络的设备地址生成。对蓝牙设备而言,每个蓝牙设备都分配有一个独立的 48bits 的设备地址 BD_ ADDR,分为三个部分:地址的低位 24bits 部分(LAP,Low Address Part),地址的高位 8bits 部分(UAP,Upper Address Part)和 16bits 的非有效地址部分。在蓝牙系统中,接入码由头码、同步字和尾码三部分组成,共 72bits。蓝牙系统共定义了三种不同的接入码形式:信道接入码(CAC,Channel Access Code),设备接入码(DAC,Device Access Code),探询接入码(IAC,Inquiry Access Code)。

2) 包头。包头包含了重要的链路控制信息,由于包头的重要性,通常需要对整个包头采用纠错编码技术加以保护。在蓝牙系统中,包头分为六个部分,共 18bits,如图 1.4 所示,然后再用 1/3 前向纠错(1/3 FEC,1/3 Forward Error Correction Code)进行编码,形成 54bits。

LSB	3	4	1	1	1	8	MSB
AM‑ADDR		TYPE	FLOW	ARQN	SEQN	HEC	

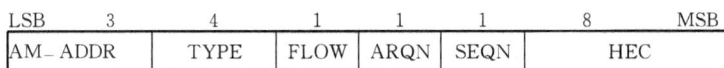

图 1.4　包头格式

图 1.4 中，AM‑ADDR(Active Member ADDRess)描述了微微网设备成员地址。TYPE 描述了包的类型，用 4bits 定义了 16 种包的类型。FLOW 描述了对 ACL 链路包的流量控制。ARQN(Automatic Repeat reQuest Number)用来证实含有循环冗余校验(CRC,Cyclic Redundancy Check)的有效载荷数据的成功传输。SEQN(SEQuential Number)用于区分重发包。HEC(Header Error Check)被用来保证包的完整性。

3) 有效载荷。有效载荷是数据包传输中的有效信息部分,有效载荷的长度可以是固定的,也可以是可变的。根据信道的情况和实际需求,有效载荷可以采用各种检、纠错编码加以保护。为了提高信息传输速率,在信道条件较好或实时语音传输等情况下,也可以不对有效载荷采用检、纠错技术。

(2) 蓝牙基带包的类型

在蓝牙系统中使用 4bits 类型码(TYPE,图 1.4)来区分不同类型的包。

1) 公用包类型。共有五种类型的公用包,即标识(ID,IDentity)包、空(NULL)包、查询(POLL)包、跳频同步(FHS,Frequency Hop Synchronization)包和中等速率数据 DM1(DM,Data-Medium rate data)包。ID 包由设备接入码(DAC)或探询接入码(IAC)构成,用于寻呼、查询和响应状态。FHS 包是一个特殊的控制包,包含发送设备的地址和时钟信息,在查询响应状态时,FHS 包不需要得到确认。

2) SCO 包。SCO 包不使用 CRC 校验,并且不需要重发,没有有效载荷头,一般用在传送同步(语音)信号中,根据信道条件及对语音质量的要求,可以使用高保真语音 HV1(HV,High quality Voice)、HV2、HV3 包。HV1 包使用 1/3 FEC 纠错,支持高质量语音。HV2 包使用 2/3 FEC 纠错,支持中等质量的语音传输。HV3 包不使用 FEC 纠错,支持高速语音传输。

3) ACL 包。ACL 包用在异步链路中,可以传递用户的数据,共定义了七种类型,其中六种有 CRC 码并可以重传。DM1 包只传送数据信息,支持中等速率的数据,采用 CRC 编码和 2/3 FEC 纠错。高等速率数据 DH1(DH,Data-High rate data)包与 DM1 包相似,除了有效载荷的信息部分外不需要 FEC 纠错,支持高速数据。

(3) 蓝牙基带包有效载荷

对于有效载荷格式,ACL 包只包括数据,SCO 包只包括语音。语音有效载荷的长度是固定的,没有有效载荷头。对于 HV 包,语音有效载荷长度是 240bits;对数据语音(DV,Data Voice)包,语音有效载荷长度是 80bits。数据有效载荷包括三个部分:有效载荷头、有效载荷信息、CRC 码。

（4）发送/接收处理

蓝牙收发信机使用时分双工（TDD）方案。在一般连接状态，主设备在偶时隙（CLK1＝0）开始传送，从设备在奇时隙（CLK1＝1）开始传送。

在连接状态，蓝牙收发器交替发送和接收。如图 1.5 所示，图中显示的是占用单个时隙的包［$g(m)$ 表示跳频序列］。根据包的形式和有效载荷长度，包的长度最大可以到 366μs，每个发送和接收都在不同的跳频频率上。

在建立链接和主从设备转换中，主设备向从设备传送 FHS 包，该包确定了从设备与主设备在时间和频率上的同步。从设备接收到寻呼消息后，返回一个响应消息（由 ID 包组成）。当主设备在接收时隙收到从设备的响应后，就在发送时隙传送 FHS 包。

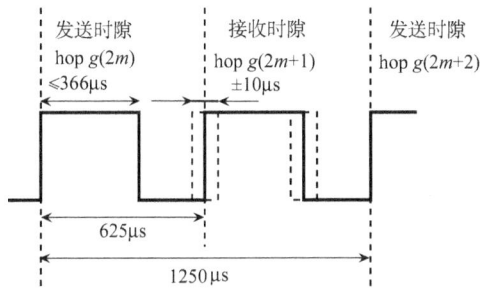

图 1.5 单时隙包的蓝牙主设备发送接收示意图

4.蓝牙状态分析

蓝牙系统有两个主要工作状态（守候状态和连接状态）和 7 个中间临时状态（寻呼状态、寻呼扫描状态、查询状态、查询扫描状态、主设备响应状态、从设备响应状态和查询响应状态）。

守候状态是蓝牙设备的默认状态，设备处于低功耗状态，它可以每隔 1.28s 离开守候状态进入寻呼扫描或查询扫描状态，也可以进入寻呼或查询状态。

为了建立新的连接，要使用查询和寻呼处理。如果主设备知道一个设备的地址，就采用寻呼建立连接；如果地址未知，就采用查询建立连接。查询处理能使一个设备发现什么设备处于它的通信范围内以及它们的设备地址和时钟是什么，然后再经过寻呼处理，即可建立实际的连接。在连接状态，蓝牙设备可以处于一些次状态：激活状态、探测状态、保持状态及休眠状态。

（1）寻呼扫描状态及其处理

在寻呼扫描状态，设备在扫描窗口中监听包含自己的设备接入码的 ID 包。设备根据自己的寻呼跳频序列来选择扫描频率，这是一个 32 跳频序列，其中每个跳频频率是惟一的，由设备的地址和本地时钟决定，每 1.28s 选择一个不同的频率。

（2）寻呼状态及其处理

寻呼状态被主设备用来连接一个从设备，主设备在不同的跳频信道上发送包含从设备接入码的 ID 包来尝试找到从设备。主设备寻呼某个从设备，必然要知道后者的设备地址及对后者的本地时钟进行估计，这两点被用来决定主设备的寻呼跳频序列。

（3）寻呼响应状态及其处理

当从设备成功接收一个寻呼消息后，它们都进入响应状态来交换建立连接所必须的信息。对于连接，最重要的是两个蓝牙设备使用相同的信道接入码，使用相同的信道跳频序列，时钟是同步的。信道接入码和信道跳频序列都起源于主设备的 BD_ADDR，时钟由主设备时钟决定。需要在从设备的本地时钟上加一个偏差，以与主设备时钟保持同步。

主、从设备间消息的传递如图 1.6 所示，频率 $f(k)$ 和 $f(k+1)$ 是寻呼跳频频率，频率 $f'(k)$ 和 $f'(k+1)$ 是寻呼响应跳频频率，频率 $g(m)$ 是信道跳频序列。

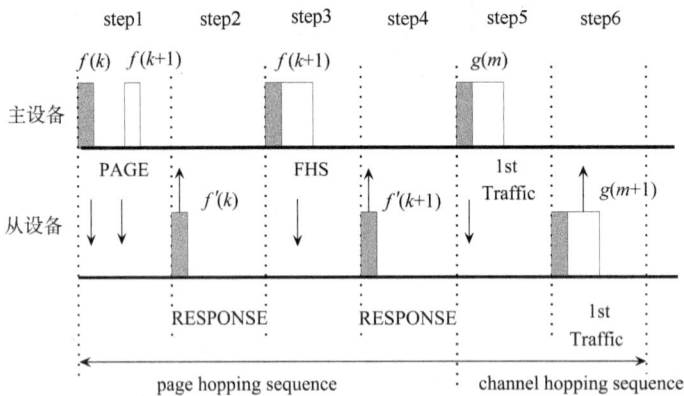

图 1.6　主、从设备间消息传递示意图

（4）查询状态及其处理

在蓝牙系统中，当主设备不知道目标设备的地址时，就采用查询处理。查询处理主要用来查询在主设备的范围内有哪些未知地址的设备，如公用打印机、传真机等。在查询状态中，主设备收集所有回应查询消息设备的地址和时钟，如果希望连接，就可以进入寻呼状态。对所有的蓝牙设备来说，有一个通用查询接入码（GIAC，General Inquiry Access Code）；对某个确定种类的设备来说，有专用查询接入码（DIAC，Dedicated Inquiry Access Code）。

（5）查询扫描状态及其处理

如果一个设备允许自己被发现，就有规律地进入查询扫描状态来响应查询接收设备在 16 个搜寻频点上扫的查询接入码。类似于寻呼处理，查询处理也根据查询跳频序列来使用 32 个频点，这些频率由通用查询地址的查询扫描设备的本地时钟决定,每 1.28s 改变一次。除了通用查询地址外,设备也可以扫描一个或多个专用查询接入码,但跳频序列还是由通用查询地址决定。

查询设备收到查询响应消息后,就读整个响应包(FHS 包),然后继续查询发送。因此,处于查询状态的蓝牙设备不需要对查询响应消息进行确认,它一直在不同的频率上监听响应信息。

1.2.3 差错控制编码

1.差错控制的方式

常用的差错控制方式主要有三种:检错重发(ARQ,Automatic ReSend Query),前向纠错(FEC,Forward Error Correction)和混合纠错(HEC,Hybrid Error Correction)。

检错重发是指在发送端经编码后发送能够发现错误的码,接收端收到后,经检验若有错误,则通过反向信道把这一结果反馈给发送端。然后,发送端把前面的信息重发一次,直到接收端认为已正确地收到信息为止。

常用的检错重发系统有三种,即停止-等待重发、返回重发和选择重发。

1)停止-等待重发。发送端在 T_w 时间内送出一个码组给接收端,接收端收到后经检测,若未发现错误,则发回一个认可信号(ACK,ACKnowledge)给发送端,发送端收到 ACK 后再发送下一个码组;反之,则发回一个否认信号(NAK,Negative AcKnowledge),发送端收到 NAK 后重发前一个码组,并再次等候 ACK 或 NAK。

2)返回重发。发送端不停顿地送出一个又一个码组,不再等候 ACK,但一旦接收端发现错误并发回 NAK 信号,则发送端从错误的那一个码组开始重发前一段 N 组信号。这种重发系统显然比前者有些改进。

3)选择重发。这种重发系统也是连续不断地发送信号,接收端检测到错误后返回 NAK,但重发的只是有错误的那一组码组。

在前向纠错(FEC)中,发送端经编码后发送能够纠正错误的码,接收端收到这些码组后经译码能自动发现并纠正传输中的错误。前向纠错方式不需要反馈信道,特别适合于只能提供单向信道的场合。由于它能自动纠错,因而延时小,实时性好。

混合纠错(HEC)是前向纠错和检错重发方式的结合。在这种系统中接收端不但有纠错能力,而且对超出纠错能力的错误有检测能力。

2.差错控制编码分类

差错控制中使用的信道编码可以有如下多种:

按照差错控制编码的不同功能,可以将其分为检错码、纠错码和纠删码。检错码仅能检错;纠错码在检错的同时还能纠正误码;纠删码不仅具有纠错的功能,还能对不可纠正的码元进行简单的删除。

按照信息码元和附加的监督码元之间的检验关系,可以将其分为线性码和非线性码。若信息码元与监督码元之间的关系为线性关系,即满足一组线性方程组,则称之为线性码;反之,则称之为非线性码。

按照信息码元和附加的监督码元之间的约束方式不同,可以将其分为分组码和卷积码。分组码中,监督码元仅与本组的信息有关,而卷积码中监督码元不仅与本组的信息有关,还跟以前码组的信息有约束关系。

3. 有扰离散信道的编码定理

对于一个给定的有扰信道,若信道的容量为 C,只要发送端以低于 C 的速率 R 发送信息(R 为编码器的输入二进制码元速率),则一定存在一种编码法使编码错误概率 P 随着码长 n 的增加,按指数下降到任意小的值。上述定理用公式表示为

$$P \leqslant e^{-nE(R)}$$

式中,$E(R)$ 为误差指数。

4. 纠错和检错的基本原理

信道编码的基本思想是在被传送的信息中附加一些监督码元,在两者之间建立某种校验关系,当这种校验关系因传输错误而受到破坏时,可以被发现并予以纠正。这种检错和纠错能力是用信息量的冗余度来换取的。下面我们以三位二进制码组为例,说明检错和纠错的基本原理。若用 00,10,01,11 表示四种信息,由于每一种码组都有可能出现,没有多余的信息量,因此,若在传输中发生一个误码,则接收端不会检测到,这样就需要有第三位监督码元。这位附加的监督码元与前面两位码元一起,保证码组中"1"码的个数为偶数,即形成 000,011,101,110 这四种码组来传送信息。另外四种码组 001,010,100,111 是禁用码组。接收时一旦发现这些禁用码组,就表明传输中发生了错误。

在信道编码中,定义码组中非零码元的数目为码组的重量,简称为码重。把两个码组中对应码位上具有不同二进制码元的位数定义为两码组的距离,将其称为汉明距离,简称为码距。

一种编码的最小码距直接关系到这种码的检错和纠错能力。对于分组码有以下结论:

1)在一个码组内检测 e 个误码,要求最小码距

$$d_{\min} \geqslant e + 1$$

2)在一个码组内纠正 t 个误码,要求最小码距

$$d_{\min} \geqslant 2t + 1$$

3)在一个码组内纠正 t 个误码,同时检测 $e(e \geqslant t)$ 个误码,要求最小码距

$$d_{\min} \geqslant t + e + 1$$

存在多种实用、简单的检纠错码,最常用的是奇偶校验码,因为其简单易行。在国际化标准组织(ISO,International Organization for Standardization)和国际电报与电话咨询委员会(CCITT,Consultative Committee on International Telegraphy and Telephony)提出的 7 单位国际 5 层字母表,美国信息交换码 ASCⅡ字母表及我国的 7 单位字符编码标准中都采用 7bits 码组表示 128 种字符。但为了检查字符传输是否有错,常在 7bits 码组后加 1bit 作为奇偶校验位,使得 8 位码组(1 个字节)中"1"或"0"的个数为偶数或奇数。除此之外,还有水平奇偶监督码、水平垂直奇偶监督码、群计数码、恒比码和国际统一图书编号(ISBN,International Standard Book Number)等等。

5. 汉明码和循环码

汉明码是纠正单个错误的线性分组码。这类码有以下特点:

码长:$n = 2^m - 1$	最小码距:$d = 3$
信息码位:$k = 2^m - m - 1$	纠错能力:$t = 1$
监督码位:$r = n - k = m$	

式中,m 为不小于 2 的正整数。给定 m 后,即可构造出具体的汉明码 (n, k)。

汉明码的监督矩阵有 n 列 m 行,它的 n 列分别由除了全 0 之外的 m 位码组构成,每个码组只在某一列中出现一次。以 $m = 3$ 为例,可构成如下监督矩阵:

$$\begin{bmatrix} 1 & 1 & 1 & 0 & 1 & 0 & 0 \\ 0 & 1 & 1 & 1 & 0 & 1 & 0 \\ 1 & 1 & 0 & 1 & 0 & 0 & 1 \end{bmatrix}$$

其相应的生成矩阵为

$$\begin{bmatrix} 1 & 0 & 0 & 0 & 1 & 0 & 1 \\ 0 & 1 & 0 & 0 & 1 & 1 & 1 \\ 0 & 0 & 1 & 0 & 1 & 1 & 0 \\ 0 & 0 & 0 & 1 & 0 & 1 & 1 \end{bmatrix}$$

循环码是一种分组的系统码,通常前 k 位为信息码元,后 r 位为监督码元。它除了具有线性分组码的封闭性之外,还有一个独特的特点:循环性。所谓循环性是指:循环码中任一许用码组经过循环移位后所得到的码组仍为一许用码组。为了用代数理论研究循环码,可将码组用多项式来表示,称之为码多项式,即许用码组 $A = (a_{N-1}\ a_{N-2} \cdots a_1\ a_0)$ 可表示为

$$A(D) = a_{N-1}D^{N-1} + a_{N-2}D^{N-2} + \cdots + a_1 D + a_0$$

式中,D 为一个任意的实变量,它的幂次代表移位的次数。上述许用码组向左循环移 i 位得到的码组为 $A^{(i)} = (a_{N-2}\ a_{N-3} \cdots a_0\ a_{N-1})$,则

$$D^i A(D) = Q(D)(D^N + 1) + A^{(i)}D$$

显然，$Q(D)$是$D^i A(D)$除以(D^N+1)的商式，而$A^{(i)}D$是所得的余式。

6. 蓝牙基带包的差错控制

前面已经介绍了蓝牙基带包的格式及种类，由于包头包含了重要的控制信息，因此需要采用编码技术加以保护。同时我们还知道，对于不同种类的包，所采用的编码方案也各不相同。每个包都有包头检查（HEC）（注意，这里的 HEC 与 1.2.3 节的混合纠错方式 HEC 不同）来保证包的完整性，在产生 HEC 前，线形反馈移位寄存器（LFSR，Linear Feedback Shift Register）需要初始化，对处于主设备寻呼响应状态的 FHS 包，使用从设备的 UAP；对处于查询响应状态的 FHS 包，使用默认检查初始值（DCI，Default Check Initialization），定义为十六进制数（0X00）；在其他情况下，使用主设备的 UAP。生成的多项式表示为

$$g(D) = (D+1)(D^7 + D^4 + D^3 + D^2 + 1) = D^8 + D^7 + D^5 + D^2 + D + 1$$

生成 HEC 的 LFSR 如图 1.7 所示。初始化时，LFSR 的位置 0 对应于初始值的最小比特。当开关 S 处于状态"1"时，包头数据依次移入 LFSR；当 10bits 数据移入完成后，开关 S 切换到状态"2"，系统从寄存器中读出 HEC 校验值。

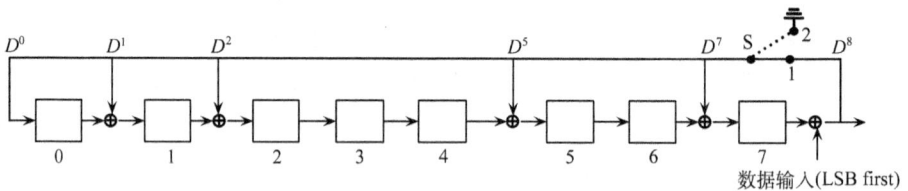

图 1.7 产生 HEC 的 LFSR 示意图

对包进行 FEC 纠错的目的是减少重传次数，但在可以允许一些错误的情况下，使用 FEC 会导致效率不必要的减小，因此对于不同的包，是否使用 FEC 是灵活的。因为包头包含了重要的链路信息，所以总是用 1/3 FEC 进行保护。1/3 FEC 就是将待编码的数据重复三次。例如，若原数据是 $b_0 b_1 b_2$，经过编码后成为 $b_0 b_0 b_0 b_1 b_1 b_1 b_2 b_2 b_2$。

有效载荷中的 16bitsCRC 码通过 CRC-CCITT 多项式 210041（8 进制表示）生成。在生成前，用 8bits 值初始化 CRC 线形反馈移位寄存器。对于在主设备寻呼响应状态的 FHS 包，CRC 码使用从设备的 UAP；对于搜寻响应状态的 FHS 包，使用 DCI；其他包使用主设备的 UAP。

16bitsCRC 码的生成多项式是

$$g(D) = D^{16} + D^{12} + D^5 + 1$$

生成 CRC 的 LFSR 如图 1.8 所示。在这种情况下，最左边的 8bits 被初始化为 8bitsUAP，最右边 8bits 设为 0，LFSR 的位置 0 对应于初始值的最小比特 UAP_0。当开关 S 处于状态"1"时，有效载荷数据依次移入移位寄存器；当最后比

特进入 LFSR 后,开关 S 处于状态"2"时,从寄存器中读出 CRC 码。

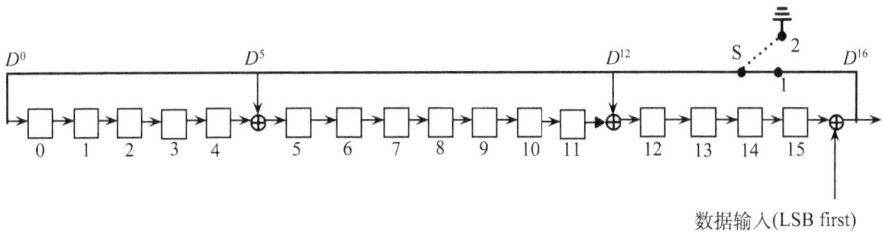

图 1.8　产生 CRC 的 LFSR 示意图

对于 DM 包的有效载荷,在 CRC 检查后要进行 2/3 FEC 操作。2/3 FEC 码是缩短的(15,10)汉明码,其生成多项式是

$$g(D) = (D+1)(D^4 + D + 1) = D^5 + D^4 + D^2 + 1$$

如图 1.9 所示,LFSR 的初始值都为 0。当 S1 和 S2 处于位置"1"时,输入 10 个信息比特,然后 S1 和 S2 到位置"2",输出 5bits 校验,即每 10 个信息比特编码成 15bits 的码字,它可以纠正码字中所有的单个错误和检测所有的两个错误。因为编码器的信息长度是 10,所以 CRC 校验后可能需要补 0,以保证信息长度是 10 的倍数。2/3 FEC 码被使用在 DM1 包、FHS 包、HV2 包和 DV 包的数据部分。

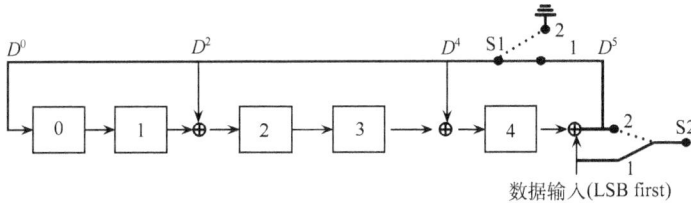

图 1.9　产生(15,10) 2/3 FEC 的 LFSR 示意图

1.2.4　跳频扩频原理及算法

1.扩频通信原理

关于扩频通信系统可以在噪声下传输的理论基础是 Shannon 定理。Shannon 定理指出,在高斯白噪声干扰的条件下,通信系统的极限传输速率为

$$C = B \log_2 (1 + S/N) \qquad \text{b/s}$$

式中,C 为信道容量;B 为信号带宽;S 为信号平均功率;N 为噪声功率,其中,$N = n_0 B$,n_0 为噪声单边功率谱密度。

上式说明:

1) 增加系统的信息传输速率,即增加信道容量,可以通过增加传输信号的带宽 B 或增加信噪比(S/N)来实现。

2) 当信道容量 C 为常数时,带宽 B 与信噪比(S/N)之间可以互换,即可以通过增加带宽来降低系统对信噪比的要求,也可以通过增加信号功率来降低信号的带宽。

3) 当带宽增加到一定程度后,信道容量 C 不可能无限制地增加。

因此,在无差错传输的信息速率 C 不变时,如果信噪比很低$[(S/N)$很小$]$,则可以用足够宽的带宽来传输信号,这就是扩频技术的理论基础。

扩频通信,即为扩展频谱通信(SSC,Spread Spectrum Communication)。扩频通信是将待传送的信息数据用伪随机编码调制,实现频谱扩展后再传输;接收端则采用相同的编码进行解调及相关处理,恢复原始信息数据。这种通信方式与常规的窄带通信方式是有区别的:① 信息的频谱扩展后形成宽带传输。② 相关处理后恢复成窄带信息数据。

扩频通信的工作原理是:在发送端输入的信息先经信息调制形成数字信号,然后由扩频码发生器产生的扩频码序列去调制数字信号以展宽信号的频谱。展宽后的信号再调制到射频并发送出去。在接收端将接收到的宽带射频信号变频至中频,然后由本地产生的与发送端相同的扩频码序列去相关解扩;再经信息解调,恢复成原始信息输出。由此可见,一般的扩频通信系统都要进行三次调制和相应的解调。第一次调制为信息调制,第二次调制为扩频调制,第三次调制为射频调制。相应的解调为信息解调、解扩和射频解调。

与一般通信系统比较,扩频通信就是多了扩频调制和解扩部分。

按扩频方式的不同,可以将扩频通信系统分为:直接序列(DS,Direct Sequency)扩频、跳频(FH,Frequency Hopping)扩频、跳时(TH,Time Hopping)扩频和线性调频(Chirp Modulation)四种基本方式。

所谓直接序列扩频,就是直接用具有高码率的扩频码序列在发送端去扩展信号的频谱。而在接收端,用相同的扩频码序列去进行解扩,把展宽的扩频信号还原成原始的信息。

所谓跳频,是用一定码序列进行选择的多频率频移键控。换言之,用扩频码序列去进行频移键控调制,使载波频率不断地跳变,所以称为跳频。简单的频移键控,如 2FSK(Frequency Shift Keying type of modulation)只有两个频率,分别代表传号和空号。而跳频系统则有几个、几十个,甚至上千个频率,由所传信息与扩频码的组合去进行选择控制,不断跳变。

跳频通信具有抗干扰、抗截获的能力,并能做到频谱资源共享。所以在当前现代化的电子战中跳频通信已显示出巨大的优越性。另外,跳频通信也被应用到民用通信中以抗衰落、抗多径、抗网间干扰和提高频谱利用率。

跳频扩频方式中,跳频图案是很重要的一个概念。跳频通信中载波频率变化的规律,称为跳频图案。

通常我们希望频率跳变的规律随机地改变且无规律可循。但是若真的无规律可循的话,通信的双方也将失去联系而不能建立通信。因此,常采用伪随机变化的跳频图案。只有通信的双方才知道该跳频图案,而对第三者则是绝对的机密。所谓"伪随机",就是"假"的随机,其实是有规律性可循的,但当第三者不知跳频图案时,就很难猜出其跳频变化的规律来。

　　2. 蓝牙系统的跳频算法

　　我们已知道,对于使用 79 个频道的蓝牙系统,它的工作频段为 2400～2483.5MHz,射频信道为(2402＋k)MHz(k ＝ 0,1,…,78),每个信道带宽为1MHz。系统一共定义了五种跳频序列:

　　1)寻呼跳频序列,32 个独立唤醒频率,循环周期长度为 32。

　　2)寻呼响应序列,32 个独立响应频率,与寻呼跳频频率一一对应。

　　3)查询序列,32 个独立唤醒频率,循环周期长度为 32。

　　4)查询响应序列,32 个独立响应频率,与当前查询跳频频率一一对应。

　　5)信道跳频序列,有很长的周期长度。

　　为简便起见,我们默认跳频频率为 0～78MHz,覆盖 79MHz。

　　(1)跳频方案

　　跳频频率计算包括两个阶段:生成一个序列;映射序列到跳频频率。跳频计算方案框图如图 1.10 所示,输入为本地时钟和 28bits 的地址(即全部 LAP 和最小4bitsUAP),输出为跳频序列。对于输入的本地时钟,在连接状态使用最高27bits,在寻呼和查询状态使用全部 28bits。对于输入的地址,在连接状态使用主设备的地址,在寻呼状态使用寻呼设备的地址,在查询状态使用 GIAC 的 LAP 和DCI 的最小四个有效位(作为 $A_{27\text{-}24}$)。

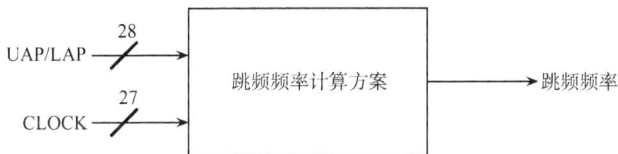

图 1.10　79 跳频频率计算框图

　　对于 79 跳频系统,我们在 79MHz 的频段上定义 32 个跳频频率(覆盖64MHz)为一跳频段。在这一跳频段中,32 个频点被随机地使用一次,然后在79MHz 的频段上再选择另一个 32 跳频段。由此可见,跳频序列是在 79 个跳频频点中变化的伪随机序列,具有很长的周期性。处于寻呼扫描、查询扫描状态的设备,按照固定的顺序使用固定的 32 个跳频频段。

　　(2)查询和查询扫描状态

　　查询和查询扫描状态是联系在一起的,可将它们放在一起进行讨论。如果一个蓝牙设备希望发现在其工作范围内有哪些未知地址的设备,就进入查询状态,成为主设备;而一个蓝牙设备允许自己被其他设备发现,就进入查询扫描状态来响应查询消息,成为从设备。在发送时隙,主设备工作在两个不同的跳频频率,因为查询消息是 ID 包,只有 68bits 长,所以跳频速率可以提高到 3200 跳/s。

因为主、从设备的蓝牙时钟是不同步的,主设备不能准确地知道从设备唤醒的时间和跳频的频率,因此主设备以自身本地时钟为标准加上偏移量,共发送 32 个频率来获得从设备的查询扫描频率。查询跳频序列被划分为两个 A、B 两段各 16 个频率,循环周期分别为 2^4 个时钟周期,A 段循环 256 次后,B 段循环 256 次,然后查询设备改变跳频频段。

因为查询扫描设备的 32 个跳频频率是固定的,而查询设备的跳频频率以很快的速度变化,所以理论上,在查询扫描设备的一个跳频周期内,查询设备的跳频频率一定能与查询扫描设备的跳频频率发生击中。

当蓝牙主、从设备时钟的差距在 $-8\times1.28\sim+7\times1.28s$ 之间,查询设备使用 A 段的一个跳频周期就可以捕获从设备的跳频频率。当主、从设备时钟的差距在 $-23\times1.28\sim-8\times1.28s$ 或 $7\times1.28\sim24\times1.28s$,就会在 B 段频率捕获。如果还超出这个范围,查询设备就改变跳频频段,一定能够击中寻呼扫描设备。

经过查询处理,一个蓝牙设备就知道处于它的工作范围内的设备,以及它们的设备地址和时钟了。

（3）连接状态

当主、从蓝牙设备进入连接状态,跳频频率都由主设备的地址码和时钟决定。连接状态的跳频算法,相对于其他状态而言,只是输入参数有差异,原理是一样的。

在连接状态,输入状态决定了一个含有 32 个频率的跳频段,每 2^6 个时钟单位（0.02s）改变一次跳频段。这个序列顺序在一个很长的周期内是不会重复的。总的跳频序列是由这些跳频段串联而成的,每个跳频段大约占 79MHz 频段的 80%,这就实现了扩展频率。因为蓝牙地址码长度为 2^{28},时钟长度也为 2^{28},所以理论上蓝牙系统共有 2^{28} 个跳频序列（由跳频地址码决定）。对于 79 跳频系统,每 32 个频率为一跳频段,则整个跳频序列就有 79 个跳频段重复出现。每个频段重复出现时,虽然频段内的频率是一样的,但频率出现的顺序不一样。

1.2.5　通信系统安全性

1.网络通信的保密机制

数据在存储和传输过程中,都有可能被盗用、暴露或篡改,因此大量在通信网络中存储和传输的数据就需要保护。对通信网络的威胁可被分为被动攻击和主动攻击,截获信息的攻击称为被动攻击,而拒绝用户使用资源的攻击称为主动攻击。对付被动攻击可采用各种数据加密技术,而对付主动攻击,则需要将加密技术与适当的鉴别技术相结合。

通信网络的安全内容主要涉及到三个方面,即保密性、安全协议设计及访问控制。这三个部分都与密码技术紧密相关。一般的加密模型如图 1.11 所示。明文 **X** 用加密算法 **E** 和加密密钥 **K** 处理后可得到密文 $\mathbf{Y}=\mathbf{E_K(X)}$。在传送过程中可能出现密文截取者。在接收端,利用解密算法 **D** 和解密密钥 **K**,解出明文为 $\mathbf{D_K(Y)}=\mathbf{D_K(E_K(X))}=\mathbf{X}$。密钥通常由一个密钥源提供,当密钥需要向远方传送时,一定要通过另一个安全信道。

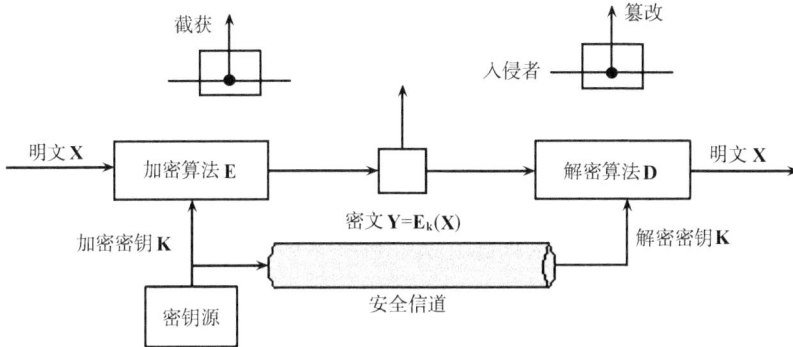

图 1.11　一般的数据加密模型

在 20 世纪 70 年代,美国的数据加密标准(DES,Data Encryption Standard)和公开密钥密码体制(Public Key Crypto-System)的出现,成为密码学发展史上的两个重要的里程碑。下面介绍公开密钥密码体制。

公开密钥密码体制是一种使用不同的加密密钥与解密密钥,由已知加密密钥推导出解密密钥在计算上是不可行的密码体制。

公开密钥密码体制提出不久,人们就找到了三种公开密钥密码体制,它们是基于 NP 完全理论的 M-HB 背包体制、基于数论中大数分解问题的 RSA 体制以及基于编码理论的 McEliece 体制。

在公开密钥密码体制中,加密密钥(即公开密钥)**PK** 是公开信息,而解密密钥(即秘密密钥)**SK** 是需要保密的。加密算法 **E** 和解密算法 **D** 也都是公开的。虽然秘密密钥是由公开密钥决定的,但却不能根据 **PK** 计算出来。下面简单介绍 **RSA** 体制的基本原理。

在这一体制中,每个用户有两个密钥:加密密钥 $\mathbf{PK}=\{e,n\}$ 和解密密钥 $\mathbf{SK}=\{d,n\}$。用户把加密密钥 e 公开,而对解密密钥 d 则保密。这里,n 是两个大素数 p 和 q 的乘积(p 和 q 一般为 100 位以上的十进制数),e 和 d 满足一定关系。当对手已知 e 和 n 时,并不能求出 d。

(1) 加密算法

若用 X 表示明文,用 Y 表示密文(X 和 Y 均小于 n),则加密和解密运算为

　　加密:$Y=(X^e) \bmod n$

解密: $X = (Y^d) \mod n$

（2）密钥的产生

1）计算 n。用户秘密地选择两个大素数 p 和 q，计算出 $n = pq$，n 称为 RSA 算法的模数。

2）计算 $\Phi(n)$。用户再计算 n 的欧拉函数 $\Phi(n) = (p-1)(q-1)$，$\Phi(n)$ 定义为不超过 n 并与 n 互素的数的个数。

3）选择 e。用户从 $[0, \Phi(n)-1]$ 中选择一个与 $\Phi(n)$ 互素的数 e 作为公开的加密指数。

4）计算 d。用户计算出满足下式的 d 作为加密指数：

$$e \cdot d = 1 \mod \Phi(n)$$

5）得出所需要的公开密钥和秘密密钥。

书信和文件是根据亲笔签名或印章来证明其真实性的。在计算机中对传送文件的盖章是数字签名要解决的问题。实现数字签名的最常用方法就是公开密钥密码算法。

2. 蓝牙系统的安全性

为了对用户信息进行保护，蓝牙系统提供了适当的保护措施。对于每个蓝牙设备，物理层提供验证（Authentication）和加密（Encryption）服务。蓝牙系统采用密码流技术对信息进行加密操作，这适用于硬件实现。

在链路层，用四个参数来保证系统的安全性：每个用户惟一的 48bits 地址，用户的 128bits 验证密钥，用户的 8～128bits 加密密钥，设备产生的一个 128bits 随机数 RAND（RANDom number）。蓝牙设备地址（BD_ ADDR）是公开的 48bits 的 IEEE 地址，可以通过人机接口或自动地通过蓝牙设备的查询过程获得。一般地说，加密密钥是从验证处理过程中的验证密钥推导出来的，验证密钥的长度总是 128bits，而加密密钥长度可以从 1 字节到 16 字节（8～128bits）。

（1）随机数的产生

每个蓝牙设备都有一个随机数发生器，它被用在包括安全处理的许多地方，例如在产生验证和加密密钥的过程中。对随机数的要求是其具有良好的非重复性和产生的随机性。非重复性的意思是在验证密钥有效的时间内，这个值不太可能重复自己；产生的随机性是指对于 L bits 长的密钥，预先知道它随机数值的可能性不能大于 $1/2^L$。

（2）密钥

蓝牙设备的加密密钥由设备生产厂家决定，基带处理不接收从高层来的加密密钥，如果要求一个新的加密密钥，必须按照 E_3 算法来处理。

链路密钥是一个 128bits 的随机数，被两个或更多的设备共同使用，是这些设备间安全传输的基础，可以被用在验证处理和加密密码流产生的过程中。根据不同形式的应用,定义了四种链路密钥:联合密钥 K_{AB},设备密钥 K_A,主设备密钥 K_{master} 和初始密钥 K_{init},另外还有加密密钥 K_c。

(3) 数据的加密处理

蓝牙系统通过对包内传输的有效载荷进行加密操作来保护用户信息,接入地址码和包头不需要加密。有效载荷的加密需要一串密码流,原理如图 1.12 所示。加密算法 E_0 包括三个部分:第一部分执行输入移位寄存器的初始化,第二部分产生密码流比特,第三部分执行加密和解密。

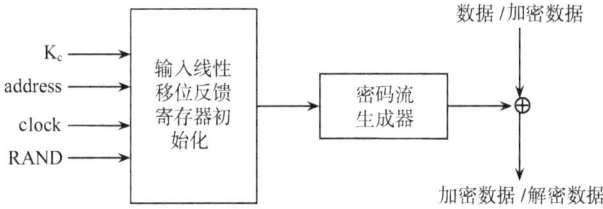

图 1.12　加密算法 E_0 示意图

对于加密处理,密码比特流与数据流进行模 2 加运算,然后发送到信道,有效载荷的加密是在 CRC 校验后、FEC 编码前进行的。加密算法 E_0 的输入为主设备产生的随机数 EN_RAND_A、主设备地址、26bits 主设备时钟(CLK_{26-1})和加密密钥 K_C,如图 1.13 所示(设备 A 是主设备)。

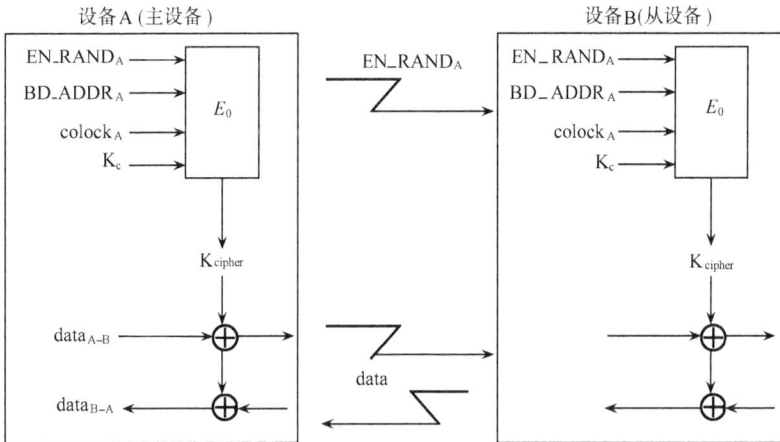

图 1.13　加密过程功能描述

随机数 EN_RAND_A 是公开的。在 E_0 算法中,加密密钥 K_C 需要被转化为另一个密钥 K_C'。加密算法 E_0 产生了二进制密码流 K_{cipher},它和数据进行模 2 加来使数据加密,它是对称的,解密使用相同的密码流和方法。

1.3　实验设备与软件环境

本实验一人一组,其中

硬件:PC 机一台。

软件:Windows 2000 或 Windows XP 操作系统,TTP 数字基带仿真软件。

1.4　实　验　内　容

1.4.1　蓝牙基带包的差错控制技术

1) 包头检查(HEC),用于保证包的完整性。

2) 数据有效载荷信息的循环冗余校验。

3) 包的前向纠错(FEC)控制。

1.4.2　蓝牙系统的跳频原理

1) 查询状态的跳频原理。

2) 查询扫描状态的跳频原理。

3) 连接状态的跳频原理。

1.4.3　数据流的加密与解密

1) 蓝牙加密技术(常规密钥密码体制的加密与解密)。

2) RSA 公开密钥密码体制的加密与解密过程。

1.4.4　编程实验(可选)

参照图 1.9 所示原理,编写 2/3 FEC 编/译码程序,并将自己的程序执行结果与实验步骤 1.5.1 节给出的结果相比较,看所得数据是否相符。

1.5　实　验　步　骤

运行数字基带仿真实验软件,进入数字基带仿真实验界面,开始实验。

1.5.1　差错控制实验

本实验的数据输入都为十六进制数。

1. 包头校验(HEC)

在如图 1.14 所示的相应输入框中,输入八位的设备高位地址(UAP),观察移位寄存器如何初始化;输入包头信息(10 位),观察移位寄存器数据输入端的二进制数据。观察经 HEC 编码的包头数据,并作实验记录。分析移位寄存器的输出。

通过单击接收端数据控制按钮,可以更改接收端的数据,如图 1.15 所示。

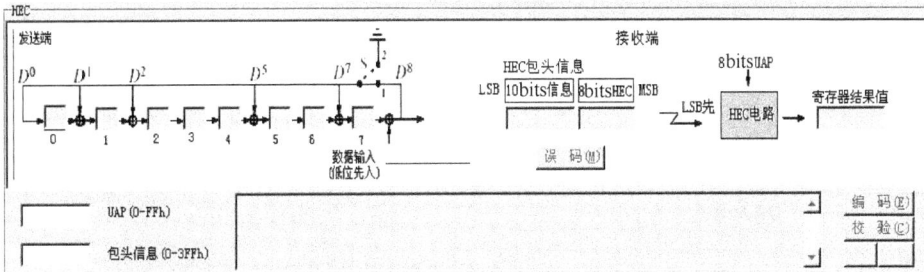

图 1.14　HEC 操作区

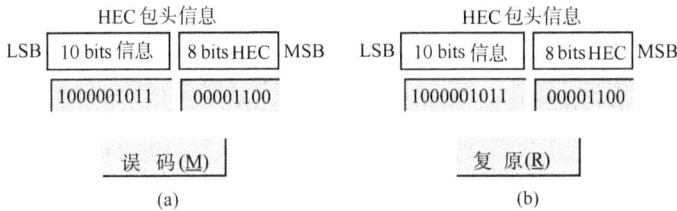

图 1.15　接收端数据

"误码"按钮的功能:此时单击按钮,接收端数据显示区的底色为白色,表明可以更改接收端的接收数据。

"复原"按钮的功能:此时单击按钮,接收端数据显示区的底色为蓝色,表明不可以更改接收端数据,且数据为正确传输时的接收数据。

分别在无误码和有误码两种情况下,观察校验结果,分析校验结果是如何得到的。

2.循环冗余校验(CRC)

输入 8 位的设备高位地址 UAP 和 10 字节的有效载荷。观察经 CRC 编码的有效载荷。根据本章基本原理部分中的 CRC 生成图(图 1.8),分析移位寄存器的输出和校验结果。

分别在无误码和有误码两种情况下,观察校验结果,分析校验结果是如何得到的。接收端数据控制按钮的功能与 HEC 相同。

3. 前向纠错 1/3 FEC(重复码)

在相应输入框中输入信息位,观察重复码编码结果。

分别在无误码和有误码两种情况下,观察译码结果,分析重复码的误译情况。接收端数据控制按钮的功能与 HEC 相同。

4. 前向纠错 2/3 FEC[缩短的(15,10)汉明码]

在相应输入框中输入信息位,观察编码和译码结果。接收端数据控制按钮的功能与 HEC 相同。

分析 2/3 FEC 的纠错能力及其译码情况。比较 2/3 FEC 与 1/3 FEC 重复码的不同。

1.5.2 跳频扩频实验

1) 在图 1.16 所示的输入区,选择设备状态,并输入跳频序列的参数。

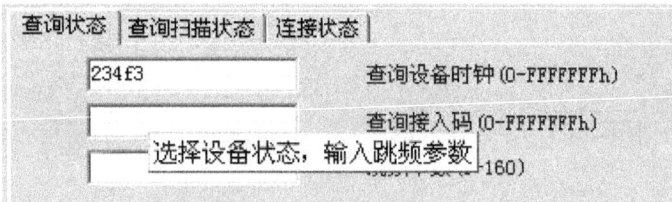

图 1.16 跳频参数输入区

2) 分别观察当设备处于查询状态、查询扫描状态和连接状态时的跳频图案。实验给出两种形式的跳频图案:数据形式和图形形式,分别如图 1.17、图 1.18 所示。

图 1.17 跳频图案数据显示

3) "显示该页"按钮的作用:可以对所有跳频点按页进行查看,如图 1.19 所示。

为便于观察,在实验界面的如图 1.20 所示区域可以更改观察跳频的间隔。请注意,无论如何更改观察跳频间隔,实际跳频点的变化速率是恒定的,且不同设备状态的跳频点的变化速率有所不同。

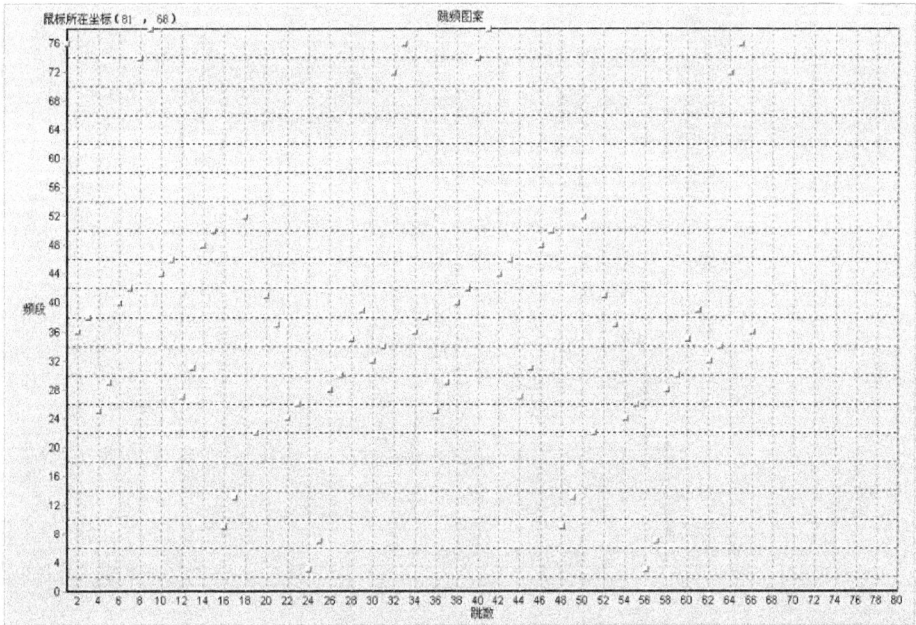

图 1.18　跳频图案图形显示

图 1.19　按页查看

图 1.20　更改观察间隔

1.5.3　加密解密实验

1. 用于蓝牙系统的常规密钥密码体制

常规密钥密码体制实验区如图 1.21 所示。

在图 1.21 的 1 区,输入计算密钥的参数,然后计算获得密钥;在 2 区中输入计算密码流的参数,然后计算获得密码流;在 3 区中输入待加密的明文。

点击"加密"按钮,生成密文;点击"解密"按钮,将密文解密成明文。

"清空"按钮的功能:清除加密解密结果显示框中的数据。

"保存"按钮的功能:保存加密解密结果显示框中的数据。

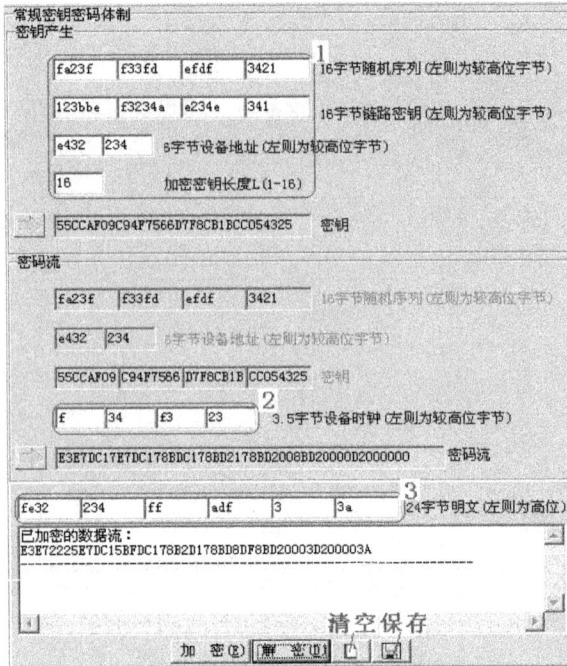

图 1.21　常规密钥密码体制

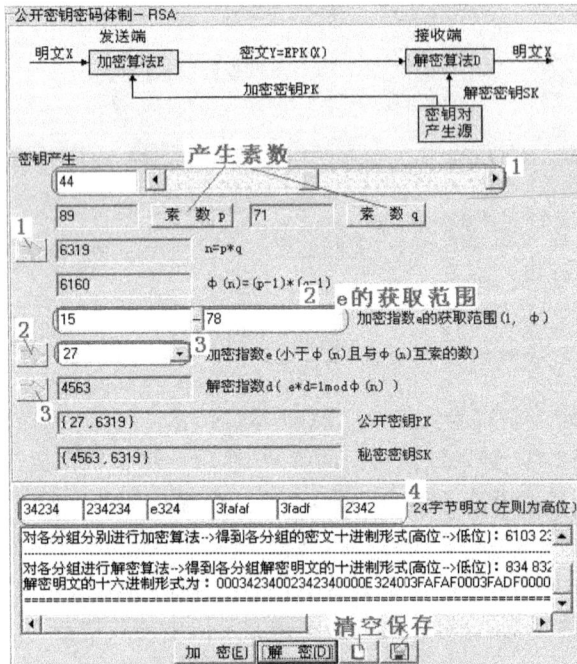

图 1.22　公开密钥密码体制

2. 公开密钥密码体制——RSA

公开密钥密码体制实验区如图1.22所示。

在图1.22的1区,输入获得素数的起始值。程序会在起始值之后的10个素数中随机取一个;在2区内输入加密指数 e 的获取范围,两个输入框的数值取值区域为 $(1, \Phi(n))$,且两者的差值不小于10,不大于1000;在3区内选择加密指数 e;在4区内输入待加密的明文。

按钮"1"的功能:计算模数 n 及其欧拉函数 $\Phi(n)$。

按钮"2"的功能:计算给定 e 获取范围内 e 的可能值。

按钮"3"的功能:计算解密指数 d,并给出公开密钥(加密密钥)和秘密密钥(解密密钥)。

点击"加密"按钮,生成密文;点击"解密"按钮,将密文解密成明文。

"清空"按钮的功能:清除加密解密结果显示框中的数据。

"保存"按钮的功能:保存加密解密结果显示框中的数据。

比较常规密钥密码体制与公开密钥密码体制的安全保障机制。

1.6 预 习 要 求

1)了解汉明码、CRC码的基本原理。

2)了解扩频通信,尤其是跳频扩频的基本原理。

3)了解常规密钥密码体制和公开密钥密码体制的工作原理。

1.7 实验报告要求

1)在差错控制中,记录包头校验、有效载荷校验、1/3 FEC以及2/3 FEC在有误码及无误码情况下的输入输出结果并加以分析。

2)在跳频实验中,记录查询状态、查询扫描状态以及连接状态下,不同查询设备时钟和接入码下产生的频点并加以分析。

3)加密解密实验中,记录密钥参数、密码流参数、明文和密文。

4)回答思考题。

思 考 题

1. 接收端接收到1/3 FEC码后如何进行纠错?

2. 包头的两种差错控制1/3 FEC和HEC,它们的先后顺序如何? 为什么?

3. 在接收端如何对2/3 FEC码进行译码?

4. 三种跳频序列分别有无规律可循？为什么？

5. 公开密钥密码体制的一个重要保障是什么？

参 考 文 献

沈连丰,宋铁成等.2000.Bluetooth 系统基带关键算法的研究及其仿真. 电子学报,S1

王新梅,肖国镇.1996.纠错码原理与方法. 西安：西安电子科技大学出版社

William Stallings.2001.密码编码学与网络安全原理与实践(第 2 版). 北京：电子工业出版社

Bluetooth SIG. 2001. Specification of the Bluetooth System V1.1-Core. http://www.bluetooth.
org

第 2 章　服　务　发　现

2.1　引　　言

在一个以网络为中心的计算环境中,寻找和使用一个网络中的服务越来越重要。服务可以是各种各样的,如打印、寻呼、传真、电话会议、网桥、服务访问点和电子商务等。除了发现服务外,还需要考虑怎样获取服务、控制对服务的访问以及推荐服务等。本章以蓝牙系统使用的服务发现协议为例,形象说明了数据的编解码方式、工作流程、交互的协议数据包等,学生可以从中了解典型的客户-服务器工作模式、数据元的表示、服务发现的工作流程以及进行服务发现所使用的具体实现方法和需要考虑的问题。

2.2　基　本　原　理

2.2.1　服务发现简介

目前常用的服务发现方式有多种,如服务定位协议(SLP,Service Location Protocol)、通用即插即用(UPnP,Universal Plug and Play)、Jini、Salutation 等。

服务定位协议(SLP)是一种灵活地获取网络服务的位置、配置以及相关信息的方式。它能够提供一些机制,通过这些机制服务代理客户能够发布通告,而用户代理客户能够查询各种服务。该协议是按照需求驱动模式设计的,这样当用户代理对服务信息发出特定请求时能够获得这些信息。

通用即插即用(UPnP)实际上是扩展了传统单机的设备和计算机系统的概念,在"零配置"的前提下提供了连网设备之间的服务发现、接口声明和其他信息的交换等互动操作功能。

蓝牙 SIG(Special Interest Group)专门为蓝牙系统制定了一个服务发现协议(SDP,Service Discovery Protocol),SDP 十分适于蓝牙系统移动性较强的特性,而且它可以和其他的服务发现协议共存于蓝牙环境中,符合蓝牙系统开放性的特点。需要注意的是,服务发现协议的基本出发点是发现服务但不提供对服务的访问,对服务的访问要通过其他协议来实现。

2.2.2 客户机-服务器的交互模型

客户机-服务器模式是大多数网络通信的基础。通过客户机和服务器的相连，来实现数据和应用的共享，并利用服务器的处理能力将数据和应用分布到多个客户机上。这种模式主要用于工作组和部门的资源共享。客户机/服务器系统有三个主要部件：数据库服务器、客户应用程序和网络。

蓝牙中的服务发现协议是典型的客户机-服务器模型。如图 2.1 所示，每个服务发现协议可以分为客户端部分和服务器端部分，两部分在不同的蓝牙设备上工作。需要请求服务的蓝牙设备运行服务发现协议的客户端部分，提供服务的蓝牙设备运行服务发现协议的服务器端部分。一个蓝牙设备视其情况可同时含有服务器端部分和客户端部分。在客户端，客户端应用程序发出服务发现请求。服务发现协议根据服务类型来寻找服务，即一个蓝牙设备 A 通过告诉另一个蓝牙设备 B 它想要找的服务类型来让设备 B 将满足要求的服务记录返回给设备 A。接着设备 A 在返回的服务记录中找出有用的信息。

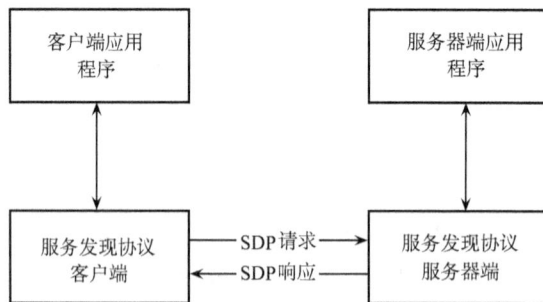

图 2.1 SDP 客户端与服务器交互模型

服务发现应用程序通过蓝牙模块控制函数与基带处理器连接，蓝牙模块控制函数用于当蓝牙模块进入不同的查询模式工作状态时对其进行控制。服务发现应用程序运行于本地服务发现客户端，负责向一个或多个远端服务器发送服务发现请求或接收来自服务器的服务发现响应。

2.2.3 数据元的编解码

网络中大部分设备的存储资源是有限的，服务发现协议对变长数据采用了一种数据元形式来表示，使用灵活并有较小的开销，用于传输时可以尽量减少对无线信道资源的浪费。在数据库的存储中也按照数据元的形式来表示，这样可以节约存储资源，从而符合蓝牙系统的特性。

下面具体说明数据元的表示方法和服务属性的表示方式。

1. 数据元（Data Element）

数据元是用于表示不同数据的一种方式，它的结构如图 2.2 所示，由头域和数据域构成。头域用于描述数据域的数据类型和大小。头域又分成类型描述符、尺寸描述符和附加位三个部分。对类型描述符和尺寸描述符取值的解释如表 2.1、表 2.2 所示。由于数据元比较难理解，同时在服务发现协议中又比较重要，图 2.3 举出几个例子加以说明。

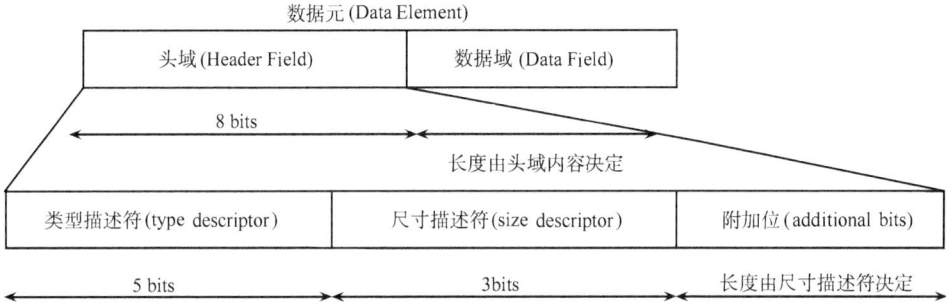

图 2.2　数据元的结构

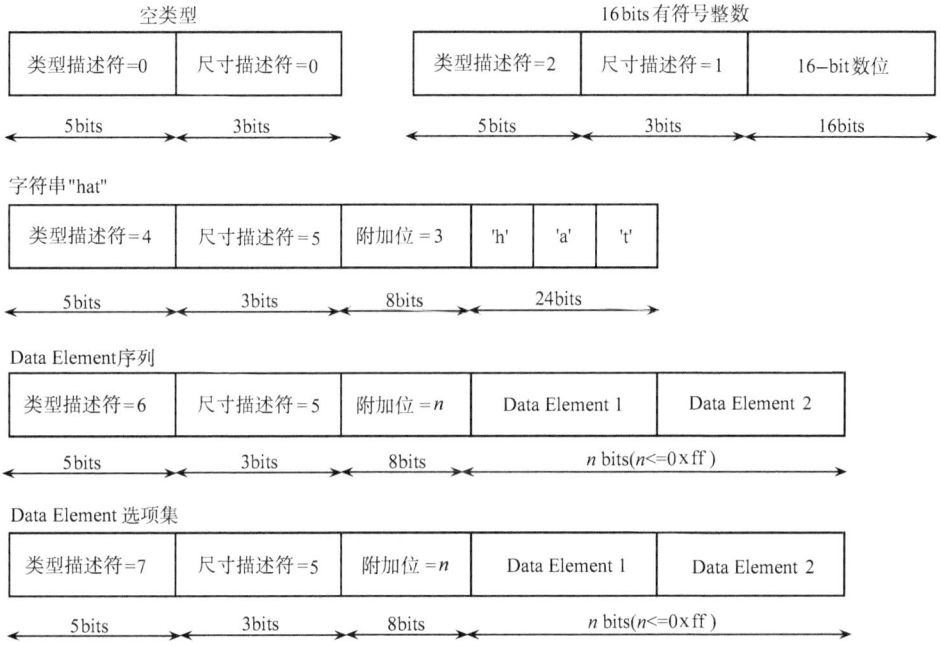

图 2.3　几个数据元的例子

表 2.1 数据元的类型描述符

类型描述符值	有效的尺寸描述符值	类型说明
0	0	空的类型
1	0,1,2,3,4	无符号整数
2	0,1,2,3,4	用 2 进制补码表示的整数
3	1,2,4	通用专有识别符(UUID,Universally Unique IDentifier)
4	5,6,7	字符串
5	0	布尔值
6	5,6,7	Data Element 序列,是一个数据域由一系列 Data Element 构成的 Data Element
7	5,6,7	Data Element 选项集,是一个数据域由一系列 Data Element 构成,并且由用户选择其中一个 Data Element 使用
8	5,6,7	URL(Universal Resource Locator)
9~31	—	保留

表 2.2 数据元的尺寸描述符

尺寸描述符值	附加位/bits	数据大小
0	0	1 byte,如果类型描述符值为 0 时,数据大小为 0 byte
1	0	2 bytes
2	0	4 bytes
3	0	8 bytes
4	0	16 bytes
5	8	数据的大小由附加的 8 bits 长无符号整数表示
6	16	数据的大小由附加的 16 bits 长无符号整数表示
7	32	数据的大小由附加的 32 bits 长无符号整数表示

2. 通用专有识别符 UUID

服务属性的属性值常常需要用通用专有识别符 UUID 来标识,它在时间和空间上都是惟一的,用于标识某一事物如服务、协议等。UUID 长度为 128bits。为了减少存储和传输负担,对一些常用的和已注册的用途预先分配了 UUID。这些UUID 的长度为 16bits 或 32bits。它们转换为 128bitsUUID 的关系为

128bits 值=16bits 值×2exp(96)+Bluetooth Base UUID

128bits 值=32bits 值×2exp(96)+Bluetooth Base UUID

式中,Bluetooth Base UUID 的值为:0000-0000-0000-1000-7007-0080-5F9B-34FB。

16bitsUUID 转换为 32bitsUUID 时,将 16bitsUUID 进行零扩展即可。不同长度 UUID 进行比较时,先将短的 UUID 转换为长的 UUID 后再进行比较。

3. 服务记录与服务属性

服务发现协议服务器中关于一个服务的所有信息构成了一个服务记录(Service Record)。一个服务记录含有一个服务的所有服务属性,如图 2.4 所示。每个服务记录有一个服务记录句柄(Service Record Handle)与之对应。服务记录句柄是一个 32bits 长的数。在服务器中,不同的服务记录有不同的服务记录句柄值。对同一个服务记录,在不同蓝牙设备上服务记录句柄值可以不同。服务记录句柄值 0X00000000-0X0000FFFF 是保留的,其中 0X00000000 赋给了描述服务发现协议服务器自身的服务记录。

服务记录(Service Record)

| 服务属性(Service Attribute) 1 |
| 服务属性(Service Attribute) 2 |
| 服务属性(Service Attribute) 3 |
| …… |
| 服务属性(Service Attribute) N |

图 2.4　服务记录的结构

服务属性(Service Attribute)用于描述一个服务中的一条特性。服务属性的结构如图 2.5 所示。

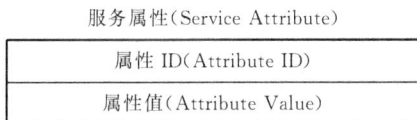

服务属性(Service Attribute)

| 属性 ID(Attribute ID) |
| 属性值(Attribute Value) |

图 2.5　服务属性的结构

属性 ID 用于标识该服务属性描述的是何种特性,它是 16bits 长的无符号整数。在服务发现协议服务器中,属性 ID 以数据元形式表示,如图 2.6 所示。

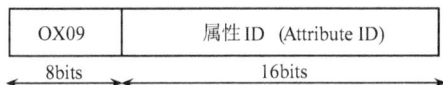

| OX09 | 属性ID　(Attribute ID) |
| 8bits | 16bits |

图 2.6　属性 ID 的数据元表示

属性值是该属性的具体内容。属性值长度是可变的。在服务发现协议服务器中,属性值用数据元形式表示。对不同服务属性,其属性值有不同的规定。常用的属性如表 2.3～表 2.13 所示。当然还有更多的属性,可以参见协议。

表 2.3

属性名称	属性 ID	属性值的数据类型
ServiceRecordHandle	0x0000	32bits 无符号整数

注:服务记录句柄对于每个服务记录来说都是惟一的。在同一个 SDP 服务器端,不同的服务记录用惟一的服务记录句柄标识,但是在不同的 SDP 服务器端,同一种服务记录的句柄之间是相互独立的,也就是说也可能是相同的。

表 2.4

属性名称	属性 ID	属性值的数据类型
ServiceClassIDList	0x0001	数据元序列

注:这个服务属性通过一系列 UUID 来表示这项服务的所属的类型,包括从最特定的类型到更广义的类型。必须含有一个以上的服务类型。

表 2.5

属性名称	属性 ID	属性值的数据类型
ServiceRecordState	0x0002	32bits 无符号整数

注:这个服务属性用于服务器端缓存服务属性,每次添加、删除或是更改服务记录的时候,这个无符号整数就会更改。客户端通过查询这个属性,就可以知道服务记录自上一次查询以来是否有所改动。

表 2.6

属性名称	属性 ID	属性值的数据类型
ServiceID	0x0003	UUID

注:这个服务属性用来惟一表示某一个服务实例。当同一个服务注册在不只一个的服务记录中的时候,这个服务属性特别重要。

表 2.7

属性名称	属性 ID	属性值的数据类型
ProtocolDescriptorList	0x0004	数据元序列或是数据元选项

注:这个服务属性描述如果要获得服务,所需要一个或是多个协议栈。如果是一个协议栈,服务属性值通过数据元序列表示,其中第一个值是 UUID 表示所用到的协议,其后跟随着这个协议特定的参数,比方说协议的版本号。按照从低层协议到高层协议的顺序排列。如果有多种协议栈进行选择,可以用数据元选项表示。

表 2.8

属性名称	属性 ID	属性值的数据类型
BrowsGroupList	0x0005	数据元序列

注:这个服务属性值是一系列的 UUID,表示该服务属于哪些浏览组。

表 2.9

属性名称	属性 ID	属性值的数据类型
BluetoothProfileDescriptorList	0x0009	数据元序列

注:这个服务属性表示蓝牙应用模型的参数,其属性值是个数据元序列,其中第一个值是表示该 Profile 的 UUID,第二个值是 16bits 的整数,表示应用模型的版本号。

表 2.10

属性名称	属性 ID	属性值的数据类型
ServiceName	0x0100	字符串

注:这个服务属性表示服务名称。

表 2.11

属性名称	属性 ID	属性值的数据类型
ServiceDescription	0x0101	字符串

注:这个服务属性用少于 200 的字符描述。

表 2.12

属性名称	属性 ID	属性值的数据类型
ProviderName	0x0102	字符串

注:这个服务属性用字符串来说明服务的提供者或是供应商的名称。

表 2.13

属性名称	属性 ID	属性值的数据类型
GroupID	0x0200	UUID

注:这个服务属性定义该服务记录表示的浏览组,对其他服务记录来说可以表示其所属的组。

服务发现协议定义了三种服务属性:通用属性(Universal Attribute),专门用于描述"服务发现服务器服务"的服务属性(ServiceDiscoveryServer Service Class Attribute)和专门用于描述"浏览组描述符服务"的服务属性(BrowseGroup Descriptor Service Class Attribute)。

通用属性是所有服务记录都可以包含的服务属性,但并不意味着所有的服务记录都必须含有所有的通用属性。专门用于描述"服务发现服务器服务"的服务属性是服务类型为"服务发现服务器服务"的服务记录可含有的服务属性。专门用于描述"浏览组描述符服务"的服务属性是服务类型为"浏览组描述符服务"的服务记录中可含有的服务属性。

这种数据元来表示服务记录的方式可以有效地表示可变长和不同属性的数据库信息,也是一种比较典型的数据表示方法。

2.2.4 工作流程和协议数据单元(PDU)的交互

服务发现协议对服务的查找机制是基于通用专有识别符的。一个服务的特性是由一些通用专有识别符描述的。用户为了要找一项服务,必须要给服务发现协议服务器端一个服务查找模式,服务器端根据这个服务查找模式来寻找匹配的服务记录。除了这种方式外,目前还没有定义其他方式,它是惟一的查找服务的手段。

协议中定义了两种获取服务信息的方式:查找服务(Searching for Services)和浏览服务(Browsing for Services)。查找服务方式是在用户知道服务的 UUID 情况下,用户通过指定服务查找模式来直接获得服务记录信息的方式。浏览服务方式是在用户不知道服务的 UUID 情况下,用户通过浏览各个服务记录来获得所需信息的方式。浏览服务方式的实现需要服务记录的支持。为了支持浏览服务方式,服务记录中必须含有 BrowseGroupList 属性,该属性说明了该服务属于何种浏览组。协议定义了根浏览组(Root Browse Group),它的 UUID 为 0000-1002-0000-1000-7007-0080-5F9B-34FB。当服务器中含有较少服务记录时,它们都可属于根浏览组。如果服务记录较多时,可使服务器含有多个浏览组描述符服务。不同的服务记录归于相应的浏览组中。用户浏览时,由根目录开始,逐级浏览。此时仍要使用服务查找模式。服务查找模式中的 UUID 为相应浏览组的 UUID。下面我们以一个例子来说明浏览服务方式的实现。

图 2.7 为一个服务发现协议服务器中的各个服务记录关系图,为了提供浏览服务方式的服务,各服务记录中必须具有的属性如表 2.14 所示。具备这些条件后客户端就可从公共浏览组(Group)处逐级浏览服务。

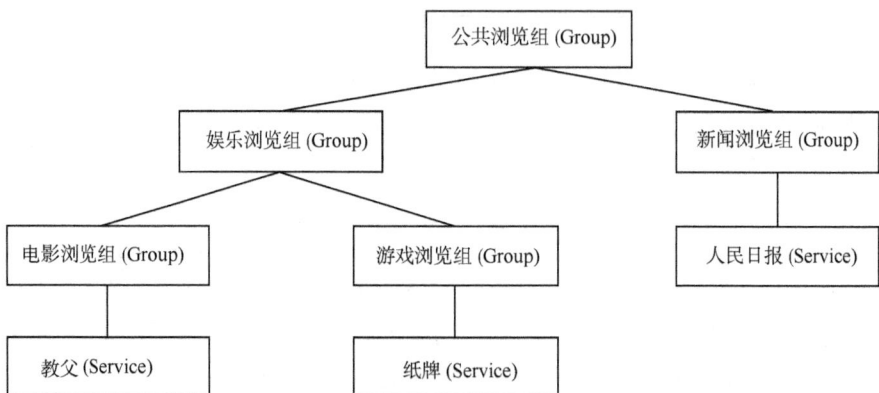

图 2.7 一个浏览服务的例子

表 2.14　图 2.7 例子中服务记录中必须具有的属性

服务名称	服务类别	服务属性名	服务属性值
娱乐浏览组	浏览组描述符服务	BrowseGroupList	PublicBrowseRoot
		GroupID	娱乐浏览组 UUID
新闻浏览组	浏览组描述符服务	BrowseGroupList	PublicBrowseRoot
		GroupID	新闻浏览组 UUID
电影浏览组	浏览组描述符服务	BrowseGroupList	娱乐浏览组 UUID
		GroupID	电影浏览组 UUID
游戏浏览组	浏览组描述符服务	BrowseGroupList	娱乐浏览组 UUID
		GroupID	游戏浏览组 UUID
教父	电影	BrowseGroupList	电影浏览组 UUID
		GroupID	无
纸牌	游戏	BrowseGroupList	游戏浏览组 UUID
		GroupID	无
人民日报	报纸	BrowseGroupList	新闻浏览组 UUID
		GroupID	无

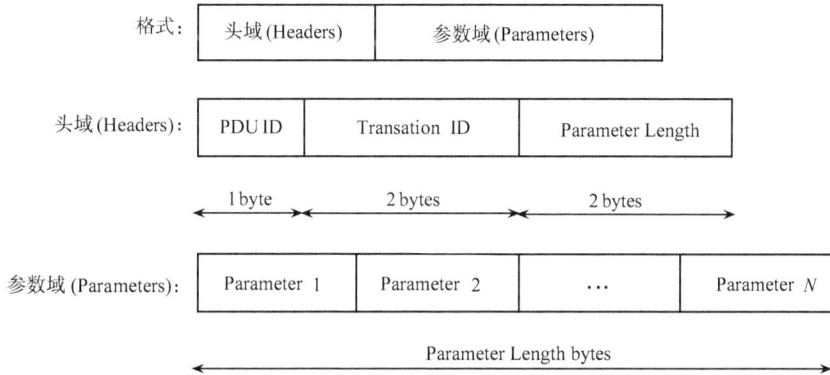

图 2.8　协议数据单元(PDU)的结构

　　为了实现上面的两种服务方式,协议定义了协议数据单元(PDU,Protocol Data Unit)。服务器和客户端间交换的就是这些协议数据单元,它的结构如图 2.8 所示,其中 PDU ID 用于标识该 PDU 的类型,PDU ID 的值决定了该 PDU 后面的参数。目前的 PDU ID 的取值如表 2.15 所示。

表 2.15　PDU ID 的取值

值	类　　型
0x00	保留
0x01	SDP‒ErrorResponse
0x02	SDP‒ServiceSearchRequest
0x03	SDP‒ServiceSearchResponse
0x04	SDP‒ServiceAttributeRequest
0x05	SDP‒ServiceAttributeResponse
0x06	SDP‒ServiceSearchAttributeRequest
0x07	SDP‒ServiceSearchAttributeResponse
0x07-0xFF	保留

Transaction ID 用于标识一个请求类型的 PDU。服务器端发出响应 PDU 时,Transaction ID 必须与请求 PDU 中的 Transaction ID 相同。Transaction ID 的取值是任意的,但所有发出的请求类型的 PDU 的 Transaction ID 值应互不相同。

Parameter Length 用于标识后面参数的总长度(以"byte"计)。

下面按照服务发现协议中的分类来介绍各种类型的 PDU:

1. 用于错误处理的服务记录

该类 PDU 是在服务器端无法发出正确的响应 PDU 时,由服务器端发出的响应 PDU。它有一种 PDU,即 SDP‒ErrorResponse PDU(表 2.16~表 2.18)。

(1) SDP‒ErrorResponse PDU

表 2.16

PDU 类型	PDU ID	参　　量
SDP‒ErrorResponse	0x01	ErrorCode,ErrorInfo

当服务器端收到一个不正确的 PDU 或无法产生合适的 PDU 时发此 PDU,其参量说明如表 2.17、表 2.18 所示。

表 2.17　ErrorCode 的说明

值	说　　明
N	标识发 SDP—ErrorResponse PDU 的原因
0x0000	保留
0x0001	无效或不支持的服务发现协议版本
0x0002	无效服务记录句柄
0x0003	无效请求语义
0x0004	无效 PDU 大小
0x0005	无效 Continuation State
0x0006	资源不足
0x0007-0xFFFF	保留

表 2.18　ErrorInfo 的说明

值	说　　明
Error-specific	用于补充说明。该值目前没有定义

2. 用于 ServiceSearch Transaction 的 PDU

ServiceSearch Transaction 方式是客户端指定服务类型,服务器端找出满足条件的服务记录后将它们的服务记录句柄值返回给客户端(每个服务记录都会有32bits 长的服务记录句柄值)。它有两种 PDU,即 SDP—ServiceSearchRequest PDU 和 SDP—ServiceSearchResponse PDU(表 2.19～表 2.27)。

(1) SDP—ServiceSearchRequest PDU

表 2.19

PDU 类型	PDU ID	参　　量
SDP—ServiceSearchRequest	0x02	ServiceSearchPattern, MaximumServiceRecordCount, ContinuationState

其参量说明如表 2.20～表 2.22 所示。

表 2.20　ServiceSearchPattern 的说明

值	说　　明
ServiceSearchPattern	用于指定服务查找模式

表 2.21　MaximumServiceRecordCount 的说明

值	说　明
N	用于指定服务器端最多可返回的服务记录句柄数。服务器端不可返回 N 个以上服务记录句柄数,长度为 2bytes

表 2.22　ContinuationState 的说明

值	说　明
ContinuationState	用于指定持续状态。在服务发现过程中对一个请求的响应可能需要几次包交换才能完成,因此协议定义了一个叫做持续状态的参数。当客户端接收到的响应包中持续状态的 InfoLength 为 0 时表示对该请求只有一个响应,否则表示该响应包不完整,下面还有响应包。此时如果需要下面的响应包,客户端应再发一个请求包,在请求包中放入响应包返回的持续状态。服务器端收到该请求包后发下一个响应包

(2) SDP−ServiceSearchResponse PDU

表 2.23

PDU 类型	PDU ID	参　　量
SDP−ServiceSearchResponse	0x03	TotalServiceRecordCount, CurrentServiceRecordCount, ServiceRecordHandleList, ContinuationState

其参量说明如表 2.24～表 2.27 所示。

表 2.24　TotalServiceRecordCount 的说明

值	说　明
N	该值为在服务器端将要返回的与服务查找模式匹配的服务记录的服务记录句柄数,该值不可大于 MaximumServiceRecordCount,长度为 2bytes

表 2.25　CurrentServiceRecordCount 的说明

值	说　明
N	该值为当前 PDU 所返回的服务记录句柄数,长度为 2bytes

表 2.26　ServiceRecordHandleList 的说明

值	说　明
ServiceRecordHandleList	为包含 CurrentServiceRecordCount 个服务记录句柄的列表,它的表示形式不为数据元的格式

表 2.27　ContinuationState 的说明

值	说　明
ContinuationState	用于指定持续状态

3. 用于 ServiceAttribute Transaction 的 PDU

ServiceAttribute Transaction 方式是客户端指定一个服务记录的句柄值并指定需要服务器端返回该服务记录哪些服务属性,服务器端把这些服务属性(如果存在的话)返回给客户端的方式。该方式是工作在 ServiceSearch Transaction 基础上的,因为对于同一种服务,在不同的蓝牙设备上服务记录句柄值可以不同。它有两种 PDU,即 SDP－ServiceAttributeRequest PDU 和 SDP－ServiceAttributeRespo-nse PDU(表 2.28～表 2.36)。

(1) SDP－ServiceAttributeRequest PDU

表 2.28

PDU 类型	PDU ID	参　量
SDP－ServiceAttributeRequest	0x04	ServiceRecordHandle, MaximumAttributeByteCount,AttributeIDList, ContinuationState

其参量说明如表 2.29～表 2.32 所示。

表 2.29　ServiceRecordHandle 的说明

值	说　明
ServiceRecordHandle	用于指定服务记录句柄,长度为 4bytes

表 2.30　MaximumAttributeByteCount 的说明

值	说　明
N	用于指定服务器端在一个 PDU 中可返回的最大的属性数据包的长度。以 byte 为单位,长度为 2bytes

表 2.31　AttributeIDList 的说明

值	说　明
AttributeIDList	用于指定服务器端要返回的服务属性

表 2.32　ContinuationState 的说明

值	说　明
ContinuationState	用于指定持续状态

(2) SDP－ServiceAttributeResponse PDU

表 2.33

PDU 类型	PDU ID	参　　量
SDP‑ServiceAttribute Response	0x05	AttributeListByteCount,AttributeList, ContinuationState

其参量说明如表 2.34～表 2.36 所示。

表 2.34　AttributeListByteCount 的说明

值	说　　明
N	该值为当前 PDU 中属性数据包(AttributeList)的长度。该值不 可大于 MaximumAttributeByteCount,长度为 2bytes

表 2.35　AttributeList 的说明

值	说　　明
AttributeList	该数据元的数据域是一个以数据元表示的服务属性 ID 和以数据 元表示的服务属性值的列表

表 2.36　ContinuationState 的说明

值	说　　明
ContinuationState	用于指定持续状态

4.用于 ServiceSearchAttribute 的 PDU

ServiceSearchAttribute Transaction 方式是客户指定服务类型并指定需要服务器端返回的服务属性,服务器端找出满足条件的服务记录后将其服务属性返回给客户端。它有两种 PDU,即 SDP‑ServiceSearchAttributeRequest PDU 和 SDP‑ServiceSearchAttributeResponse PDU(表 2.37～表 2.45)。

（1）SDP‑ServiceSearchAttributeRequest PDU

表 2.37

PDU 类型	PDU ID	参　　量
SDP‑ServiceSearchAttribute Request	0x06	ServiceSearchPattern, MaximumAttributeByteCount,AttributeIDList, ContinuationState

其参量说明如表 2.38～表 2.41 所示。

表 2.38　ServiceSearchPattern 的说明

值	说　明
ServiceSearchPattern	用于指定服务查找模式

表 2.39　MaximumAttributeByteCount 的说明

值	说　明
N	用于指定服务器端在一个 PDU 中可返回的最大的属性数据包的长度。以 byte 为单位,长度为 2bytes

表 2.40　AttributeIDList 的说明

值	说　明
AttributeIDList	用于指定服务器端要返回的服务属性

表 2.41　ContinuationState 的说明

值	说　明
ContinuationState	用于指定持续状态

（2）SDP－ServiceSearchAttributeResponse PDU

表 2.42

PDU 类型	PDU ID	参　量
SDP－ServiceSearchAttributeResponse	0x07	AttributeListsByteCount, AttributeLists, ContinuationState

其参量说明如表 2.43～表 2.45 所示。

表 2.43　AttributeListsByteCount 的说明

值	说　明
N	该值为当前 PDU 中属性数据包(AttributeLists)的长度。该值不可大于 MaximumAttributeByteCount,长度为 2bytes

表 2.44　AttributeLists 的说明

值	说　明
AttributeLists	该数据元的数据域是一个数据元序列列表,每个数据元序列的数据域是一个以数据元表示的服务属性 ID 和以数据元表示的服务属性值的列表

表 2.45 ContinuationState 的说明

值	说　明
ContinuationState	用于指定持续状态

最后我们给出如图 2.9 所示的服务发现协议的工作流程示意图。

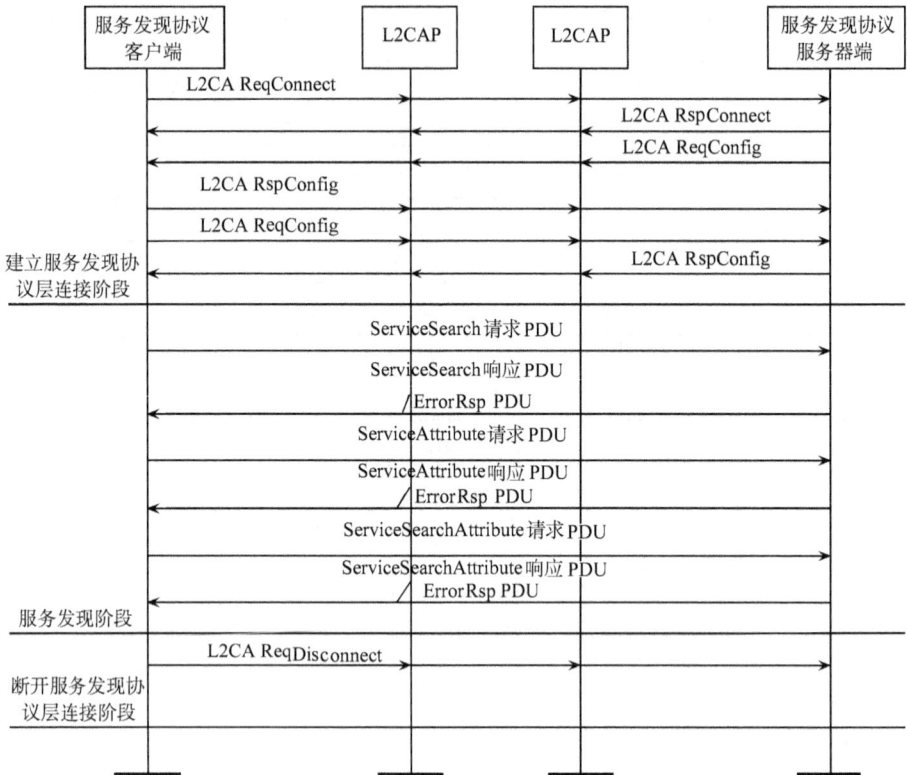

图 2.9　服务发现协议的工作流程

2.3　实验设备与软件环境

本实验两人为一组，一端作为服务注册端，一端作为客户发现端。

硬件:PC 机两台,蓝牙串口模块两块(建议为 SEMIT TTP 6603),串口电缆两根。

软件:Windows 2000 Professional 操作系统,TTP 服务发现实验软件。

2.4 实验内容

2.4.1 服务发现的工作模式

为了使实验简捷,我们采用两台电脑完成服务发现,组成客户机-服务器的模型。实际情况下可以有多个客户端,服务器端可以完成多个客户同时提出的请求。

通过服务发现实验,可以让学生观察客户机发起请求、服务器端给出响应的过程。

2.4.2 数据元的编解码

了解数据的表示方法,将服务器端注册的服务记录表示成数据元的格式,将查询结果的数据元的形式改成服务记录的方式,从中了解多种类型且可变长的数据的一种简捷的表示方法。

2.4.3 PDU 的数据分析

通过观察同层协议之间真正传递的 PDU,让学生了解不同的服务查询的方式,以及各种查询方式的优劣。

2.5 实验步骤

2.5.1 服务注册

1) 将蓝牙串口模块通过电缆连接到 PC 机的串口。

2) 运行服务发现程序,出现传输层初始化界面(图 2.10),选择端口,并填入实

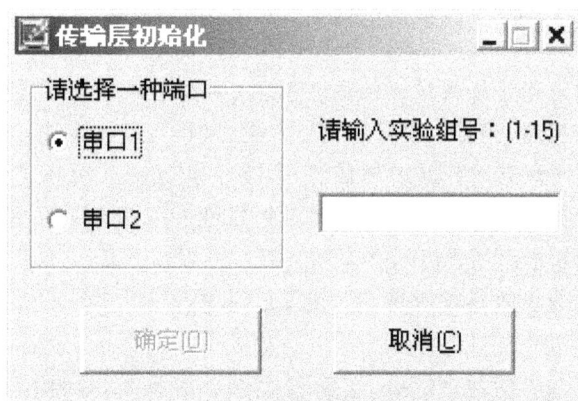

图 2.10 传输层初始化界面

验组号(1～15)，同组同学应选择相同的组号，点击"确认"按钮。

3) 主界面上点击"注册"按钮或在"系统"中选择"服务器端服务注册"。进入服务注册界面，如图 2.11 所示。

图 2.11　服务注册界面

4) 选择要注册的服务类型，点击服务属性结构栏中的各项属性，在"属性解释"中会出现该项属性的说明。右击该项属性中的各子条目，在"属性解释"中会出现该子条目的 UUID 键值，并在弹出的窗口可输入该子条目的键值。左击该条目，在"属性解释"中会出现该子条目的 UUID 键值，在键值栏中会显示已输入的键值。

5) 在正确输入各子条目的键值后，左击该项属性并点击"组包"按钮。

6) 在组包结束后，点击"注册"（点击"注册"前至少将该项服务中的 Service Class ID List 属性组包，注册该项属性时状态栏会显示两条注册信息，分别是 Service Class ID List 和 Group ID，注册其他属性时只显示一条相应的信息）。其他服务类型和无绳电话完全相同。

7) 若要增加或更改某项服务的属性，必须先选"遮盖服务"并点击"注销"，然后再重新注册该服务。

8) 参考附录和实验原理部分，了解各个参数的意义，并自行写出某项服务的数据包，再与实验的结果进行比较。

2.5.2 客户发现

1）将蓝牙串口模块通过电缆连接到 PC 机的串口。

2）运行程序,出现传输层初始化界面（图 2.10）,选择端口,并填入实验组号（1～15）,同组同学应选择相同的组号,点击"确认"按钮。

3）主界面上点击"发现"按钮或在"系统"中选择"客户端服务发现"进入服务发现界面,如图 2.12 所示。点击"查询设备"按钮,在左上角的栏中会显示发现的设备及其名称,并在查询状态栏中会显示相关的状态信息,右击可更改查询时间。

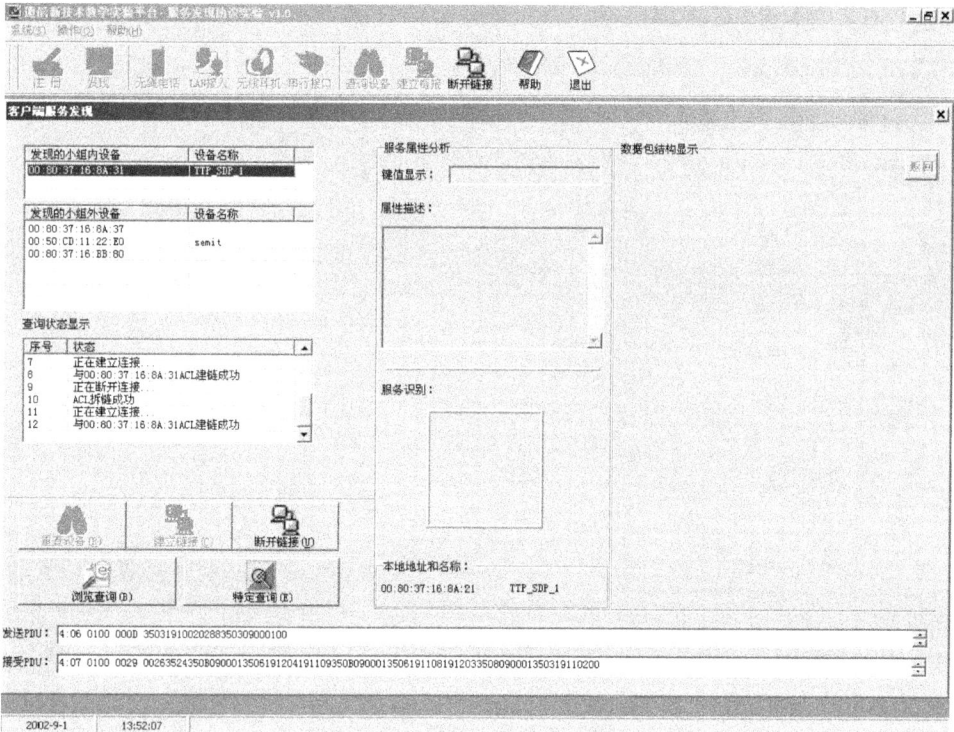

图 2.12　客户端服务发现界面

4）选择要连接的设备,点击"建立链接"按钮,建立链接。

5）以浏览的方式进行查询,点击"浏览查询"按钮,在界面右侧栏中会显示已发现的在服务器端注册的服务类型,如图 2.13 所示。再双击已发现的服务类型,会显示其数据包结构和服务识别。点击数据包结构中的各项服务属性及其子节点,会在"属性描述"中显示属性描述和键值,如图 2.14 所示。点击"返回"按钮,会返回到图 2.13 的状态。

6）以特定方式查询,点击"特定查询"按钮,在弹出的对话框中选择要查询的服务类型,会查询到指定服务的注册信息。在界面下面显示发送 PDU 和接收

PDU(每次查询都会显示)。根据实验原理中的说明,分析各个 PDU 的属性和功能,并记录 PDU 交互的流程。

7) 点击"断开链接"按钮,链接断开,可以结束实验。

在操作过程中注意体会客户机-服务器相互交互的工作流程,以及对等协议之间的层次概念。

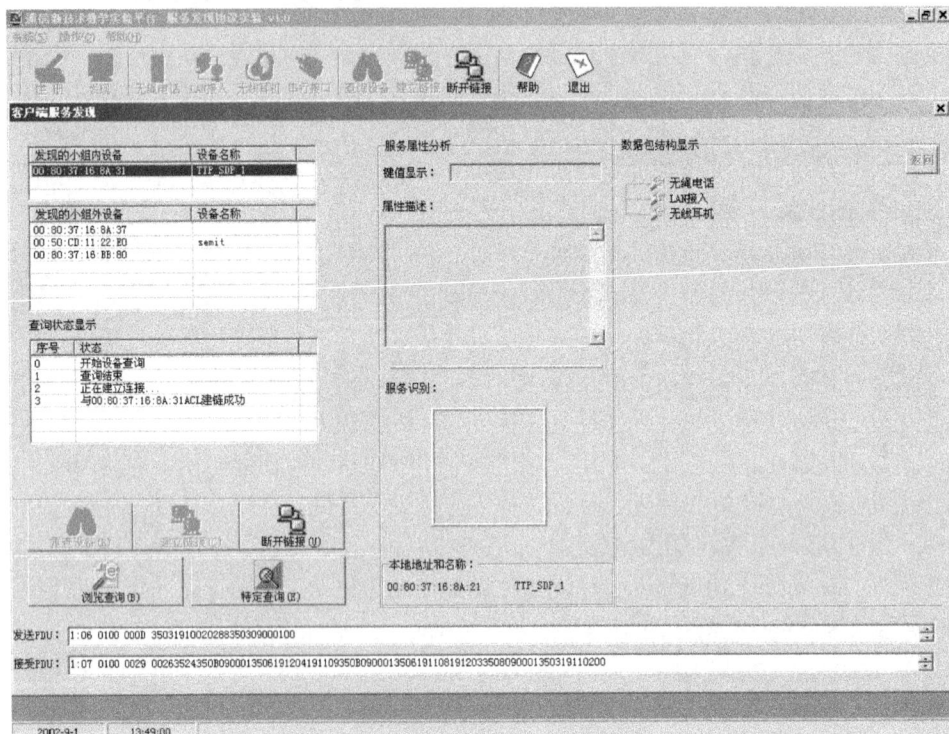

图 2.13　服务器端注册的服务类型

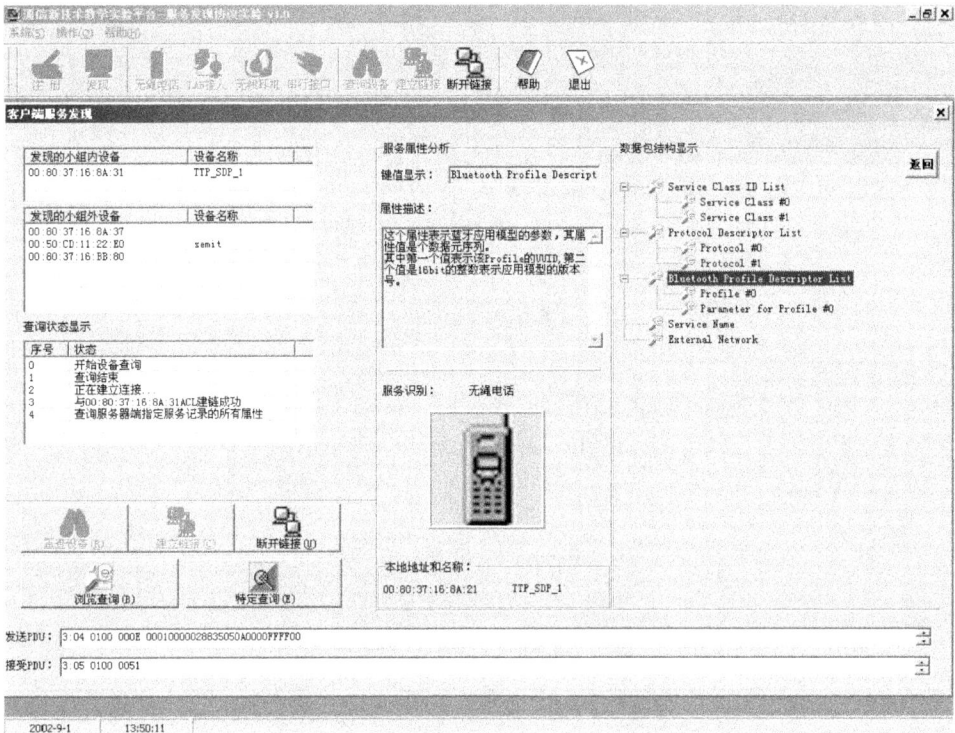

图 2.14　属性描述

2.6　预习要求

1）了解客户机-服务器模型的基本概念。

2）了解数据元的表示方法。

3）了解服务发现的工作流程。

2.7　实验报告要求

1）同组学生互相合作,完成几次查询,记录所有的 PDU 流程。

2）分析各部分参数,并根据返回的响应 PDU 来分析结果。

3）回答思考题。

思 考 题

1. 网络通信中为什么需要服务发现的协议部分?
2. 蓝牙的服务发现协议规定的数据元格式有什么优劣之处?
3. 为什么要有不同的服务查询模式,这样对提高服务发现的效率有什么好处?

参 考 文 献

Bluetooth SIG.2001.Specification of the Bluetooth System V1.1-Core.http://www.bluetooth.org

Bluetooth SIG.2001.Specification of the Bluetooth System V1.1-Profile.http://www.bluetooth. org

附 录

附表 2.1 协议的 UUID 对照表

协 议	UUID
SDP	uuid16:0x0001
RFCOMM	uuid 16:0x0003
TCS-BIN	uuid 16:0x0005
L2CAP	uuid 16:0x0100
IP	uuid 16:0x0009
UDP	uuid 16:0x0002
TCP	uuid 16:0x0004
TCS-AT	uuid 16:0x0006
OBEX	uuid 16:0x0008
FTP	uuid 16:0x000A
HTTP	uuid 16:0x000C
WSP	uuid 16:0x000E

附表 2.2　服务类型的 UUID 对照表

服　　务	UUID
ServiceDiscoveryServerServiceClassID	uuid16：0x1000
BrowseGroupDescriptorServiceClassID	uuid16：0x1001
PublicBrowseGroup	uuid16：0x1002
SerialPort	uuid16：0x1101
LANAccessUsingPPP	uuid16：0x1102
DialupNetworking	uuid16：0x1103
IrMCSync	uuid16：0x1104
OBEXObjectPush	uuid16：0x1105
OBEXFileTransfer	uuid16：0x1106
IrMCSyncCommand	uuid16：0x1107
Headset	uuid16：0x1108
CordlessTelephony	uuid16：0x1109
Intercom	uuid16：0x1110
Fax	uuid16：0x1111
HeadsetAudioGateway	uuid16：0x1112
WAP	uuid16：0x1113
WAP-CLIENT	uuid16：0x1114
PnPInformation	uuid16：0x1200
GenericNetworking	uuid16：0x1201
GenericFileTransfer	uuid16：0x1202
GenericAudio	uuid16：0x1203
GenericTelephony	uuid16：0x1204

附表 2.3　LAN 接入点的服务记录表

属性项	定　　义	类　　型	值	AttributeID
ServiceClassIDList				0x0001
ServiceClass0	LAN Access Using PPP	UUID		
ProtocolDescriptorList				0x0004
Protocol0	L2CAP	UUID	L2CAP	
Protocol1	RFCOMM	UUID	RFCOMM	
ProtocolSpecificParameter0	ServerChannel	UINT8	$N=$Server-Channel #	
BluetoothProfile DescriptorList				0x0009

属性项	定　义	类　型	值	AttributeID
Profile		UUID	LAN Access using PPP	
Param0	Version	UINT16	0x0100	
ServiceName	Displayable Text Name	DataElement /String	"LAN Access using PPP"	
Service Description	Displayable Information	String	Provider Define	

附表 2.4　Cordless Phone 的服务记录表

属性项	定　义	类　型	值	AttributeID
ServiceClassIDList				0x0001
ServiceClass 0	Cordless Telephony	UUID		
ServiceClass 1	Generic Telephony	UUID		
ProtocolDescriptorList				0x0004
Protocol 0	L2CAP	UUID	L2CAP	
Protocol 1	TCS-BIN -CORDLESS	UUID	TCS	
ServiceName	Displayable Text Name	DataElement/ String	Provider Define	0x0100
External Network		UINT8	0x01＝PSTN 0x02＝ISDN 0x02＝GSM 0x04＝CDMA 00x05＝Analogue 0x06＝Packet Switched 0x07＝Other	0x0301
BluetoothProfile DescriptorList				0x0009
Profile♯0		UUID	Cordless Telephony	
Parameter for Profile♯0	Version	UINT16	0x0100	

附表 2.5　Headset 的服务记录表

属性项	定　义	类　型	值	AttributeID
ServiceClassIDList				0x0001
ServiceClass 0	Headset	UUID		
ServiceClass 1	Generic Audio	UUID		
ProtocolDescriptorList				0x0004
Protocol 0	L2CAP	UUID	L2CAP	
Protocol 1	RFCOMM	UUID	RFCOMM	
ProtocolSpecificParameter0	ServerChannel	UINT8	$N=$ Server-Channel ♯	
BluetoothProfile DescriptorList				0x0009
Profile ♯ 0		UUID	Headset	
Param0	Version	UINT16	0x0100	
ServiceName	Displayable Text name	DataElement/ String	"HeadSet"	0x0100

附表 2.6　串口的服务记录表

属性项	定　义	类　型	值	AttributeID
ServiceClassIDList				0x0001
ServiceClass 0	SerialPort	UUID		
ProtocolDescriptorList				0x0004
Protocol 0	L2CAP	UUID	L2CAP	
Protocol 1	RFCOMM	UUID	RFCOMM	
ProtocolSpecificParameter0	ServerChannel	UINT8	$N=$ Server-Channel	
ServiceName	Displayable Text Name	DataElement/ String	"COM5"	0x0100

第 3 章　局域网接入

3.1　引　　言

随着 Internet 的迅速普及,计算机远程接入局域网进而接入 Internet 的技术引起了人们越来越大的兴趣。此外,无线数据接入也因为不需布线、在一定范围内移动的同时可与网络保持联系等优点获得了广泛的应用。在此背景下,我们设计了局域网接入实验。本章介绍了有线局域网接入的基本原理和相关概念,以蓝牙为例,演示了无线局域网接入的一般工作过程。通过局域网接入的实验操作,可以了解计算机通过 PPP 协议(Point-to-Point Protocol)接入局域网或者 Internet 的工作过程和计算机 TCP/IP 协议(Transmission Control Protocol/Internet Protocol)的基本概念,理解从有线接入到无线接入的实现原理。

3.2　基 本 原 理

3.2.1　串行通讯与 PPP 协议

随着计算机的应用和微机网络的发展,计算机与外界的信息交换越来越频繁。串行通讯是在一根传输线上一位一位地传送信息,所用的传输线少,并且可以借助现成的电话网进行信息传送,因此,特别适合于远距离传输。对于那些与计算机相距不远的人机交换设备和串行存储的外部设备如终端、打印机、逻辑分析仪、磁盘等,采用串行方式交换数据也很普遍。

1. EIA-232-E 接口标准

EIA-232-E 是美国电子工业协会(EIA,Electronic Industries Association)制订的著名的物理层标准。它是由 1962 年制订的 RS-232 标准发展而来的,这里 RS 表示推荐标准(Recommended Standard),232 是一个编号。此后历经数次修订,1991 年修订为 EIA-232-E。由于标准的改动不大,因此现在许多厂商仍用旧的名称,甚至简称为"232 接口"。

EIA-232-E 是数据终端设备(DTE,Data Terminal Equipment)与数据电路端接设备(DCE,Data Circuit-terminating Equipment)之间的接口标准。因此下面首先引入 DTE 和 DCE 的概念。

数据终端设备 DTE,也就是具备一定数据处理能力以及发送和接收数据能力的设备。PC 机就是典型的 DTE。由于大多数数字数据处理设备的数据传输能力是有限的,将相隔很远的两个 DTE 直接连接起来是无法进行通信的,这就需要借助中间设备。这个中间设备称为数据电路端接设备 DCE。DCE 的作用就是在 DTE 和传输线路之间提供信号变换和编码的功能,负责建立、保持和释放数据链路的连接。拨号上网用的调制解调器(Modem)就是最常见的 DCE。

图 3.1 是两个 DTE 通过 DCE 进行通信的例子。

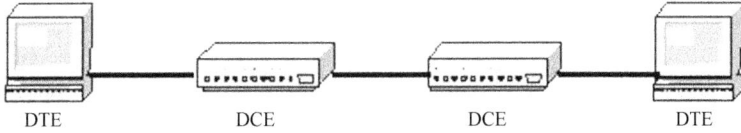

图 3.1　两个 DTE 通过 DCE 进行通信

下面扼要介绍一下 EIA-232-E 标准的主要特点:

1)在电器特性方面,EIA-RS-232C 对电器特性、逻辑电平和各种信号线功能都做了规定。

2)在 TxD(Transmit Data)和 RxD(Receive Data)上:逻辑 1(MARK)= -3～-15V,逻辑 0(SPACE)= +3～+15V。

3)在 RTS(Ready To Send)、CTS(Clear To Send)、DSR(Data Set Ready)、DTR(Data Terminal Ready)和 DCD(Data Carrier Detect)等控制线上:信号有效(接通,ON 状态,正电压)= +3～+15V,信号无效(断开,OFF 状态,负电压)= -3～-15V。

4)在机械特性方面,EIA-232-E 可使用 DB-9 和 DB-25 两种类型的连接器。

5)在功能特性方面,EIA-232-E 遵循 CCITT V.28 建议书对接口引脚的功能做出的定义,如表 3.1 所示,表中的"发送"、"接收"都是针对 DTE 而言的。

表 3.1　接口引脚的功能定义

9 针串口(DB9)			25 针串口(DB25)		
针号	功能说明	缩写	针号	功能说明	缩写
1	数据载波检测	DCD	8	数据载波检测	DCD
2	接收数据	RXD	3	接收数据	RXD
3	发送数据	TXD	2	发送数据	TXD
4	数据终端准备	DTR	20	数据终端准备	DTR
5	信号地	GND	7	信号地	GND
6	数据设备准备好	DSR	6	数据设备准备好	DSR
7	请求发送	RTS	4	请求发送	RTS
8	清除发送	CTS	5	清除发送	CTS
9	振铃指示	BELL	22	振铃指示	BELL

两台计算机相距很近的时候,可以不通过 DCE 而用电缆直接相连。为了不改

动计算机内标准的串行接口线路,需要采用虚调制解调器(Null-modem)。所谓虚调制解调器就是一段串口电缆,具体连接方法如图 3.2 所示。这样对每一台计算机来说,都好像是与一个调制解调器相连,但实际上并不存在真正的调制解调器。

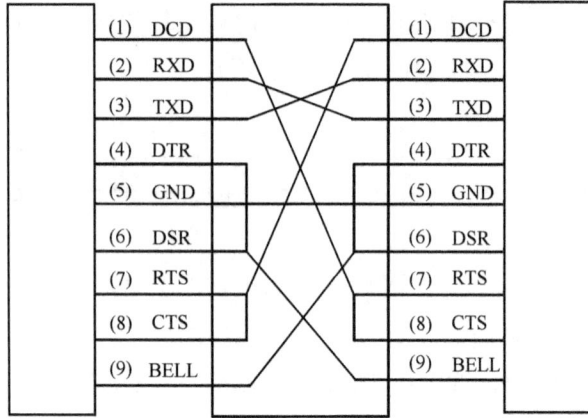

图 3.2　两个 DTE 相连的串口引脚示意图

在本实验中,作为服务器的 PC 机一端通过虚调制解调器接受作为终端的 PC 机拨号接入,同时另一端通过以太网卡与局域网相连,使拨号终端可以通过服务器访问局域网上的资源,实现局域网接入。

2. 点对点协议 PPP[1] *

用户通过 Modem 拨号接入 Internet,或者是两台计算机通过串口电缆连接进行上层应用间的通信,都需要数据链路层协议,目前使用最为广泛的是 PPP 协议。

PPP 协议是在串行线路网际协议(SLIP,Serial Line Internet Protocol)的基础上发展来的,它有三个组成部分:

1) 一个将 IP 数据报封装到串行链路的方法。PPP 既支持异步链路,也支持面向比特的同步链路。

2) 一个用来建立、配置和测试数据链路连接的链路控制协议(LCP,Link Control Protocol)。通信双方可以协商一些选项。[RFC 1661]中定义了 11 种类型的 LCP 分组。

3) 一套网络控制协议(NCP,Network Control Protocol)支持不同的网络层协议,如 IP、OSI(Open Systems Interconnection)的网络层、DECnet、AppleTalk 等。

PPP 的帧格式(图 3.3)与 HDLC(High-level Data Link Control)相似。我们可

---

* 1) 关于面向比特的链路控制规程 HDLC 和串行线路网际协议 SLIP 的基础知识可参考本书的数据传输章节。

以看到,PPP帧的前三个字段和最后两个字段与HDLC的格式是一样的。标志字段F仍为0x7E,而地址字段A和控制字段C都是固定不变的,分别为0xFF和0x03。PPP不是面向比特的,因而所有PPP帧的长度都是整数个字节。

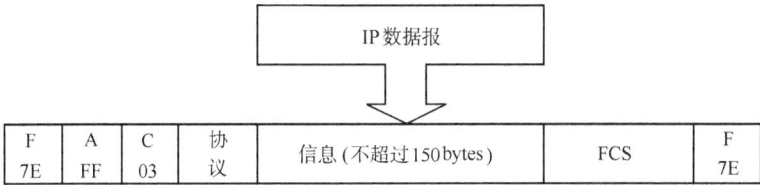

| | IP数据报 | | | | | |

F 7E	A FF	C 03	协 议	信息(不超过150 bytes)	FCS	F 7E

图3.3　PPP的帧格式

下面简单描述一下PPP协议的工作过程:当用户拨入因特网服务供应商(ISP,Internet Service Provider)时,路由器的调制解调器对拨号做出应答,并建立一条物理连接。这时PC机向路由器发送一系列的LCP分组(封装成多个PPP帧)。这些分组及其响应选择了将要使用的一些PPP参数。接着就进行网络层的配置,NCP给新接入的计算机分配一个临时的IP地址。这样,PC机就成为Internet上的一台主机了。当用户通信完毕,NCP释放网络层连接,收回IP地址,接着,LCP释放数据链路层连接。最后释放物理层连接。该过程描述如图3.4所示。

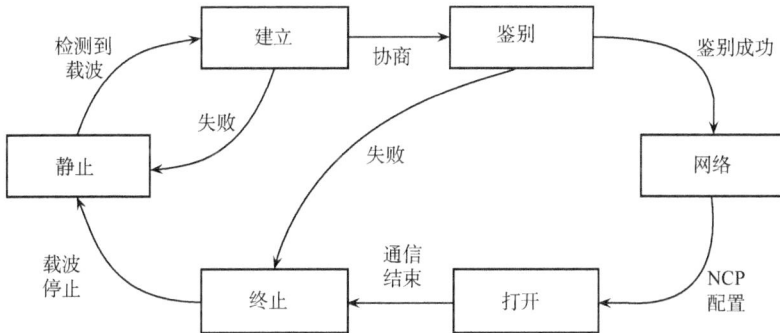

图3.4　PPP协议工作状态图

3.2.2　网际协议(IP)与网络互联

1. 互联网的概念

现实世界中的计算机网络往往由许多不同类型的网络互联而成,从功能和逻辑上看,这些不同的计算机网络已经组成了一个大型的计算机网络,称为互联网络(Internetwork),简称为互联网、互连网(Internet)。

将网络互相连接起来要使用一些中间设备(或中间系统),ISO 的术语称之为中继(Relay)系统。根据中继系统所在的层次,可以有以下五种中继系统:

1) 物理层中继系统,称为转发器或中继器(Repeater)。

2) 数据链路层中继系统,称为网桥或桥接器(Bridge)。

3) 网络层中继系统,称为路由器(Router)。

4) 网桥和路由器的混合体桥路器(Router),它兼有网桥和路由器的功能。

5) 在网络层以上的中继系统,称为网关(Gateway),也称为网间连接器、信关和联网机。用网关连接两个不兼容的系统需要在高层进行协议的转换。由于历史的原因,许多有关 TCP/IP 的文献中都将网络层使用的路由器称为网关,对此读者应加以注意。

当中继系统是转发器或网桥时,严格来说并不能称为网络互联,因为这仅仅是把一个网络扩大了,从网络层的观点看仍是一个网络。网关由于比较复杂,目前使用得较少,因此一般讨论互联网时都是指用路由器进行互联的网络。路由器实际上就是一台专用计算机,用来在互联网中进行路由选择。下一节将以 Internet 上使用的网际协议(IP,Internet Protocol)为例,介绍网络互联的工作原理。

2. Internet 的网际协议 IP

网际协议 IP 是 TCP/IP 体系中两个最主要的协议之一。与 IP 协议配套使用的还有三个协议:

1) 地址解析协议(ARP,Address Resolution Protocol)。

2) 反向地址解析协议(RARP,Reverse Address Resolution Protocol)。

3) Internet 控制报文协议(ICMP, Internet Control Message Protocol)。

图 3.5 表示了这三个协议与网际协议 IP 的关系。在网络层,ARP 和 RARP 位于最下面,因为 IP 在和链路层交互时需要使用这两个协议。ICMP 位于网络层上部,因为它要使用 IP 协议。后面将详细介绍与路由选择有关的地址解析协议 ARP。

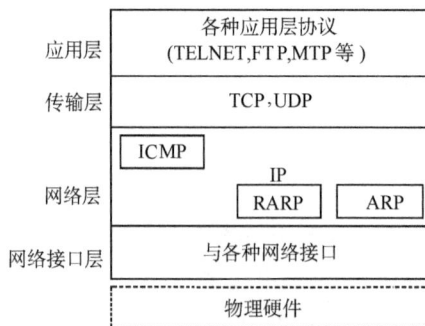

图 3.5　协议关系示意图

3.IP 地址

（1）IP 地址及其表示方法

在 TCP/IP 体系中,IP 地址是一个最基本的概念,我们把整个 Internet 看成一个单个的、抽象的网络。所谓 IP 地址,就是给每一个连接在 Internet 上的主机分配一个在全世界范围内惟一的 32bits 地址。为了便于对 IP 地址进行管理,同时考虑到网络的差异,有的网络拥有很多主机,而有的网络上的主机则很少,因此 Internet 的 IP 地址分为五类,即 A 类到 E 类,如图 3.6 所示。

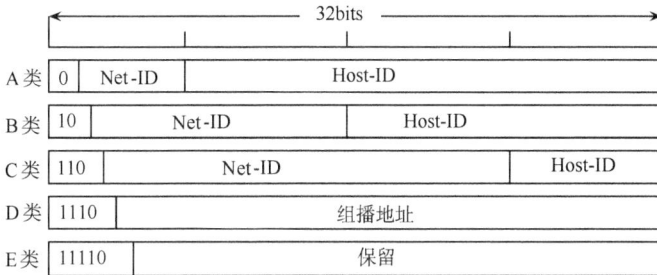

图 3.6　五类 IP 地址

常用的 A 类、B 类、C 类地址都由网络号（Net-ID）和主机号（Host-ID）两个字段构成。D 类地址是组播地址,E 类地址则为以后的用途保留。

此外,还需要了解表 3.2 列出的一般不使用的特殊地址。

表 3.2　特殊地址

Net-ID	Host-ID	源地址使用	目的地址使用	表示的意义
0	0	可以	不可以	本网络上的本主机
0	Host-ID	可以	不可以	本网络上的某个主机
全 1	全 1	不可以	可以	只在本网络上进行广播（路由器不转发）
Net-ID	全 1	不可以	可以	对 Net-ID 上的所有主机广播
127	任意	可以	可以	本地自环（LoopBack）测试用

（2）IP 地址与物理地址

区分 IP 地址和物理地址的概念是十分重要的,图 3.7 强调了这两种地址的区别,图中假定通过局域网进行网络互联,可以看到,IP 地址位于 IP 报的首部,而物理地址则放在媒体访问控制（MAC,Medium Access Control）帧的首部;在网络层及

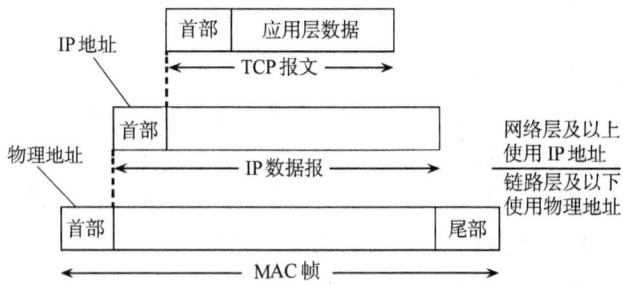

图 3.7 IP 地址与物理地址的区别

以上使用的是 IP 地址,链路层及以下使用的是物理地址。

我们通过图 3.8 来进一步说明上述概念,图中有三个网络:两个以太网通过一个光纤分布式数据接口(FDDI,Fiber Distributed Data Interface)网络互联起来。以太网 1 上的主机 HA 与以太网 2 上的主机 HB 通信,这两台主机的 IP 地址分别为 IP_1 和 IP_6,物理地址分别为 HA_1 和 HA_6。通信的过程是分组先到达路由器 R_1,再到达路由器 R_2,最后找到主机 HB。这里需要强调指出的是

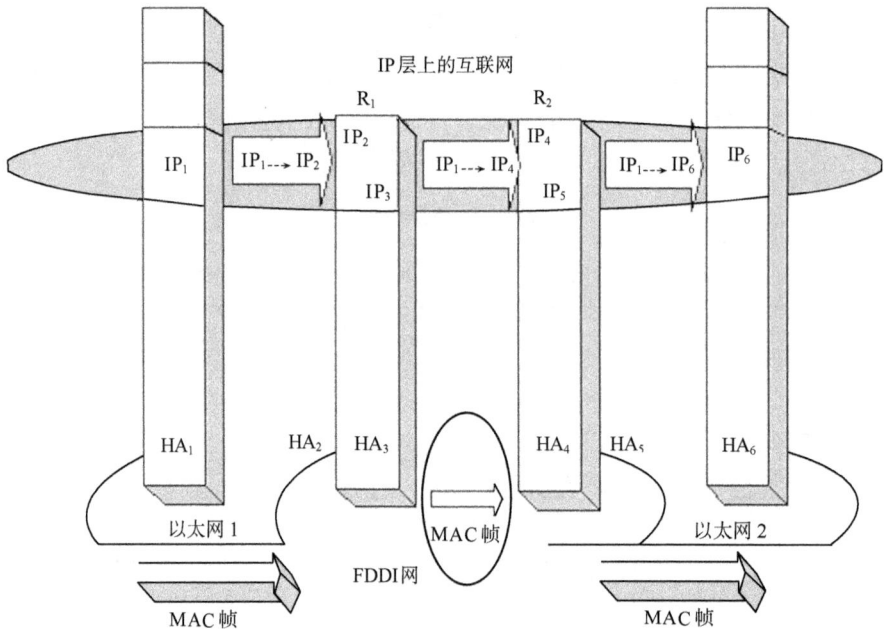

图 3.8 从不同层次上看 IP 地址和硬件地址

1)在 IP 层抽象的互联网上,我们只能看到 IP 数据报。在 IP 报的首部中写明的源地址是 IP_1,目的地址是 IP_6。中间经过的路由器的 IP 地址不出现在 IP 报的首部中。

2）路由器根据 IP 报首部中的目的地址进行选路,而不关心源地址。

3）在具体的物理网络的链路层,我们看到的只是 MAC 帧。IP 数据报被封装在 MAC 帧里面。MAC 帧在不同的网络上传送时,其 MAC 帧的首部是不同的。在开始传送时,MAC 帧首部写的是从物理地址 HA_1 发送到物理地址 HA_2,到了 FDDI 网络,就换成了从 HA_3 发送到 HA_4,最后在以太网 2 上,MAC 帧首部填入的物理地址又变成从 HA_5 到 HA_6。MAC 帧首部的这种变化,对 IP 层而言是不可见的。

4）路由器 R_1 和 R_2 都各有两个 IP 地址和物理地址,因为它们同时接在两个网络上。

5）尽管互联在一起的网络的下层体系各不相同,但 IP 层抽象的互联网却屏蔽了下层的这些复杂的细节,使我们能够使用统一的、抽象的 IP 地址进行通信。

4. 地址的转换

上面讲的 IP 地址是不能直接用来进行通信的,这是因为:

1）IP 地址只是主机在网络层中的地址。若要将网络层中传送的数据报交给目的主机,需要传到链路层转变为 MAC 帧后才能发送到网络,而 MAC 帧需要使用源主机和目的主机的物理地址,因此必须在主机的 IP 地址和物理地址间进行转换。

2）用户平时不愿意使用难以记忆的主机 IP 地址,而更愿意使用易于记忆的主机名字,因此还需要在主机名字和 IP 地址间进行转换。

在 TCP/IP 体系中都有这两种转换的体制。

对于较小的网络,可以使用 TCP/IP 体系提供的叫做 hosts 的文件来进行从主机名字到 IP 地址的转换。文件 hosts 上存有许多主机名字到 IP 地址的映射,供主叫主机使用。

对于较大的网络,则网络中存在几个装有域名系统(DNS,Domain Name System)的域名服务器,上面分层次放有许多主机名到 IP 地址转换的映射表。源主机需要与目的主机通信时,源主机中的名字解析软件 Resolver 会自动找到 DNS 的域名服务器来完成这种转换。域名系统 DNS 属于应用层软件。

从 IP 地址到物理地址的转换是由地址解析协议(ARP)来完成的。

由于 IP 地址长度是 32bits,而局域网的物理地址长度是 48bits,一台主机的 IP 地址是可以改变的,而物理地址是固化在其网络接口卡中的,一般不会改变,因此它们之间不存在特定的变换关系。此外,一个网络上可能经常会有新的主机加入进来,或撤走一些主机。可见在主机中应存放一个从 IP 地址到物理地址的映射表,并能够定期动态更新。地址解析协议 ARP 很好地解决了这个问题。

每一台主机上都应有一个 ARP 高速缓存(ARP Cache),里面有 IP 地址到物理地址的映射表,表示了该主机当前知道的一些地址。当主机 A 欲向本局域网上的主机 B 发送一个 IP 数据报时,会先在 ARP 缓存中查看是否有主机 B 的 IP 地址。若有,则可查出对应的物理地址,然后将此物理地址填入 MAC 帧首部,通过局域网发往此物理地址。

如果 ARP 缓存中没有查到主机 B 的 IP 地址的条目,这可能是由于 A 或 B 才入网,也可能是由于距离主机 A 与主机 B 之间上一次通信已过了较长的一段时间(对于到达一定时间没有使用的条目,ARP 缓存在更新时会将其自动删除,以避免 ARP 缓存变得太大)。在这种情况下,主机 A 就会自动运行 ARP,按以下步骤找出主机 B 的物理地址:

1)ARP 进程在本局域网上广播一个 ARP 请求分组,上面有主机 B 的 IP 地址。

2)局域网上所有主机的 ARP 进程都收到此 ARP 请求分组。

3)主机 B 的 ARP 进程在请求分组中看到本机的 IP 地址,就向主机 A 发送一个 ARP 响应分组,上面写入自己的物理地址。

4)主机 A 收到主机 B 的 ARP 响应分组后,就在其 ARP 缓存中写入主机 B 的 IP 地址到物理地址的映射。

在多数情况下,当主机 A 向主机 B 发送数据报时,很可能随后不久主机 B 还要向主机 A 发送数据报,这时就需要主机 B 发送 ARP 请求分组去请求主机 A 的物理地址。因此为了减少网络上的通信量,主机 A 在发送 ARP 请求分组时,就将自己的 IP 地址到物理地址的映射写入 ARP 请求分组。当主机 B 收到主机 A 的 ARP 请求时,主机 B 将主机 A 的 IP 地址到物理地址映射存入自己的 ARP 缓存中,这样以后主机 B 向主机 A 发送数据报时就更方便了。

5. 路由表

(1)IP 路由

在通常的术语中,路由就是在网络之间转发数据包的过程。对基于 TCP/IP 的网络,路由是部分网际协议(IP)与其他网络协议服务结合使用,提供给基于 TCP/IP 的大型网络中单独网段上的主机之间具有互相转发的能力。

IP 是 TCP/IP 协议的"邮局",负责对 IP 数据进行分检和传递。每个传入或传出数据包叫做一个 IP 数据报。IP 数据报包含两个 IP 地址:发送主机的源地址和接收主机的目标地址。与硬件地址不同,数据报内部的 IP 地址在 TCP/IP 网络间传递时保持不变。路由是 IP 的主要功能。通过使用 Internet 层的 IP,IP 数据报在每个主机上进行交换和处理。

在 IP 层的上面,源主机上的传输服务用 TCP 段或 UDP 消息的形式向 IP 层传送源数据。IP 层使用在网络上传递数据的源和目标的地址信息装配 IP 数据报,然后 IP 层将数据报向下传送到网络接口层。在这一层,数据链路服务将 IP 数据报转换成在物理网络的网络特定媒体上传输的帧。这个过程在目标主机上按相反的顺序进行。每个 IP 数据报都包含源和目标的 IP 地址。每个主机上的 IP 层服务检查每个数据报的目标地址,将这个地址与本地维护的路由表相比较,然后确定下一步的转发操作。IP 路由器连接到能够互相转发数据包的两个或更多 IP 网段上。

(2) IP 路由器

TCP/IP 网段由 IP 路由器互相连接,IP 路由器是从一个网段向其他网段传送 IP 数据报的设备,这个过程叫做 IP 路由。IP 路由器将两个或更多物理上相互分离的 IP 网段连接起来。所有的 IP 路由器都有两个基本特征:

1) IP 路由器是多宿主主机。多宿主主机就是用两个或更多网络连接接口连接每个物理分隔的网段的网络主机。

2) IP 路由器可以对其他 TCP/IP 主机转发数据包。

IP 路由器与其他多宿主主机有一个重要的差别:IP 路由器必须能够对其他 IP 网络主机转发基于 IP 的网间通讯,可以使用各种可能的硬件和软件产品来实现 IP 路由器。基于硬盒的路由器,即指定运行专门软件的硬件设备是很普遍的。另外,您可以使用基于路由和远程访问服务之类的软件(在运行 Windows 2000 Server 的计算机上运行)的路由方案。

不管使用哪种类型的 IP 路由器,所有的 IP 路由都依靠路由表在网段之间通讯。

(3) 路由表

TCP/IP 主机使用路由表维护有关其他 IP 网络及 IP 主机的信息。网络和主机用 IP 地址和子网掩码来标识。另外,由于路由表对每个本地主机提供关于如何与远程网络和主机通讯的所需信息,因此路由表是很重要的。

对于 IP 网络上的每台计算机,可以使用与本地计算机通讯的其他每个计算机或网络的项目来维护路由表,通常这是不实际的,因此可改用默认网关(IP 路由器)。当计算机准备发送 IP 数据报时,它将自己的 IP 地址和接收者的目标 IP 地址插入到 IP 报头。然后接收计算机检查目标 IP 地址,将它与本地维护的 IP 路由表相比较,根据比较结果执行相应操作。该计算机执行以下三种操作之一:

1) 将数据报向上传到本地主机 IP 之上的协议层。

2) 经过其中一个连接的网络接口转发数据报。

3) 丢弃数据报。

IP 在路由表中搜索与目标 IP 地址最匹配的路由。从最精确的路由到最不精确的路由,按以下顺序排列:

1) 与目标 IP 地址匹配的路由(主机路由)。

2) 与目标 IP 地址的网络 ID 匹配的路由(网络路由)。

3) 默认路由。

如果没有找到匹配的路由,则 IP 丢弃该数据报。

(4) Windows 2000 IP 路由表

运行 TCP/IP 的每台计算机都要决定路由,这些决定由 IP 路由表控制。要显示运行 Windows 2000 的计算机上的 IP 路由表,请在命令提示行键入"route print"。

表 3.3 就是 IP 路由表的一个典型范例。此范例中的计算机运行 Windows 2000,带有一个网卡和以下配置:

IP 地址:10.0.0.169

子网掩码:255.0.0.0

默认网关:10.0.0.1

注意:表 3.3 第一列中的说明实际上不显示在 route print 命令的输出中。

路由表根据计算机的当前 TCP/IP 配置自动建立。每个路由在显示的表中占一行。计算机在路由表中搜索与目标 IP 地址最匹配的项目。

表 3.3　IP 路由表(范例)

描　述	网络目标	网络掩码	网　关	接　口	跃点数
默认路由	0.0.0.0	0.0.0.0	10.0.0.1	10.0.0.169	1
环回网络	127.0.0.0	255.0.0.0	127.0.0.1	127.0.0.1	1
本地网络	10.0.0.0	255.0.0.0	10.0.0.169	10.0.0.169	1
本地 IP 地址	10.0.0.169	255.255.255.255	127.0.0.1	127.0.0.1	1
多播地址	224.0.0.0	240.0.0.0	10.0.0.169	10.0.0.169	1
受限的广播地址	255.255.255.255	255.255.255.255	10.0.0.169	10.0.0.169	1

如果没有其他主机或网络路由符合 IP 数据报中的目标地址,您的计算机将使用默认路由。默认路由通常将 IP 数据报(没有匹配或明确的本地路由)转发到本地子网上的路由器的默认网关地址上。在前面的范例中,默认路由将数据报转发到网关地址为 10.0.0.1 的路由器。

由于默认网关对应的路由器包含大型 TCP/IP 网际内部其他 IP 子网的网络 ID 的信息,因此它将数据报转发到其他路由器,直到数据报最终传递到连接指定目标主机或子网的 IP 路由器为止。

6. IP 层的路由选择

下面通过一个例子来说明 IP 层处理数据报的流程。

如图 3.9 所示,四个 A 类网络通过三个路由器连接在一起。每一个网络上都可能有成千上万的主机。可以想像,若按这些主机的完整 IP 地址来制作路由表,则路由表会非常复杂;若按主机所在的网络号 Net-ID 来制作路由表,那么每一个路由器的路由表就只需要包含四个要查找的网络。以路由器 R_2 为例,由于 R_2 同时连接在网 2 和网 3 上,因此只要目的站在这两个网络上,就可以由 R_2 直接交付(当然需要利用地址解析协议 ARP 才能找到目的主机的物理地址)。若目的站在网络 1 中,则下一站路由器应为 R_1,其 IP 地址为 20.0.0.9。路由器 R_2 和 R_1 由于同时连接在网 2 上,因此由 R_2 转发分组到 R_1 是很容易的。同理,若目的站在网络 4 中,则路由器 R_2 将分组转发给 IP 地址为 30.0.0.1 的路由器 R_3。

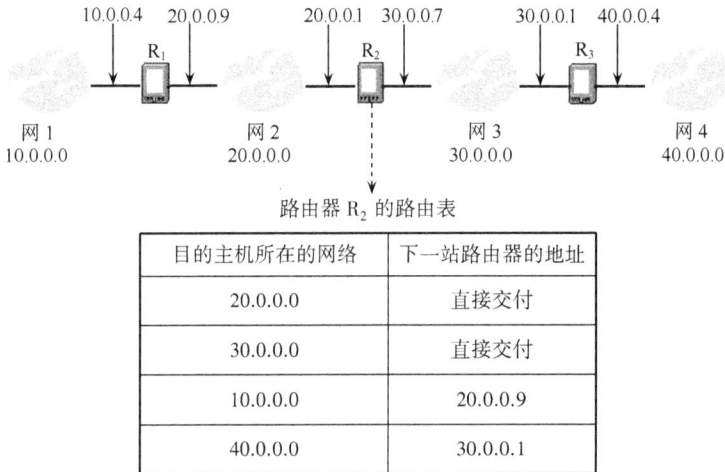

路由器 R_2 的路由表

目的主机所在的网络	下一站路由器的地址
20.0.0.0	直接交付
30.0.0.0	直接交付
10.0.0.0	20.0.0.9
40.0.0.0	30.0.0.1

图 3.9　路由器 R_2 的路由表

除了以目的站的网络号来选择路由外,大多数的 IP 路由选择软件都允许指明对某一个目的主机的路由作为一个特例,这种路由叫做指明主机路由。采用指明主机路由可使网络管理人员能够更方便地管理和测试网络,同时在需要考虑某些安全问题时采用这种指明主机路由。路由器还可以采用默认路由以减少路由表占用的空间和搜索路由表所用的时间。

本实验中,作为接入服务器的 PC 机起到了路由器的作用,它分别连接客户端计算机(一台计算机也可组成一个子网)和与之相连的局域网。

3.2.3　计算机无线联网

所谓计算机局域网,就是把分布在数公里内的不同物理位置的计算机设备连在一起,在网络软件的支持下可以相互通讯和共享资源的网络系统。通常计算机组网的传输媒介主要依赖电缆或光缆,构成有线局域网,但有线网络信道有其本质的缺陷:布线、改线工程量大,线路容易损坏,网中的各站点不可移动。

解决这一难题最迅速和最有效的方法是采用计算机无线通信和建立无线计算机网络系统。无线局域网(WLAN, Wireless Local Area Network)是指以无线信道作传输媒介的计算机局域网。计算机无线通信和计算机无线联网不是一个概念,其功能和实现技术有相当大的差异。计算机无线通信只要求两台计算机之间能传输数据即可,而计算机无线联网则进一步要求以无线方式相连的计算机之间资源共享,具有现有网络操作系统所支持的各种服务功能。计算机无线联网方式是有线联网方式的一种补充,它是在有线网的基础上发展起来的,使网上的计算机具有可移动性,能快速、方便地解决以有线方式不易实现的网络信道的联通问题。

1. 无线局域网技术标准

无线局域网目前的定位仍然是有线网络的延伸和补充,它利用无线技术来传输数据,技术标准主要有 IEEE 802. 11(Institute of Electrical and Electronics Engineering)、HomeRF(Home Radio Frequency)和蓝牙三种。

(1) IEEE 802. 11 标准

802. 11 是 IEEE 最初制定的一个无线局域网标准,主要用于解决办公室局域网和校园网中用户与用户终端的无线接入,业务主要限于数据存取,速率最高只能达到 2Mb/s。由于它在速率和传输距离上都不能满足人们的需要,因此,IEEE 又相继推出了 802. 11b 和 802. 11a 两个新标准。

IEEE802. 11b 工作在 2.4GHz 频段,使用直接序列扩频(DSSS,Direct Sequence Spread Spectrum),最大数据传输速率为 11Mb/s,无需直线传播;支持的范围在室外为 300m,在办公环境中最大为 100m;使用与以太网类似的连接协议和数据包进行确认,来提供可靠的数据传送和有效使用的网络带宽。802. 11a 是 802. 11b 无线联网标准的后续标准,它工作在 5GHzU-NII 频段,物理层速率可达 54Mb/s,传输层可达 25Mb/s;采用正交频分复用(OFDM,Orthogonal Frequency Division Multiplexing)的独特扩频技术;可提供 25Mb/s 的无线 ATM(Asynchronous Transfer Mode)接口和 10Mb/s 的以太网无线帧结构接口,以及 TDD/TDMA(Time Division Multiple Access)的空中接口;支持语音、数据、图像业务;一个扇区可接入多个用户,每个用户可带多个用户终端。

(2) HomeRF 标准

HomeRF 是由家庭无线联网业界团体制定的标准,是专门为家庭用户设计的。HomeRF 工作在 2.4GHz 频段,利用跳频扩频方式,通过家庭中的一台主机在移动设备之间实现通信,既可以通过时分复用支持语音通信,又能通过载波侦听多址接入/冲突避免协议提供数据通信服务。同时,HomeRF 提供了与 TCP/IP 的良好集成,支持广播、多播和 48bits IP 地址。HomeRF 现在的数据传输速率为2Mb/s。

(3) 蓝牙标准

蓝牙技术是一种无线个人联网技术。作为一种开放性的标准,蓝牙可以提供在短距离内的数字语音和数据的传输,可以支持在移动设备和桌面设备之间的点对点或者点对多点的应用。蓝牙收发设备在 2.4GHz ISM 频段上以 1600 跳/s 跳频,即以 2.45 GHz 为中心频率,可得到 79 个 1MHz 带宽的信道。在发射机频宽为 1MHz 时,有效的蓝牙数据速率是 721kb/s。由于发射是采用"时分双工"技术,其主要优点是造价低,所以几乎无需任何变动,便可将蓝牙扩展成适于家庭使用的小型网络。蓝牙的一般传输距离是 10cm~10m,如果要提高功率,可以扩大到 100m。

2. 蓝牙局域网接入系统

不同的无线局域网标准定义了不同的接入有线网络的方式,下面以蓝牙系统为例介绍局域网接入系统的组成。

基于蓝牙技术的局域网接入系统主要由两部分组成:局域网接入点(LAP, LAN Access Point)和数据终端(DT,Data Terminal)。数据终端使用 PPP 协议,借助局域网接入点访问局域网中的服务。

(1) 局域网接入点

它提供接入局域网的服务,例如以太网、令牌环网络、光纤信道、有线电视同轴电缆网络、1394 和 USB(Universal Serial Bus)网络等等。LAP 提供 PPP 服务器的功能,在电缆替代协议(RFCOMM,Radio Frequency COMMunication)[1]的基础上使用 PPP 连接,RFCOMM 承载 PPP 数据报并提供对这些数据流的控制。

(2) 数据终端

它使用 LAP 提供的服务,典型的设备是笔记本电脑。它作为 PPP 客户端,建立对 LAP 的 PPP 连接,以获得对 LAN 的访问。*

典型的蓝牙接入系统应用有以下三个场景:

场景一:如图 3.10 所示,单个数据终端通过局域网接入点以无线方式接入局域网中。一旦连接建立,数据终端就好像通过拨号网络接入局域网。数据终端可以访问局域网中提供的所有服务。

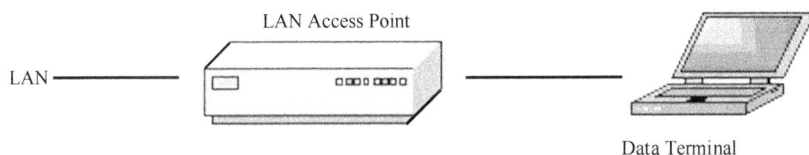

图 3.10　为单个数据终端提供接入服务

场景二:如图 3.11 所示,多个数据终端通过 LAP 同时以无线方式接入到局域网中,同样,一旦连接建立,它们就像通过拨号接入一样地操作来访问局域网中所提供的各种服务。另外,通过 LAP 数据终端之间也可以相互通信。

场景三:如图 3.12 所示,PC 到 PC 的连接。两台 PC 间建立一条链路,这种情

---

* 1) 一个基于欧洲电信标准协会 ETSI TS 07.10 规程的串行电缆仿真协议。

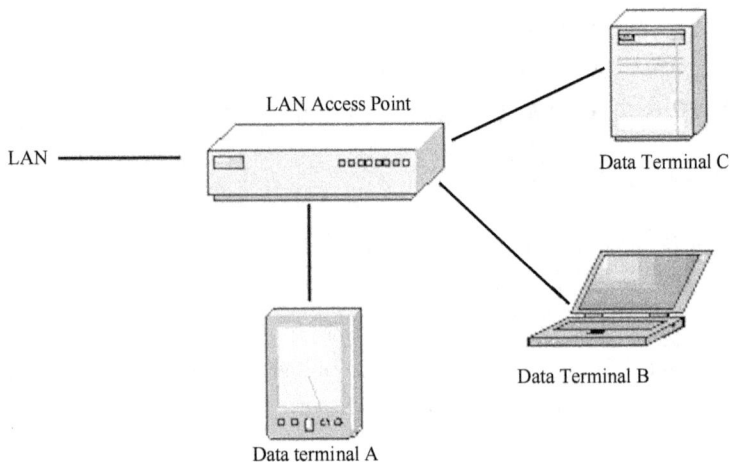

图 3.11 为多个数据终端提供接入服务

况就像通常的 PC 之间通过直接电缆连接一样。这时,一个 PC 充当 LAP,另一个则充当数据终端。

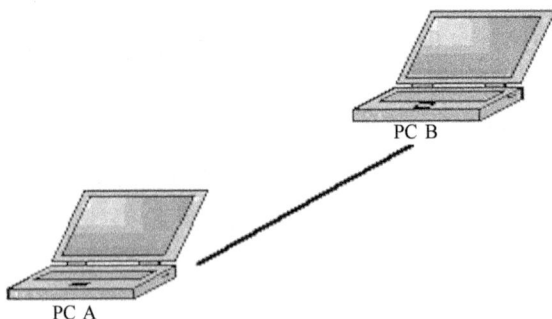

图 3.12 PC 间的连接

在本实验中,数据终端与接入点都是 PC 机,采用第一个应用场景。

蓝牙局域网接入应用的系统结构如图 3.13 所示,图中局域网接入点(LAP)利用蓝牙 RFCOMM 协议层提供的串口,在其上叠加 PPP 协议和 TCP/IP 等网络层协议。PPP 网络将 IP 包从 PPP 层放入,并送入相应的局域网中。蓝牙 LAP 设备作为 PPP 服务器,提供无线接入局域网的服务。

在本实验中,我们通过串口仿真驱动程序模拟出一个真实的串口,在虚拟串口上建立"传入的连接"和"直接连接",以替代真正的串口电缆。

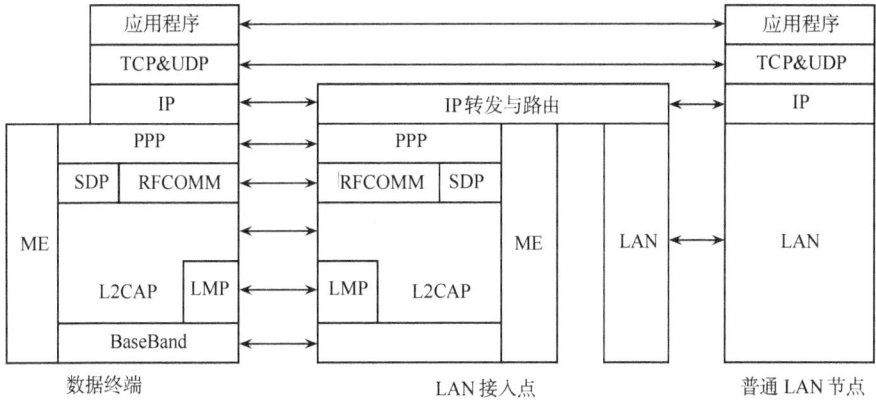

图 3.13　蓝牙局域网接入系统结构

3.3　实验设备与软件环境

串口电缆一根(反绞)。

(1)服务器端(AP)

硬件:PC 机一台,蓝牙 USB 模块(建议为 SEMIT TTP 6601),USB 电缆一根。

软件: Windows 2000 Professional 操作系统,TTP 局域网接入实验服务器版软件。

(2)客户端(DT)

硬件:PC 机一台,蓝牙 USB 模块(建议为 SEMIT TTP 6601),USB 电缆一根。

软件: Windows 2000 Professional 操作系统,TTP 局域网接入实验客户版软件。

整个实验环境如图 3.14 所示,首先使用串口电缆连接客户端与服务器端,然后去掉串口电缆,两端分别安装蓝牙 USB 模块并进行无线接入。

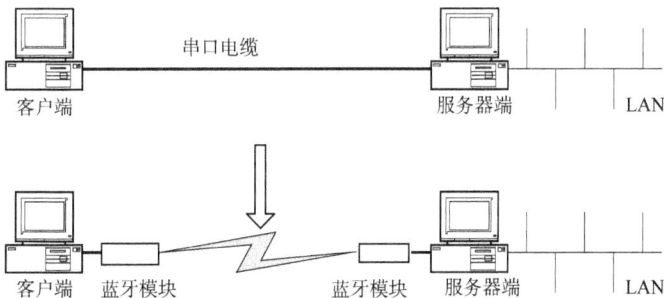

图 3.14　实验环境

3.4 实 验 内 容

3.4.1 用串口电缆进行有线接入

两台 PC 机一组,一台作为服务器,一台作为客户端,通过直接电缆连接,在 Windows 2000 环境下,进行局域网接入实验。

1) 用串口电缆连接两台计算机。

2) 服务器端和客户端分别配置"传入的连接"和"直接连接"。

3) 配置串口参数,如波特率、流控参数等,理解串口参数设置对串口通信的影响。

4) 在所连接的串口上配置虚拟调制解调器。

5) 配置网络参数,如 PPP 鉴权、TCP/IP 设置等。

6) 通过 Windows 直接电缆连接,进行各种网络应用。

7) 观察并分析有线终端设备接入 Internet 的过程中通信协议的主要工作流程。利用操作系统提供的命令验证地址解析协议 ARP 和路由选择的工作过程,理解终端接入局域网时网络层路由的作用。

3.4.2 蓝牙无线接入

以蓝牙为无线平台,在 Windows 2000 环境下,进行局域网无线接入实验。

1) 连接蓝牙硬件,安装相应驱动程序,理解相关驱动程序在接入实验中的主要作用。

2) 配置虚拟调制解调器、PPP 网络配置等相关参数。

3) 通过辅助程序,配置蓝牙连接,进行各种网络应用。

4) 观察并分析无线终端设备接入 Internet 的过程中通信协议的主要工作流程。利用操作系统提供的命令验证地址解析协议 ARP 和路由选择的工作过程,理解终端接入局域网时网络层路由的作用。

3.5 实 验 步 骤

3.5.1 用串口电缆进行局域网的有线接入

1. 连接硬件

用串口线连接服务器与客户端,注意插拔串口线时,至少有一端的主机需要断电,以防烧毁串口。建议在进行实验的具体操作前,增加一个测试串口线的步骤。具体方法可以是两台主机都运行 Windows 2000 自带的"超级终端"应用程序,以测试互相传送数据是否正确,也可以编写一串口通信测试程序,测试两台主机的串口通信是否正常,这样将会大大提高实验效率和成功率。

2. 配置

服务器:

(1) 建立"传入的连接"

如果有以前建立的"直接连接"和"传入的连接",请全部删除。

打开"开始"菜单,选择"设置"→"网络和拨号连接"→"新建连接",出现"网络连接向导"对话框,选择"直接连接到另一台计算机"→"主机"→根据实际连线情况选择使用设备"COM1"或"COM2"→设定"允许连接的用户"→为此连接命名→完成。

此时在"网络和拨号连接"中可以看到新增的"传入的连接","电话和调制解调器"的"调制解调器"选项中增加了一个"两台计算机间的通讯电缆(连接在COM1/COM2)"。

(2) 参数配置

在"传入的连接"属性里,配置串口参数(波特率、流控参数、数据位长度等)。

在"网络"页打开 TCP/IP 属性,设置选择指定 TCP/IP 地址,分配一段(本实验至少需要两个)空闲的 IP 地址供服务器和客户端使用。这些 IP 地址将在进行PPP 拨号时自动分配给客户端使用。注意:不同的实验组一定要设置互不重叠的IP 地址段,否则会产生 IP 地址冲突。若选中"允许呼叫的计算机指定其 IP 地址",则客户端可以指定其 IP 地址,不受分配范围的限制。

PPP 协议不仅可以承载 TCP/IP 协议,也可承载 NetBEUI 协议等其他协议。NetBEUI 协议是用于局域网的非路由协议,如果"网络"页中没有 NetBEUI 协议,则需手工安装之后,才可使用"网上邻居"功能。点击"安装"按钮,在弹出的对话框中选中"协议"并点击"添加"按钮,选择"NetBEUI Protocol",按下"确定"按钮即可安装。

客户端:

(1) 建立"直接连接"

如果有以前建立的"直接连接"和"传入的连接",请全部删除。

打开"开始"菜单,选择"设置"→"网络和拨号连接"→"新建连接",出现"网络连接向导"对话框,选择"直接连接到另一台计算机"→"来宾"→根据实际连线情况选择使用设备"COM1"或"COM2"→选择是否允许所有用户使用此连接→为此连接命名→完成。

此时在"网络和拨号连接"中可以看到新增的"直接连接","电话和调制解调器"的"调制解调器"选项中增加了一个"两台计算机间的通讯电缆(连接在COM1/COM2)"。

(2) 参数配置

打开"直接连接"属性;在"常规"页中配置串口速率、流控方式(注意与服务器端的设置保持一致);在"网络"页,TCP/IP 属性中设置 IP 地址、DNS。可以选择自动获得 IP 地址,则连接成功后的 IP 地址根据服务器端"传入的连接"中的设置分配,如果"传入的连接"里未指定范围,则会出现 TCP/IP 错误或分得一个随机的地址;也可以指定一个 IP 地址(同时给出 DNS 地址),注意指定的 IP 地址必须是本网段内的空闲地址,否则连接成功后将无法访问局域网和 Internet。同样,如果未安装 NetBEUI 协议,也需手工安装,否则不能使用"网上邻居"功能。

(注意:为保证终端通过串口电缆接入局域网,如果终端本身装有网卡并连接网线,请先拔掉网线。接着,右键点击桌面上的"网上邻居"图标,选择"属性",查看"本地连接"的图标上是否有红叉,如果没有,请右键点击"本地连接"的图标,选择"禁用"菜单。实验结束后如果想恢复网卡连接,请选择"启用"菜单。)

3. 接入

在客户端打开"直接连接",不需输入密码,点击"连接",完成验证用户名密码、登录网络的过程后,在任务栏的系统区可以看到"直接连接"的图标,双击图标可查看连接的详细信息。

连接成功后,该终端对用户而言就相当于一台直接连接到局域网的计算机,可以访问局域网中的网络资源。如果该局域网接入 Internet 的话,也可以访问 Internet 上的资源。

4. 测试

(1) 测试 TCP/IP 协议

使用"ping IP 地址"命令,该 IP 地址是局域网上正在工作的某台计算机的 IP 地址。例如 ping 192.168.0.2,如图 3.15 所示。

(2) 测试 NetBEUI 协议

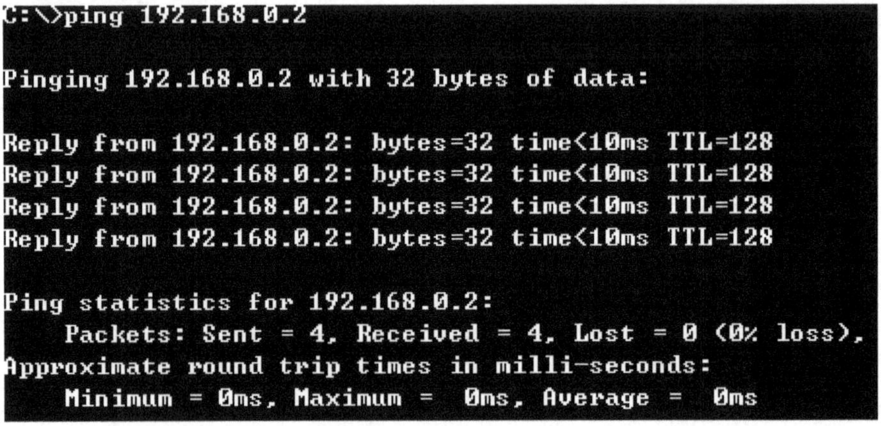

```
C:\>ping 192.168.0.2

Pinging 192.168.0.2 with 32 bytes of data:

Reply from 192.168.0.2: bytes=32 time<10ms TTL=128
Reply from 192.168.0.2: bytes=32 time<10ms TTL=128
Reply from 192.168.0.2: bytes=32 time<10ms TTL=128
Reply from 192.168.0.2: bytes=32 time<10ms TTL=128

Ping statistics for 192.168.0.2:
    Packets: Sent = 4, Received = 4, Lost = 0 (0% loss),
Approximate round trip times in milli-seconds:
    Minimum = 0ms, Maximum =  0ms, Average =  0ms
```

图 3.15 测试 TCP/IP 协议

在局域网的某台计算机上(如 abc)设置共享文件夹(如 temp),在 Windows"开始"菜单的"运行"串口内输入"\\abc\temp",看能否访问(需要 abc 上的用户名和密码)。

(3)断开连接

修改服务器端"传入的连接"属性、TCP/IP 属性,清除"允许呼叫方访问我的局域网"选项,再尝试是否能够连接、是否能访问局域网内其他计算机和 Internet,并说明原因。

有线接入实验部分完成后,请先在客户端断开 PPP 连接,再关机并拔除串口电缆。

3.5.2 用蓝牙硬件平台实现无线接入

1. 安装硬件

SEMIT TTP 6601。

2. 安装驱动程序

(1)本实验使用的驱动程序与其他实验不同,首先打开任务栏上的"拔下或弹出硬件"菜单,并选择"Semit DDP 属性"→"更新驱动程序"→显示"已知设备驱动程序列表"→"从磁盘安装"→选择<局域网接入软件安装目录>\drivers\btbus.inf→完成。

(2)安装虚拟串口及其驱动程序

Btbus 驱动安装完成后,运行软件安装目录中的 sbtinit 程序,系统报告发现新硬件,根据提示安装 drivers 目录中的虚拟串口驱动 serbt。

完成后在 SEMIT LanAccess 设备下可以看到一个子设备蓝牙通讯端口(COM?)。

(注意:重新安装本实验的驱动后,需重启机器才能保证设备处于正常工作状态。)

先删除以前建立的"传入的连接"和"直接连接",然后参照实验内容 1 的步骤在服务器和客户端分别建立使用虚拟串口的"传入的连接"和"直接连接"。

3. 运行实验软件

(1)服务器端

服务器端的主界面如图 3.16 所示。

在状态栏看到设备初始化成功和发现虚拟串口的信息,左上角可看到本机设备地址,说明系统工作正常。点击"注册"按钮,向 SDP 注册串口服务。

(2)客户端

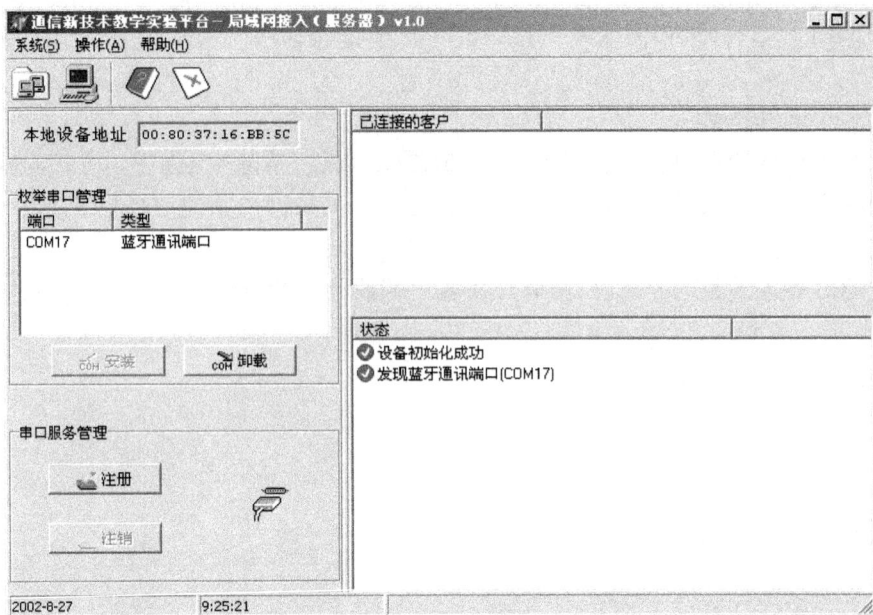

图 3.16 服务器端的主界面

客户端的界面如图 3.17 所示。

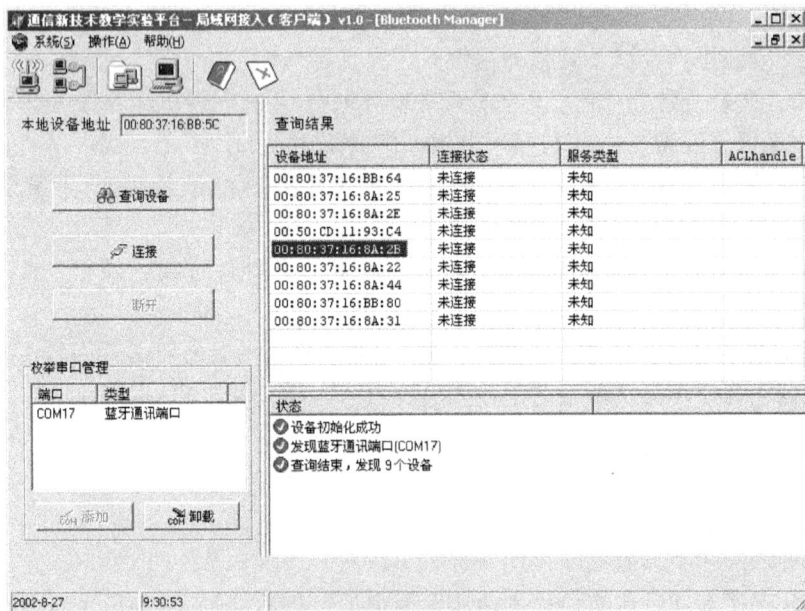

图 3.17 客户端的界面

进入实验程序,点击工具栏上第一个按钮"蓝牙设备管理"后,在状态栏看到设备初始化成功和发现虚拟串口的信息,左上角可看到本机设备地址,说明系统工作正常。

1)点击"查询设备"按钮,进入查询状态,几秒钟之后查询结果出现在右上方的列表内。

2)选中本组 AP 的设备地址,点击"连接",程序将依次建立物理链路(ACL)和逻辑链路(RFCOMM)。

3)打开虚拟串口上的直接连接,拨号成功后,即可像直接电缆连接一样访问局域网资源、进行各种网络应用。

(注意:断开连接时务必按照建立连接时相反的顺序,即先断开 PPP 连接,再点击"断开"按钮断开蓝牙连接,否则会造成系统的异常。断开 PPP 连接时,双方交互可能需要数秒钟的时间,请等待网络和拨号连接中的"直接连接"图标灰化后,再进行下一步操作。)

与有线连接相比,蓝牙无线接入方式的主要差别在于用蓝牙无线链路替代了串口电缆,逻辑层次如图 3.18 所示。

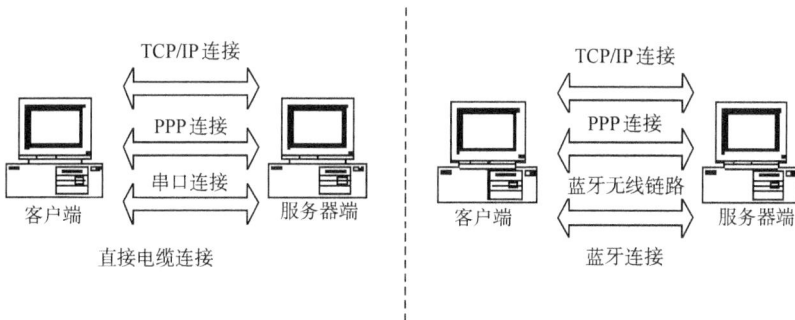

图 3.18　有线与无线接入方式比较

4. 常见问题

(1)启动程序时出现"未找到设备"的对话框

可能原因及解决方法:硬件未插或未安装局域网接入实验专用的 USB 驱动,应确认硬件及驱动是否安装正确。

(2)启动程序时,提示未找到"蓝牙通讯端口",程序自动关闭

可能原因及解决方法:未安装虚拟串口及驱动,可执行 Sbtinit 程序进行安装(注意:Sbtinit 程序与实验软件不能同时运行!)。

(3)设备初始化失败或注册服务失败

可能原因及解决方法:

1）前次实验或其他程序对设备的操作异常终止,导致设备状态异常。

2）初次安装驱动后,计算机未重启。

建议退出程序后将设备停止,硬件拔下重插,如仍不能解决问题则重新启动计算机。

（4）服务器端建立"传入的连接"时,提示"路由与远程接入服务已停止",操作失败

可能原因及解决方法:打开"开始"菜单,在"运行"中键入"mmc",打开 Windows 安装目录下的 system32\services.msc,查看"Routing and Remote Access"服务的状态,若服务已停止,请将其启动。

（5）客户端查询设备失败

可能原因及解决方法:

1）前次实验或其他程序对设备的操作异常终止,导致设备状态异常。

2）初次安装驱动后,计算机未重启。

建议退出程序后将设备停止,硬件拔下重插,如仍不能解决问题则重新启动计算机。

（6）终端与 AP 建立 ACL 连接失败

可能原因及解决方法:

1）AP 被其他设备连接,服务器端重置设备或重启。

2）本地设备状态异常,本地设备重置或重启。

（7）终端与 AP 建立 RFCOMM 连接失败

可能原因及解决方法:

1）AP 端的"传入的连接"设置不正确,请确认 AP 端虚拟串口上的"传入的连接"已打开。

2）本机(客户端)的虚拟串口上打开了"传入的连接",造成虚拟串口被系统占用,请关闭本机的"传入的连接"。

3.6 预 习 要 求

1）了解计算机通过 PPP 拨号接入 LAN 以及 Internet 的原理。

2）了解 IP 地址、物理地址的概念,了解 ARP、基本 IP 路由的工作原理。

3）了解无线局域网的基本知识。

3.7 实验报告要求

1）在 AP 上运行 ipconfig /all(显示所有网络接口信息),记录以太网接口和 PPP 接口的物理地址。

2）在局域网的另一台主机上,分别 ping 通 AP 以太网接口、AP PPP 网络接口、终端的 IP 地址,再执行 arp -a 命令,记录下输出的结果,试解释出现此结果的原因。

3）在 AP 上运行 route print（显示本机路由表）,记录输出的内容。

4）回答思考题。

思 考 题

1. 本章 3.7 节中,在充当 AP 的计算机上执行 route print 命令后,输出的结果中各项是何含义?

2. 本章 3.7 节中,在局域网上另一台主机的 arp 缓存里,AP 以太网接口、AP PPP 网络接口、客户 PPP 网络接口的 IP 对应的 MAC 地址为什么是一样的? 结合实验原理部分的介绍和观察到的结果,说明从该台主机向客户机（数据终端）发送 IP 报的流程。

参 考 文 献

Andrew S. Tanenbaum.2001.计算机网络(第 4 版).北京:清华大学出版社

沈连丰,梁大志. 2000.Bluetooth 系统及其发展. 中兴新通信,2(2)

谢希仁. 1999.计算机网络(第 2 版).北京:电子工业出版社

Bluetooth SIG .2001. Specification of the Bluetooth System V1.1-Core. http://www.blue-tooth. org

Bluetooth SIG .2001. Specification of the Bluetooth System V1.1-Profile. http://www.blue-tooth. org

HomeRF Working Group. HomeRF Working Group Technical Technical Presentation.http://www.homerf. org

IEEE. IEEE Std 802. 11a-1999(Supplement to IEEE Std 802.11-1999).http://www.ieee. org

IEEE. IEEE Std 802.11b-1999(Supplement to ANSI/IEEE Std 802.11-1999 Edition).http://www.ieee. org

第 4 章　电话网接入

4.1　引　　言

自从 1870 年电话出现以来,电话通信以其通信迅速、使用简便、通信质量好、系统容量大的优点,占据了日常电信业务的很大一部分,而近年来通过无线语音终端接入固定电话网的无绳电话系统也日益普及。本实验以基于蓝牙技术的 PSTN(Public Switched Telephone Network)接入系统为例,系统介绍了 PSTN 的相关知识,演示了无线终端接入 PSTN 的工作流程以及与 PSTN 信令的交换过程,使学生可以了解电话网接入的概念和实现模式、PSIN 电话网关和无线语音终端的工作过程,以及了解无线终端设备的电话控制协议(TCS, Telephony Control Specification)信令和 PSTN 电话网信令的交换流程,从而加深对无线语音传输的了解。

4.2　基 本 原 理

4.2.1　公用电话交换网络

普通电话网由若干个交换局、局间中继、用户线和电话终端组成,采用电路交换方式,为用户提供实时的电话业务。在本实验中采用的电话单机是双音多频(DTMF, Dual Tone Multiple Frequency)电话。目前大量使用的公用电话交换网络(PSTN)主要采用电路交换技术、No.7 信令,其网络结构如图 4.1 所示。

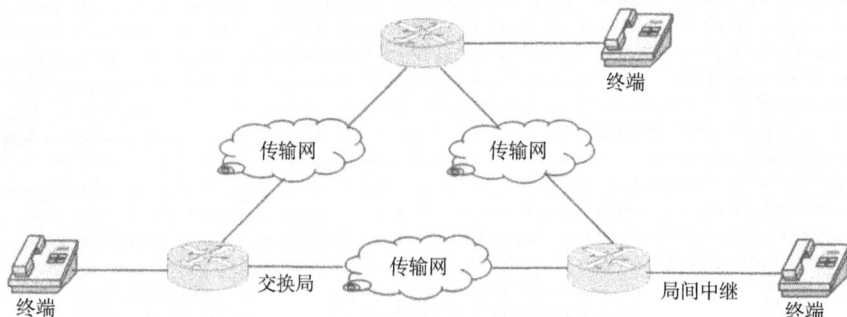

图 4.1　PSTN 网络结构

4.2.2 电话工作原理

电话通信传递的信息是语音。说话人发出的语音通过话机的送话器变成电信号,然后通过线路传输至对方,对方话机的受话器将电信号还原为语音,使受话者听到,这就是电话的基本工作过程。在这个电话传输中,语音所产生的电信号是传输对象,它是一个有一定幅度和频带宽度的交流信号。

1. 电话机

电话机是一种直接供用户通话使用的电话设备。一部电话机必须完成发话、收话、发铃、收铃四个功能。下面就这些问题简单地作一些介绍。

碳精送话器以其价廉、易制造和具有良好的放大性能而获得广泛的应用,但它具有噪声和非线形失真大、维护费用高、使用寿命短的缺点。现在不少话机已采用电磁式送话器,它可以克服碳精送话器的缺点,而且其结构与受话器相似,可以互换,这为使用带来了方便。另外还有驻极体送话器,其特点是非线形失真小,结构简单,成本低,重量轻,它也和其他一些新型的送话器一起使用。

话机中除了机件的改进外,电路上也有很大的进步,如采用固定电路组成的二、四线转换电路,取消了感应线圈;在话机中增加了音量自动调节电路,克服了因线路长短不一时音量变化的缺点;采用双层振膜压电式电声变换器,并有放大器补偿小型器件送、受话器的灵敏度。

此外利用微处理机、大规模集成电路以及新器件等三方面的研制成果,目前已出现了全自动话机、电子监控机系统、磁卡话机和智能话机等多种高级的新型话机。下面简单地介绍双音多频(DTMF)电话的工作原理。

DTMF 电话使用音频按钮盘,按国际电报电话咨询委员会的建议,键盘设 16 个按钮,选用了音频范围的八个频率,如图 4.2 所示,697Hz、770Hz、852Hz、941Hz 四个频率为低频组;1209Hz、1336Hz、1477Hz、1633Hz 四个频率为高频组。每按动一个按钮,话机就同时产生并发送相对应的一个高频组频率与一个低频组频率,因

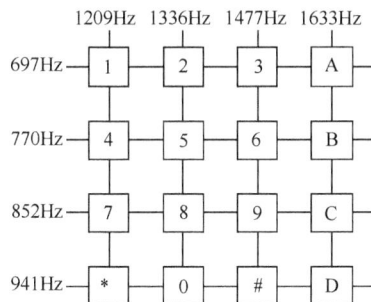

图 4.2 DTMF 话机原理图

此称为双音多频自动电话机。目前,国内外大量生产的双音多频话机暂不用高频组的 1633Hz 这一频率,因而大都采用 12 按钮盘。0~9 共十个数字按钮用于按发电话号码;"＊"和"#"按钮不代表数字,可根据交换系统的性能用于某些特殊用途。

2. 电话交换机

用户话机有很多,而且彼此之间都可能有通话的需要,若都采用直接连线的办法,那所需的线的对数是很多的,这无论是从经济上和技术上都是不合理的。为了解决这个问题,可在用户分布区域的中心设置一个交换机(通常称为总机)。

每个用户只需一对线路和交换机相连,当任意两个用户需要通话时,交换机就将其接通;通话完毕,再将其拆断。这样,不仅能保证了较可靠的通信联络,而且还可以使线路费用大为减少,这就是电路交换的基本原理。

从完成一次通话的连续过程来看,交换机应具备的最基本的功能有以下几点:

1)电话机发送呼叫信号,交换机应能及时发现。

2)要能知道被叫用户是谁。

3)要能发出信号将被叫用户呼出。

4)能把主叫用户和被叫用户连接起来,使他们进行通话。

5)电话机发出中止话音信号,交换机也要随时发现并拆除连线。

4.2.3 基于蓝牙技术的 PSTN 接入系统

使用蓝牙技术可以实现对 PSTN 电话网的无线接入。系统由网关和终端两部分组成,结构如图 4.3 所示。

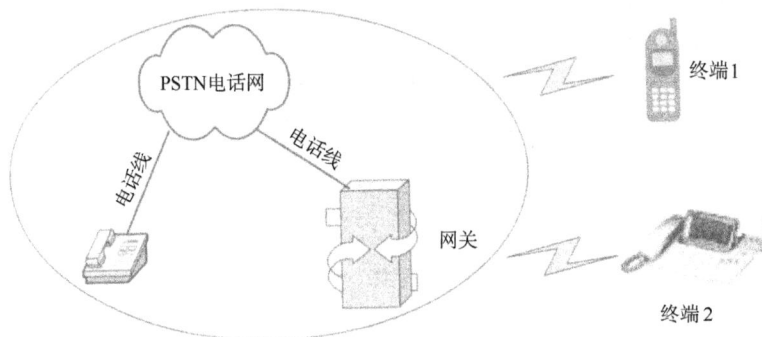

图 4.3　基于蓝牙技术的 PSTN 电话网接入系统

网关作为内部蓝牙语音终端到外部 PSTN 电话网的接入点,处理内部蓝牙语音终端与外部网络的信息交流并对无线用户组成员进行管理。作为无线用户组的中心,GW(GateWay)要处理内部蓝牙语音终端向外部网络呼出的电话呼叫,这意味着它要处理发送到外部网络的连接请求或来自外部网络的呼叫。扮演着该角色的网关类型很多,除了 PSTN 网关外,还有 GSM(Global System for Mobile communications)网关、ISDN(Integrated Services Digital Network)网关、卫星网关和 H.323 网关。在无绳电话应用模型中,GW 既可以只支持单个活跃的蓝牙语音终端,也可以支持多个活动的蓝牙语音终端。支持单个蓝牙语音终端的简略版本的 GW 不支持与多个蓝牙语音终端同时连接。

用户终端可以是一个无绳电话、带有无绳电话模型的蜂窝电话或带有无绳电话功能的个人电脑。本实验中,网关与终端都是基于 PC 机实现的。

4.2.4 电话控制协议(TCS)

1. 概述

蓝牙二元电话控制协议规范(TCS Binary)是面向比特的协议,定义了蓝牙设备间建立语音和数据呼叫的控制信令,以及处理蓝牙 TCS 设备群的移动管理进程。它基于 ITU-T(International Telecommunication Union Telecommunication)Q.931 协议,采纳了其中的对等呼叫部分,在蓝牙 TCS 设备中不区分用户端与网络端,而只是区分呼叫端(发起呼叫端)与呼入端(接受呼叫端)。

从功能上,TCS 可分为三个部分:

1)呼叫控制(CC,Call Control):在蓝牙设备间建立和释放语音、数据呼叫的控制信令。

2)组管理(GM,Group Management):管理蓝牙设备群的控制信令。

3)无连接(CL,Connection-Less)TCS:用于交换与当前呼叫无关的信令信息的控制信令。TCS 在蓝牙协议栈中的位置如图 4.4 所示。

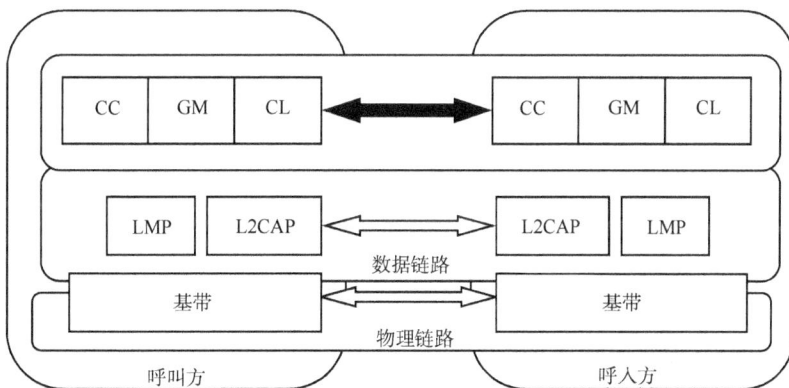

图 4.4　蓝牙协议栈中的 TCS

TCS 设备之间存在两种基本操作,一种是点对点呼叫控制,另一种是点对多点呼叫控制。前者用于被呼叫方已知的情况,并且使用面向连接的 L2CAP 信道;后者用于不能确定被呼叫方的情况,例如当有外部呼叫呼入时,蓝牙主设备(如蓝牙PSTN 网关)需要通知有效范围内的所有 TCS 设备,以进一步确定被呼叫方。点对多点控制信令使用面向无连接的 L2CAP 信道。

图 4.5 描述了单点配置中建立语音和数据呼叫的点到点控制信令。首先,通过点到点信令信道(A),一个 TCS 设备得知有呼叫请求,然后信令信道(A)被进一步用于建立语音和数据信道(B)。

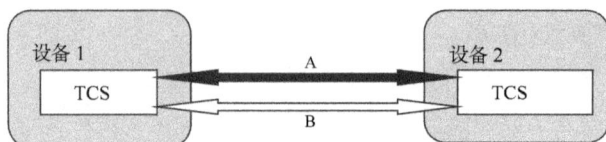

图 4.5　单点配置中的点到点信令

图 4.6 描述了多点配置中如何用点到点、点到多点控制信令建立语音和数据呼叫。首先,通过点到多点信令信道(A),所有 TCS 设备被告知呼叫请求。然后,其中一个 TCS 设备通过点到点信令信道(B)响应呼叫请求,信道(B)被用于进一步建立语音和数据信道(C)。

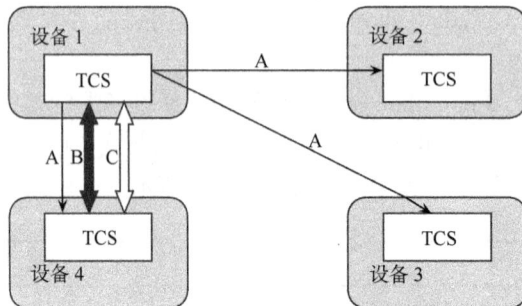

图 4.6　多点配置中的信令

TCS 内部结构包括 CC、GM、CL 三个功能实体,由协议识别部分来识别不同的功能实体。下面只介绍本实验涉及到的 CC 和 CL 两部分。

2. 呼叫控制(CC)

(1) 呼叫状态及呼叫建立过程

TCS 的呼叫状态采用了 Q.931 为用户端定义的各种状态。同时,为了在一些计算能力和内存受限的设备上实现 TCS 应用,蓝牙 SIG(Special Interest Group)只规定了其中的一个子集作为必须的呼叫状态,该子集称为 Lean TCS。对于不同的

TCS 应用,将采用不同的呼叫状态以及转移过程。

呼叫方发起呼叫之前,L2CAP 层必须已建立起相应的逻辑链路,即在点对点情况下,使用面向连接的 L2CAP 信道;在点对多点广播的情况下,使用面向无连接的 L2CAP 信道。以下将讨论完整的呼叫建立过程(对于具体的应用,其中的有些过程可以省略):

1) 呼叫请求。

呼叫方通过发送呼叫请求(SETUP)消息开始呼叫建立过程,同时启动定时器 T303(定时器参数见本章附录)。在单点配置中,呼叫请求消息在面向连接的 L2CAP 信道上传输,而在多点配置中,呼叫请求消息在无连接的 L2CAP 信道上传输,也即 SETUP 消息作为广播信息在微微网中传输。

如果在 T303 超时前呼入方没有任何响应,且呼叫请求消息是在无连接的信道上传输,则呼叫方返回到空闲状态,终止发送呼叫请求消息;若呼叫请求消息在面向连接的信道上传输,呼叫方会发送释放信道完毕(RELEASE COMPLETE)消息给呼入方,该消息中包含原因#102:定时器超时恢复。

呼叫方应在呼叫请求消息中提供必要的呼叫信息,以使得呼入方足以处理该呼叫,其中,基本的信息包括:

① 呼叫类别:指定呼叫相对于蓝牙微微网来说是外部呼叫(如 PSTN)、内部呼叫、紧急呼叫,还是服务呼叫。用户也可使用缺省的呼叫类别,以减少呼叫请求消息的长度。

② 承载信道性能:指定底层承载信道的连接类别和特性。呼入方会在响应 SETUP 消息的第一个消息中包含承载信道性能元素,对所需的底层信道进行协商。承载信道分为两种:面向连接的同步信道(SCO)和无连接的异步信道(ACL)。如果指定"NONE",则不会建立专门的承载信道。

③ 被呼叫方号码(Called Party Number):需要给出号码种类和号码的编码方案。

除了以上基本的呼叫信息之外,呼叫方还可以提供呼叫方的号码、号码发送完成指示以及与开发商相关的信息等等。

如果呼入方收到的呼叫请求消息中没有号码发送完成指示,且有不完全的被叫号码或者呼入方不能判断是否完全的被叫号码,呼入端将启动定时器 T302,发送呼叫确认(SETUP ACKNOWLEDGE)消息给呼叫端,进入交错接收状态。呼叫方收到呼叫确认消息后进入交错发送状态,同时停止定时器 T303,启动定时器 T304。呼叫方收到呼叫确认消息后,会发送包含电话号码的消息(INFORMATION)给呼入方。呼叫方每发送一个 INFORMATION 消息都会重新启动定时器 T304。如果呼入方收到的 INFORMATION 消息中没有发送完成指示,且它不能决定被叫号码是否完全,则重新启动定时器 T302。若定时器 T304 超时,呼叫方会启动呼叫清除过程;当定时器 T302 超时时,呼入方判断呼叫信息是否完全,如果不完全,呼入方启动呼叫清除过程,否则响应呼叫,发送呼叫处理(CALL PROCEEDING)(可选)、振铃(ALERTING)或连接请求(CONNECT)消息。

2) 呼叫处理。

该过程分为两种情况:

① 呼入方判断自己已从呼叫请求消息中收到了足够的呼叫信息以建立呼叫时,它将发送呼叫处理消息给呼叫方,表明正在处理呼叫,进入呼入处理状态。呼叫方收到呼叫处理消息后,进入呼出处理状态,停止定时器 T303,启动定时器 T310。

② 如果呼入方原处于交错接收状态,当它收到号码发送完成指示后或它判断已收到足够的信息来建立呼叫后,将发送呼入消息给呼叫方,停止定时器 T302,进入呼入处理状态。呼叫方收到呼叫处理消息后进入呼出处理状态,停止定时器 T304,启动 T310。若定时器 T310 超时,呼叫方会启动呼叫清除过程。

3) 呼叫确认。

一旦呼入方振铃,它将发送振铃消息给呼叫方,进入呼叫接收状态。呼叫方收到振铃消息后知道呼入方已振铃,进入呼叫发送状态,停止定时器 T304(如果处于交错接收状态)、T303 或 T310(如果在运行),启动定时器 T301。若 T301 超时,呼叫方会启动呼叫清除过程。

4) 呼叫连接。

呼入方通过发送连接请求消息来告知呼叫方它已接受本次呼叫,发送该消息后,呼入方启动定时器 T313,进入请求连接状态。呼叫方收到 CONNECT 消息后将停止当前运行的定时器,连接底层承载信道,发送连接确认消息,进入激活状态。连接确认消息表明承载信道已经连接好,呼入方收到该消息后就连接到承载信道,停止定时器 T313,进入激活状态。若 T313 超时,呼入方将启动呼叫清除过程。

对于点对多点的呼叫,呼叫方除了响应被选中的发出连接请求的一方之外,还要向曾发送了呼叫确认、呼叫处理、振铃或连接请求消息的其他各方发送释放请求(RELEASE)消息,用来通知它们为本次呼叫的未选中方。

5) 呼叫激活。

进入激活状态后,除了呼叫双方进行正常的语音数据传输外,还可以通过发送 INFORMATION 消息相互交换信息。

完整的呼叫建立过程如图 4.7 所示,虚线表示可选的过程,实线表示必须的过程。

(2) 呼叫清除过程

呼叫清除过程结束当前的呼叫。不仅在一次呼叫完成时需要呼叫清除,当发生定时器超时或其他异常情况时,也需要呼叫清除。

1) 正常的呼叫清除。

呼叫清除过程是对等操作,可以由呼叫双方中任一方发起。为了方便说明,假

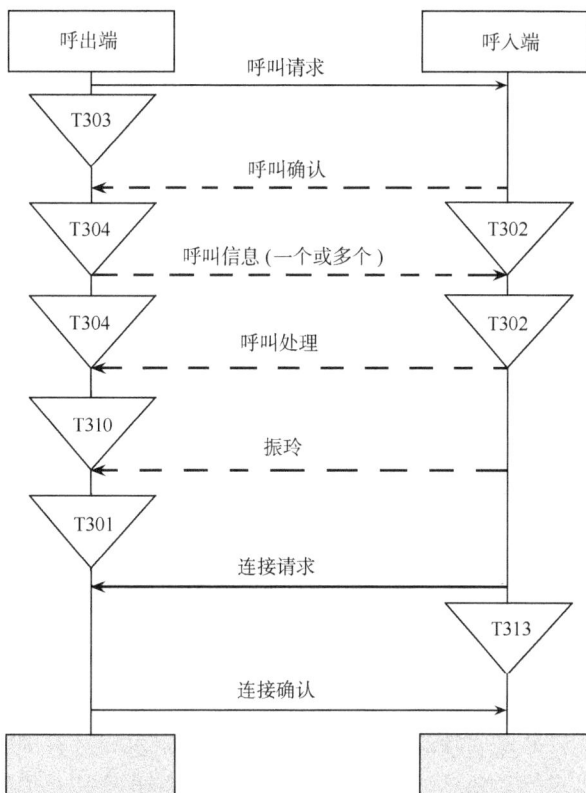

图 4.7　呼叫建立流程

设以下清除过程由呼叫方率先发起。一旦收到或发送任何呼叫清除消息,所有定时器除 T305、T308 都应停止工作。

呼叫方首先发送断链请求(DISCONNECT)消息,并启动定时器 T305;断开承载信道,转入断链请求状态。呼入方收到断链请求消息后,转入指示断链状态,并同样地断开承载信道,一旦完成承载信道的断开,呼入方需要发送释放请求消息,并启动定时器 T308,进入请求释放状态。

呼叫方收到释放请求消息后,随即停止定时器 T305,并发送释放完毕消息,释放承载信道,返回空闲状态。当呼入方收到释放完毕消息后,类似地也停止定时器 T308,并释放承载信道,返回空闲状态。

以上过程中,如果在定时器 T305 超时之前呼叫方没有收到释放请求消息,则自己发送释放请求消息给呼入方,释放请求消息中含有与断链请求消息同样的原因码,并启动定时器 T308,进入释放请求状态。

处于释放请求状态的呼叫双方,如果在定时器 T308 超时前没有收到释放完毕消息,那么自动返回空闲状态。

以上过程如图4.8所示。

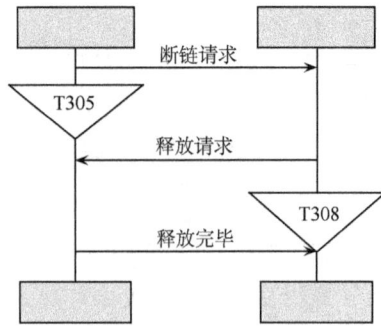

图 4.8　正常的呼叫清除过程

2）异常的呼叫清除。

异常情况下的呼叫清除分为三种情况，如下所述：

① 呼叫建立过程中，呼入方收到呼叫请求消息后，可以因为系统资源不足等原因拒绝该呼叫，在先前没有发送其他消息的情况下发送释放完毕消息并返回空闲状态。

② 在点对多点的呼叫中，呼叫方需要发送释放请求（RELEASE）消息给没有被选中的用户，通知它不再向其提供本次呼叫。

③ 同样在点对多点的呼叫中，如果呼入方在呼叫建立过程中收到远端用户的断链指示，则任何已经响应或之后响应的呼入方都需要通过发送释放请求消息进入呼叫清除过程。呼叫方在所有呼入方的呼叫清除过程结束后返回空闲状态。

3）呼叫清除冲突。

清除冲突发生在呼叫双方同时发送断链请求消息时，如果任一方在处于请求断链状态时收到断链请求消息，则停止定时器 T305，断开承载信道，发送释放请求消息，启动定时器 T308，进入请求释放状态。

同样，当呼叫双方同时发送释放请求消息时也会发生清除冲突。如果任一方在处于请求释放状态时收到释放请求消息，则停止定时器 T308，释放承载信道，返回空闲状态，而不需要再发送释放完毕消息。

（3）定时器操作

由于一些不可预料的异常情况，如物理链路断链、掉电等，正常的信令交换过程中有可能出现传输中断，导致一方长时间得不到响应，从而导致系统无法正常工作。因此，TCS 为每一个等待对方响应的状态规定了最大的等待时间，一旦在规定的时间内没有收到任何消息，则进行相应的超时处理，最大等待时间由定时器设置。

TCS 定时器操作的规则是：根据所处的不同状态以及接收或发送的不同消息，停止或启动相应的定时器，有些状态可能只需要停止或只需要启动定时器。

对于进入某一固定的状态,所启动的定时器是固定的;对于 TCS 所处的某一固定状态,当前正在运行的定时器也是惟一的。

一旦某个定时器超时,则需要根据所处的不同状态进行不同的超时处理。根据呼叫方和呼入方分别描述如下(假设呼叫方首先发起呼叫清除过程):

呼叫方:

呼叫初始化状态,T303 超时:表明呼叫请求消息没有响应。如果是点对多点呼叫,则呼叫方返回空闲状态,停止发送呼叫请求消息;如果是点对点呼叫,则向呼入方发送释放完毕消息,返回空闲状态。

交错发送状态,T304 超时:转入呼叫清除过程。

呼出处理状态,T310 超时:转入呼叫清除过程。

呼叫发送状态,T301 超时:转入呼叫清除过程。

请求断链状态,T305 超时:发送释放请求消息,原因码与断链请求中的相同。

呼入方:

交错接收状态,T302 超时:如果呼入方判断收到的呼叫信息不完整,则转入呼叫清除过程,否则向呼叫方发送呼叫处理或振铃或 CONNECT(本实验中)消息。

请求连接状态,T313 超时:转入呼叫清除过程。

请求释放状态,T308 超时:返回空闲状态。

3. 无连接(CL)的 TCS

无连接 TCS 消息用于在没有建立 TCS 呼叫的情况下交换信令信息(在此意义上称为无连接)。无连接 TCS 消息就是一条 CL INFO 消息,它可以通过面向无连接的 L2CAP 或广播式的 L2CAP 信道进行传送。

4. 附加业务

TCS 只明确提供一种附加业务,即主叫线路识别,在呼叫方发送 SETUP 消息时将主叫号码包含进去,告知呼入方。

对于外部网络提供的附加业务,TCS 提供了一个 DTMF 启动/结束过程来支持,该过程适用于 PSTN 网络。本质上,DTMF 消息可以由呼叫双方中的任何一方发送,但实际中通常都是网关即连接到外部网络的一端作为接收方。DTMF 消息必须在呼叫处于激活状态时发送,在呼叫断开后结束。DTMF 开始/结束过程如图 4.9 所示。

1) 启动 DTMF 请求:当一个用户按下一个键时会产生 DTMF 信号,该过程被解释为在已建立的 TCS 信道上发送启动 DTMF 消息,该消息中包含了需要传送的键值,一条启动 DTMF 消息只能发送一个键值。

2) 启动 DTMF 响应:接收方收到该消息后,需要将键值转换成 DTMF 信号并发送给远端用户,并且发送启动 DTMF 确认消息给发起方。如果接收方不能接受

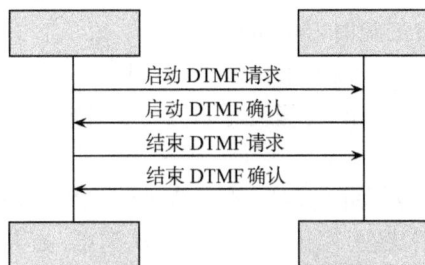

图 4.9　DTMF 开始/结束过程

启动 DTMF 消息,则发送拒绝启动 DTMF 消息给发起方,表示外部网络不支持 DT-
MF 信号。

3) 结束 DTMF 请求:当用户指示(如释放按键)DTMF 信号的发送可以结束
时,则发出结束 DTMF 消息给对方。

4) 结束 DTMF 响应:当接收到结束 DTMF 消息时,接收方停止产生 DTMF 信
号并且发送结束 DTMF 确认消息给发起方。

5. 消息编码

TCS 每一条消息由三部分组成:① 协议识别部分。② 消息类型。③ 其他的
信息单元(可选)。

每一条 TCS 消息中都有协议识别与消息类型部分,而信息单元则视具体消息
而定,且一个信息单元在一条 TCS 消息中只出现一次。

协议识别部分用于区分 TCS 消息是属于 CC、GM 还是 CL 功能实体;消息类型
用于描述消息的功能;可选信息单元可以根据其长度分为三部分,即单字节信息单
元、双字节信息单元、可变长字节信息单元。

4.3　实验设备与软件环境

本实验每两台 PC 机为一组,分别作为语音终端和电话网关。

(1) 网关

硬件:PC 机一台,蓝牙 PSTN 网关设备(建议为 SEMIT TTP6604),电话线一
根,并口及串口电缆各一根。

软件:Windows 2000 Professional 操作系统(建议显示设置采用 Windows 标准
字体,分辨率为 1024×768),TTP 电话网接入实验网关应用程序。

(2) 终端

硬件:PC 机一台,蓝牙串口模块(建议为 SEMIT TTP6603),串口电缆一根,耳
机一个(带麦克风)。硬件连接方式如图 4.10 所示。

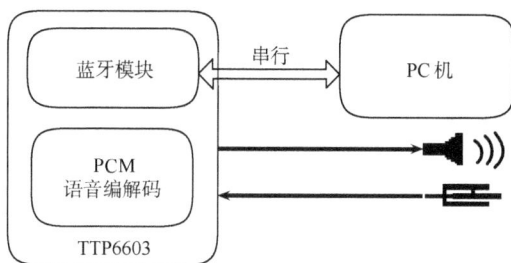

图 4.10　终端硬件连接

软件: Windows 2000 Professional 操作系统(建议显示设置采用 Windows 标准字体,分辨率为 1024×768),TTP 电话网接入实验语音终端应用程序。

4.4　实验内容

1)连接网关和终端的硬件设备,体会各个部分在整个电话网接入系统中的地位和作用。

2)安装网关端驱动程序。

3)运行网关和终端程序,初始化软硬件。

4)网关和终端建立连接过程。认识个人识别码在建立连接中的作用。

5)进行呼入、呼出操作。

观察和分析程序输出语句,观察信号波形,体会系统工作流程和信令交换过程。

呼入过程分为两种情况实验:不接听电话和接听电话。

呼出过程分为两步:拨打电话和二次拨号(处于通话状态时拨出的号码,比如自动服务台)。

4.5　实验步骤

4.5.1　连接网关和终端的硬件设备

阅读 SEMIT TTP6603 和 SEMIT TTP6604 的硬件使用说明。

终端: 连接好实验电路板和计算机的串口电缆接口,把开关打向串口一侧,连接好耳机,然后接通电源。切忌带电插拔串口电缆以及把开关打向 USB 接口一侧。

网关:连接好实验电路板和计算机的串口电缆和并口电缆接口,然后接通电源。切忌带电插拔串口和并口电缆。

4.5.2　网关端安装驱动程序

首先右键点击"我的电脑",选择"硬件"→"设备管理器",显示窗口如图 4.11 所示。

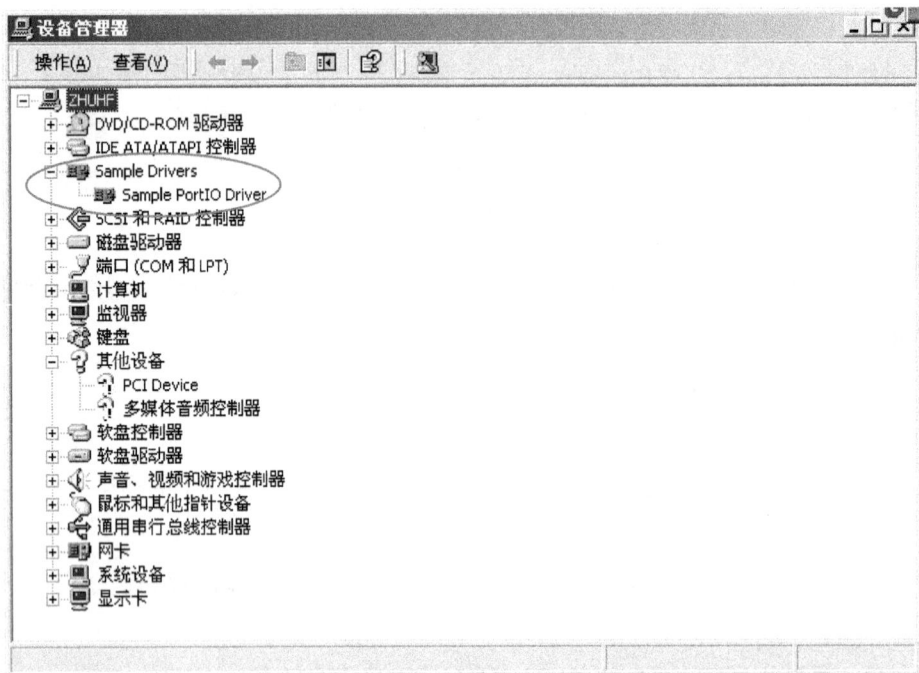

图 4.11　网关端驱动程序

查看是否存在 Sample Drivers。如果没有安装,请按照安装盘上的"安装指导"安装驱动程序。

如果 Sample PortIO Drive 工作不正常,则按照安装盘上的"安装指导"更新或重新安装驱动程序。

4.5.3　初始化

运行网关程序电话网接入实验(网关),选择使用的串口,开始初始化网关,网关初始化成功的界面如图 4.12 所示。

运行网关程序电话网接入实验(终端),选择使用的串口,开始初始化终端,终

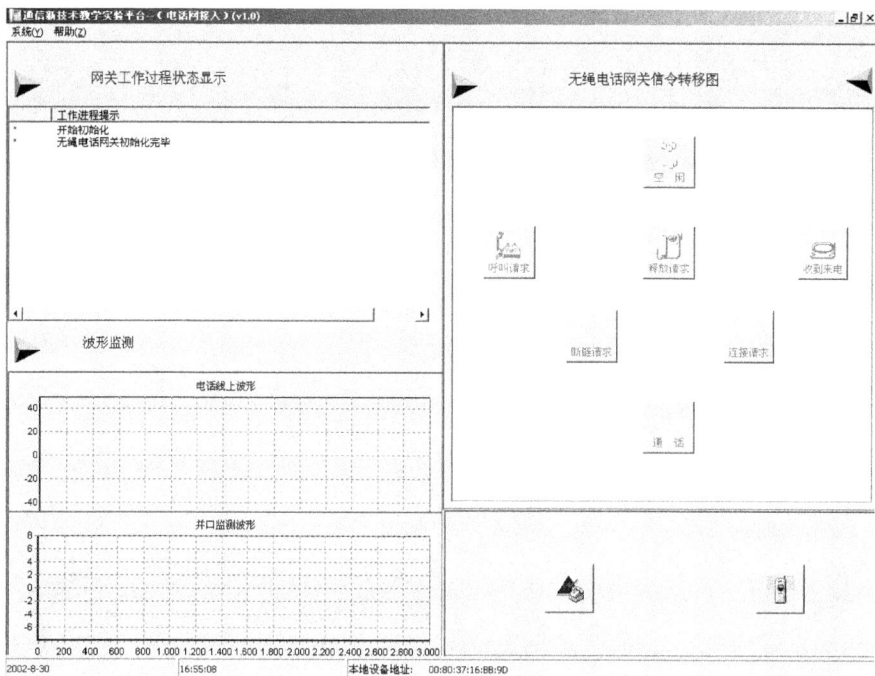

图 4.12　网关初始化成功界面

端初始化成功的界面如图 4.13 所示。

4.5.4　终端发起建立连接

建立连接的窗口如图 4.14 所示。

依次完成下列操作:

1) 查询设备。右边列表输出所有查询到的地址。

2) 选择设备,建立物理连接。在建立物理连接过程中需要网关和终端双方输入个人识别码,如图 4.15 所示。在终端输入的个人识别码与网关设定的个人识别码不同和相同的两种情况下,进行实验,观察实验结果。若物理链路建立失败,则重新建立连接。

3) 物理链路建立成功后,进行服务发现操作,发现服务后程序自动结束服务发现。

4) 服务发现过程结束后,开始建立逻辑链路。

5) 逻辑链路建立成功,结束建立连接过程。

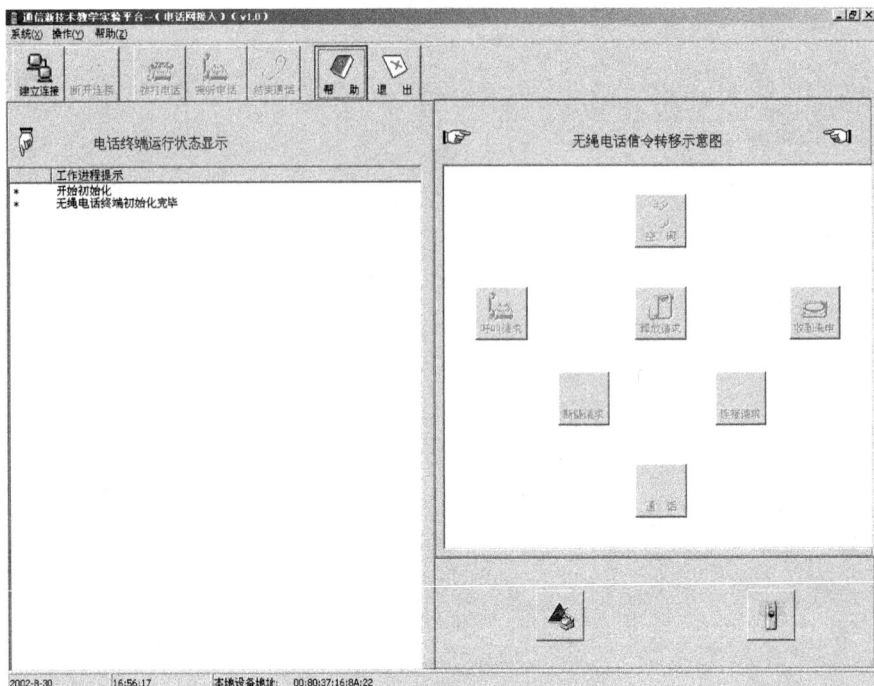

图 4.13　终端初始化成功界面

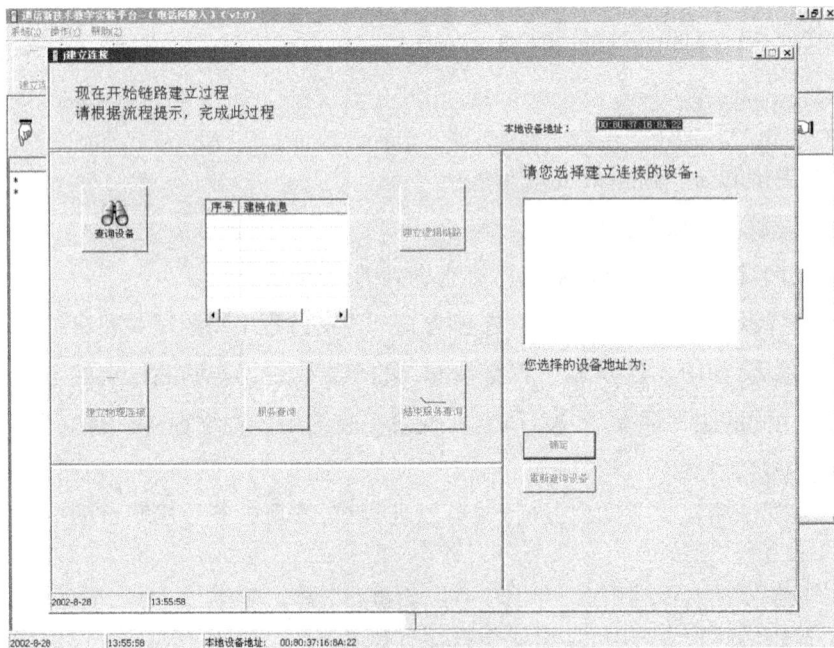

图 4.14　建立连接

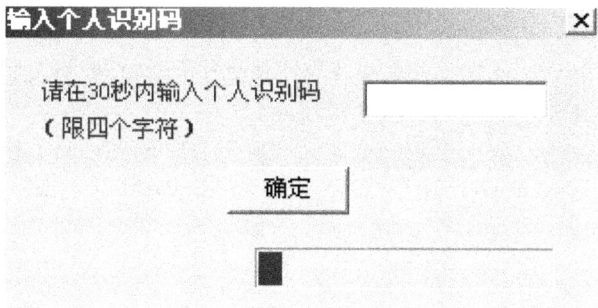

图 4.15　物理连接鉴权

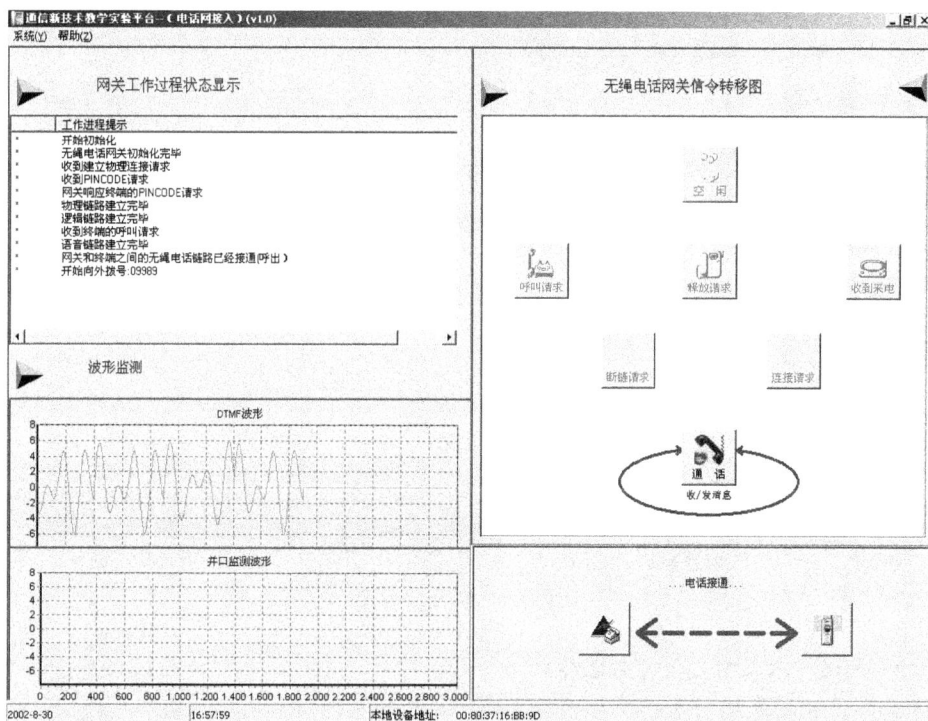

图 4.16　向外拨号(网关)

4.5.5　呼出操作

向外拨打电话,观察呼出过程的信令转移状态图。电话接通后观察网关端的信号波形。进行二次拨号操作。结束通话,观察信令转移状态图。图 4.16 为呼出操作时界面的变化。

4.5.6 呼入操作

从外部拨入电话。终端检测到来电后,本地不接听电话,外部挂机。观察终端和网关的信令转移状态图和网关端的信号波形。

从外部拨入电话。终端检测到来电后,接听电话,观察终端和网关的信令转移状态图和网关端的信号波形。图 4.17 和图 4.18 分别为有来电呼入时终端和网关界面的变化。

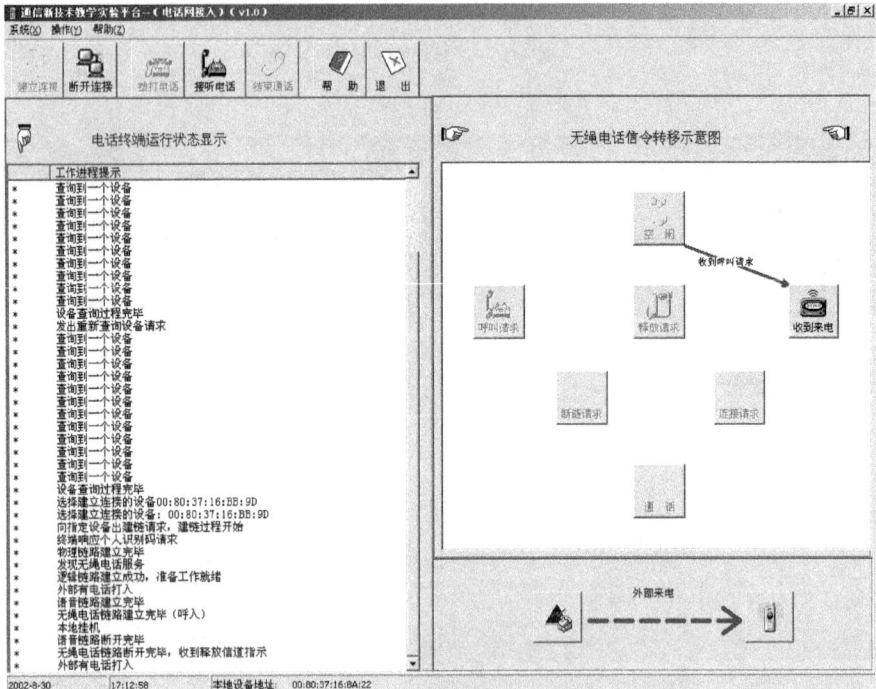

图 4.17　外部来电(终端)

4.5.7　重复 4.5.5 节、4.5.6 节操作

4.5.8　断开连接

4.5.9　重复 4.5.4 节、4.5.5 节、4.5.6 节操作

4.5.10　关闭程序,结束实验

注意:1) TTP6603 的串口和 USB 接口中间有 USB/串口转换开关,在本实验中要在插上电源之前把开关打向串口一侧。切忌在带电状态把开关打向 USB 一侧。

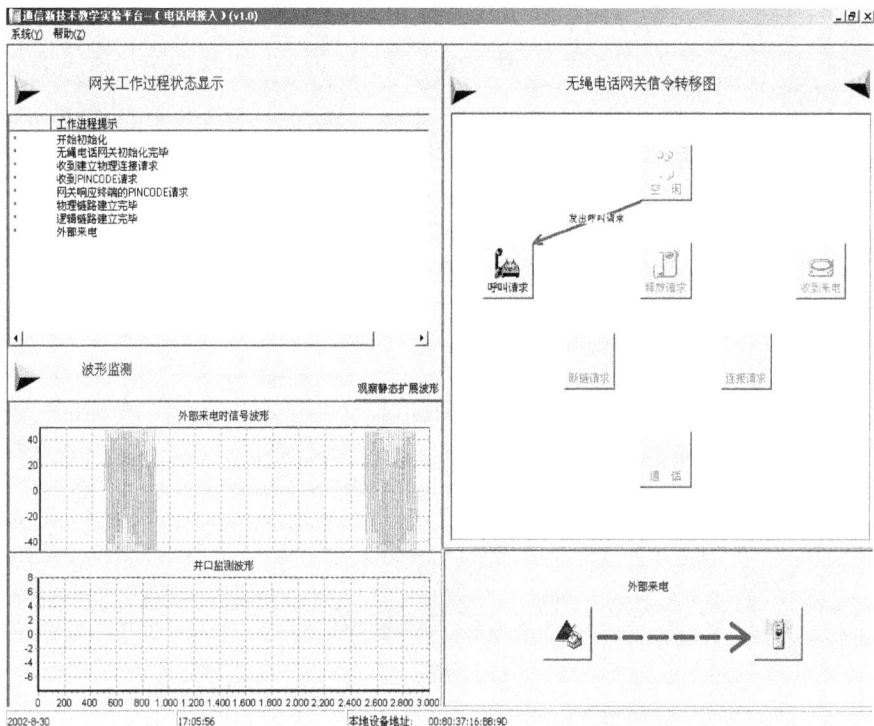

图 4.18　外部来电(网关)

2) 因为用软件模拟实际波形需要比较长的时间,请尽量等一次拨号的 DTMF 波形结束之后再做下一次拨号。如果实际要求必须及时拨号,有可能会引起波形输出的稍微停顿,但是不会引起程序运行错误。

3) 呼入、呼出操作过程中弹出的对话框有些仅仅是为了实验者更清楚地观察状态的转移而设置的提示框,它们对工作流程没有影响,但是会对界面产生影响。如果没有随着工作流程点击"确定",则会引起界面混乱。发生这种情况请关闭程序后重新启动。

4.6　预习要求

1) 了解 PSTN 和 DTMF 的一般概念。
2) 了解语音终端通过网关接入 PSTN 的工作流程。

4.7　实验报告要求

1) 记录终端呼入、呼出的工作流程。
2) 画出 TCS 信令的状态转移图。

3）回答思考题。

思 考 题

1. 无线终端通过网关接入 PSTN 的工作流程是怎样的？
2. 请画出 TCS 信令的状态转移图。
3. TCS 信令与 PSTN 电话网信令是如何交换的？
4. 常见的 PSTN 无线接入方式还有哪些？

参 考 文 献

Bluetooth SIG. 2001.Specification of the Bluetooth System V1.1-Core.http://www.blue-tooth.org

Bluetooth SIG.2001.Specification of the Bluetooth System V1.1-Profile.http://www.blue-tooth.org

附 录

附表 4.1 定时器参数

定时器名称	参　数
T301	Minimum 3 min
T302	15 s
T303	20 s
T304	30 s
T305	30 s
T308	4 s
T310	30~120 s
T313	4 s
T401	8 s
T402	8 s
T403	4 s
T404	2.5 s
T405	2 s
T406	20 s

第5章 语音传输

5.1 引　　言

本章首先讨论与语音传输相关的基本概念,包括脉冲编码调制、增量控制以及随机错误和突发错误对语音传输的影响,然后介绍与蓝牙设备语音传输相关的内容,如面向无连接的异步链路(ACL link)和面向连接的同步链路(SCO link)、蓝牙设备的身份切换、蓝牙设备的内部通话及数据传输过程等。通过后续的实验操作,可以理解三种语音编码方式的基本原理,即线性脉冲编码调制(PCM,Pulse Code Modulation)编码、A 律 PCM 编码和连续可变斜率增量调制(CVSD,Continuous Variable Slope Delta Modulation)编码,理解通信技术中随机错误和突发错误的概念以及语音传输与数据传输工作过程的区别和联系。

5.2　基本原理

5.2.1　脉冲编码调制

1. PCM 基本原理

脉冲编码调制概念是 1937 年由法国工程师 Alec Reeres 最早提出来的。20 世纪 70 年代后期,超大规模集成电路的 PCM 编、解码器的出现,使 PCM 在光纤通信、数字微波通信、卫星通信中获得了更广泛的应用。因此,PCM 已成为数字通信中一个十分基础的问题,以下内容将分别介绍抽样、量化、编码以及抗误码特性等基本问题。

脉冲编码调制简称脉码调制,它是一种将模拟语音信号变换成数字信号的编码方式。脉码调制的过程如图 5.1 所示。

PCM 主要包括抽样、量化和编码三个过程。抽样是把连续时间模拟信号转换成离散时间连续幅度的抽样信号;量化是把离散时间连续幅度的抽样信号转换成离散时间离散幅度的数字信号;编码是将量化后的信号编码形成一个二进制码组输出。国际标准化的 PCM 码组(电话语音)是由八位码组代表一个抽样值。从通信中的调制概念来看,可以认为 PCM 编码过程是模拟信号调制一个二进制脉冲序列,载波是脉冲序列,调制改变脉冲序列的有无("1"、"0"),所以将 PCM 称为脉冲编码调制。

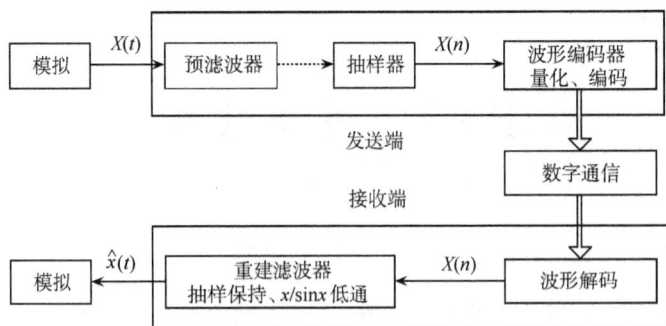

图 5.1　PCM 原理图

编码后的 PCM 码组经数字信道传输,可以是直接的基带传输或者是微波、光波载频调制后的通带传输。在接收端,二进制码组反变换成重构的模拟信号 $\hat{x}(t)$。在解调过程中,一般采用抽样保持电路,所以低通滤波器均需要采用($x/\sin x$)型频率响应,以补偿抽样保持电路引入的频率失真($\sin x/x$)。

预滤波是为了把原始语音信号的频带限制在 300～3400Hz 标准的长途模拟电话的频带内。由于原始语音频带是 40～10 000Hz 左右,所以预滤波会引入一定的频带失真。

整个 PCM 系统中,重建信号 $\hat{x}(t)$ 的失真主要来源于量化以及信道传输误码,通常用信号与量化噪声的功率比,即信噪比 S/N 来表示。国际标准化的 PCM 符合长途电话质量要求。

国际电报电话咨询委员会(CCITT)G. 712 详细规定了 S/N 指标,还规定比特率为 64kb/s,使用 A 律或 μ 律编码。

2. 低通与带通抽样定理

抽样定理是任何模拟信号(语音、图像以及生物医学信号等等)数字化的理论基础,它实质上是一个连续时间模拟信号经过抽样变成离散序列后,能否由此离散序列样值重构原始模拟信号的问题。

(1)低通抽样定理

一个频带限制在 $(0, f_H)$ 内的连续信号 $x(t)$,如果抽样频率 $f_S \geqslant 2f_H$,则可以由抽样序列 $\{x(nT_s)\}$ 无失真地重构恢复原始信号 $x(t)$。

抽样定理告诉我们:若抽样频率 $f_S < 2f_H$,则会产生失真,这种失真称为混叠失真。

由图 5.2 可知,在 $\omega_S \geqslant 2\omega_H$ 的条件下,周期性频谱无混叠现象,于是经过截止频率为 ω_H 的理想低通滤波器后,可无失真地恢复原始信号。如果 $\omega_S < 2\omega_H$,则频谱间出现混叠现象,如图 5.3 所示,此时不可能无失真地重构原始信号。应当强调指出,抽样过程中,在满足抽样定理时 PCM 系统应当无失真,或者说波形无畸变。

这一点与量化过程有本质的区别。量化是有失真的,只不过失真的大小可以控制。

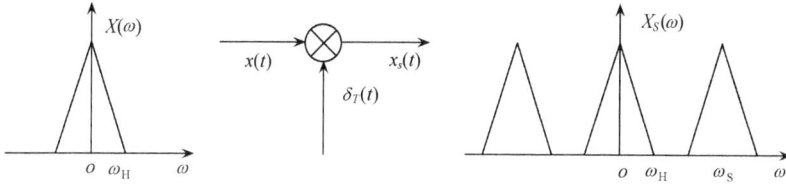

图 5.2　抽样前后的频谱

（2）带通抽样定理

设带通信号 $x(t)$ 的频谱为 $X(\omega)$,它的最高频率 f_H 与带宽 B 的关系为

$$f_H = nB + kB \qquad (0 < k < 1)$$

式中,n 为小于 f_H/B 的最大整数,这样就得出了带通信号的最小抽样频率,为

$$f_s = 2B + 2(f_H - nB)/n = 2B(1 + k/n)$$

3. 实际抽样

抽样定理中要求抽样脉冲序列是理想冲激序列 $\delta_T(t)$,这称为理想抽样。但实际抽样电路中抽样脉冲具有一定持续时间,在脉宽期间其幅度可以随信号幅度而变化,也可以是不变的。前者称为自然抽样,如图 5.4 所示;后者则称为平顶抽样,如图 5.5 所示。

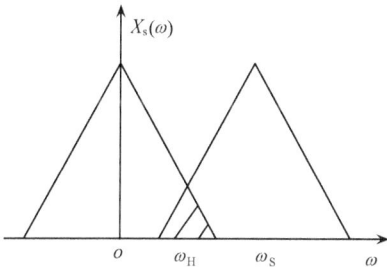

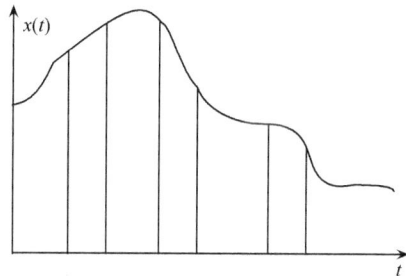

图 5.3　混叠现象　　　　图 5.4　自然抽样信号

4. 模拟信号的量化

用预先设定的有限个电平来表示模拟抽样值的过程称为量化。抽样是把一个时间连续信号变换成时间离散的信号,而量化则是将取值连续的抽样变成取值离散的抽样。

（1）均匀量化

把输入信号的取值域按等距离分割的量化称为均匀量化。在均匀量化中,每

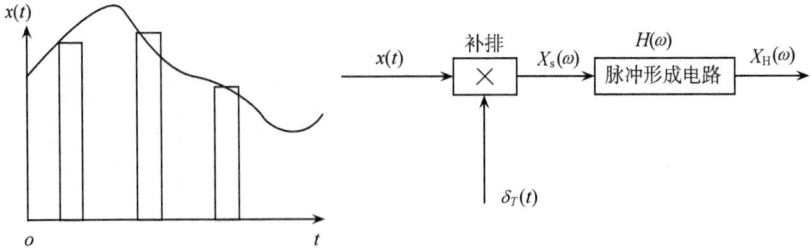

图 5.5 平顶抽样信号及其产生原理

个量化区间的量化电平均取在各区间的中点,如图 5.6 所示,其量化间隔(量化台阶)Δv 取决于输入信号的变化范围和量化电平数。当信号的变化范围和量化电平数确定后,量化间隔也就被确定。

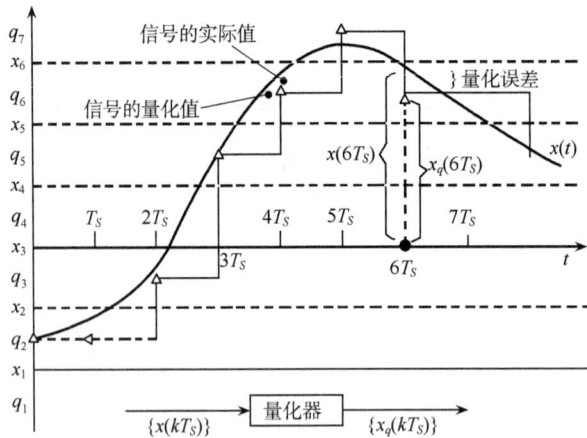

图 5.6 量化过程示意图

假如输入信号的最小值和最大值分别用 a 和 b 表示,量化电平数为 M,那么均匀量化的间隔为

$$\Delta v = (b - a)/M$$

量化器输出 x_i 为

$$x_i = q_i \qquad (当 m_{i-1} < m \leq m_i)$$

式中,x_i 为第 i 个量化区间的终点,可写成 $x_i = a + i\Delta v$;q_i 为第 i 个量化区间的量化电平,可表示为 $q_i = (m_i + m_{i-1})/2, i = 1, 2, \cdots, M$。均匀量化的量化噪声功率 $N_q = (\Delta v)^2/12$,信号平均量化噪声功率比为 $S_o/N_q = M^2$。

均匀量化的主要缺点是:无论抽样值大小如何,量化噪声的均方根值都固定不变。因此,当信号 $x(t)$ 较小时,则信号量化噪声功率比也就很小,这样弱信号的量化信噪比就难以达到给定的要求。通常,把满足信噪比要求的输入信号取值范围定义为动态范围。可见,均匀量化时的信号动态范围将受到较大的限制。

（2）非均匀量化

非均匀量化是根据信号的不同区间来确定量化间隔的。对于信号取值小的区间,其量化间隔 Δv 也小;反之,量化间隔 Δv 就大。它与均匀量化相比,有两个突出的优点:首先,当输入量化器的信号具有非均匀分布的概率密度(实际中常常是这样)时,非均匀量化器的输出端可以得到较高的平均信号量化噪声功率比;其次,非均匀量化时,量化噪声功率的均方根值基本上与信号抽样值成比例,因此量化噪声对大、小信号的影响大致相同,即改善了小信号时的量化信噪比。

实际中,非均匀量化的实现方法通常是将抽样值通过压缩再进行均匀量化。所谓压缩,是用一个非线性变换电路将输入变量 x 变换成另一个变量 y,即 $y = f(x)$。非均匀量化就是对压缩后的变量 y 进行均匀量化。接收端采用一个传输特性为 $x = f^{-1}(y)$ 的扩张器来恢复 x。广泛采用的两种对数压缩律是 μ 律和 A 律。

1）μ 律。

所谓 μ 律,就是压缩器的压缩特性具有如下关系的压缩律:
$$y = \left[\ln(1 + \mu x)\right]/\left[\ln(1 + \mu)\right] \qquad (0 \leqslant x \leqslant 1)$$
式中,y 为归一化的压缩器输出电压,即
$$y = (压缩器输出电压) / (压缩器可能的最大输出电压)$$
x 为归一化的压缩器输入电压,即
$$x = (压缩器输入电压) / (压缩器可能的最大输入电压)$$
μ 为压扩参数,表示压缩的程度。

由于上式表示的是一个近似对数关系,因此这种特性也称近似对数压扩律,其压缩特性曲线如图5.7所示。由图5.7可见,当 $\mu = 0$ 时,压缩特性是通过原点的一条直线,故没有压缩效果;当 μ 值增大时,压缩作用明显,对改善小信号的性能也有利。一般当 $\mu = 100$ 时,压缩器的效果就比较理想了。另外需要指出,μ 律特性曲线是以原点奇对称的。

为了说明 μ 律特性对小信号的信噪比的改善程度,图5.8画出了参数 μ 为某一取值的压缩特性,虽然它的纵坐标是均匀分级的,但由于压缩效果,反映到输入信号 x 上就成为非均匀量化了,即信号越小时,量化间隔 Δx 越小;信号越大时,量化间隔 Δx 也越大,而在均匀量化中,量化间隔是固定不变的。它的量化误差为
$$(\Delta x/2) = (\Delta y/2)\left[(1 + \mu x)\ln(1 + \mu)/\mu\right]$$

2）A 律。

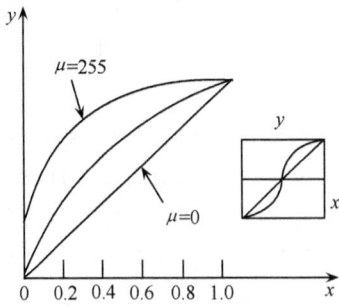

图 5.7 μ 律压缩特性

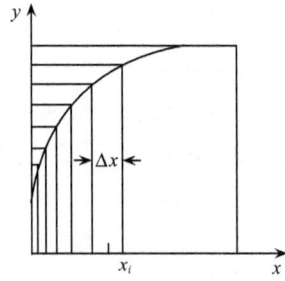

图 5.8 压缩特性

所谓 A 律, 就是压缩器的压缩特性具有如下关系的压缩律:

$$\begin{cases} y = \dfrac{Ax}{1 + \ln A} & \left(0 < x \leqslant \dfrac{1}{A}\right) \\[2mm] y = \dfrac{1 + \ln Ax}{1 + \ln A} & \left(\dfrac{1}{A} < x \leqslant 1\right) \end{cases}$$

式中, y 为归一化的压缩器输出电压, 即

$\quad\quad\quad y=$ (压缩器输出电压) / (压缩器可能的最大输出电压)

x 为归一化的压缩器输入电压, 即

$\quad\quad\quad x=$ (压缩器输入电压) / (压缩器可能的最大输入电压)

A 为压扩参数, 表示压缩的程度。

由上式可知, 在 $0 \leqslant x \leqslant \dfrac{1}{A}$ 的范围内 y 是一条直线, 在 $\dfrac{1}{A} < x \leqslant 1$ 的范围内是一条对数特性曲线, 现在的国际标准中取 $A = 87.56$。

可以验证, A 律对数量化比均匀量化在小信号段的量化信噪比上增加约 24dB。图 5.9 为 A 律压缩特性曲线。

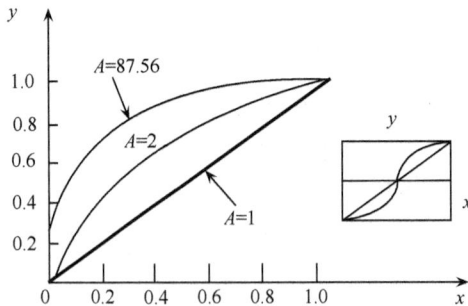

图 5.9 A 律压缩特性

5. PCM 编码原理

在 PCM 中,把量化后信号电平值转换成二进制码组的过程称为编码,其逆过程称为解码或译码。理论上来说,任何一种可逆的二进制码组都可以用于 PCM 编码。常见的二进制码组有三种,即自然二进制码组(NBC,Nature Binary Code)、折叠二进制码组(FBC,Folded Binary Code)、格雷二进制码组(RBC,Reflected Binary Gray Code)。

(1)折叠二进制码(FBC)

折叠码 FBC 相当于计算机中符号幅度码,左边第一位表示正负号,第二位开始至最后一位表示幅度。这里第一位用"1"来表示正,用"0"来表示负。由于绝对值相同的折叠码,其码组除第一位外都相同,相当于相对零电平对称折叠,所以被形象化地称为折叠码。当信道传输中有误码时,折叠码由此而产生的失真误差功率 σ_i^2 最小,所以 PCM 标准中采用了折叠码 FBC。

(2)CCITT 标准的 PCM 编码规则

μ 律的国际标准 PCM 编码表如表 5.1 所示。

表 5.1 μ 律的 PCM 编码表

输入 x 信号范围	量化间隔	段落码 M_2 M_3 M_4	电平码 M_5 M_6 M_7 M_8	量化电平编号	分层电平值
0~0.5			0 0 0 0	0	0
0.5~1.5	1	0 0 0	0 0 0 1	1	1
…			…	…	…
14.5~15.5			1 1 1 1	15	15
15.5~17.5			0 0 0 0	16	16.5
…	2	0 0 1	…	…	…
45.5~47.5			1 1 1 1	31	46.5
47.5~51.5			0 0 0 0	32	49.5
…	4	0 1 0	…	…	…
107.5~111.5			1 1 1 1	47	109.5
111.5~119.5			0 0 0 0	48	115.5
…	8	0 1 1	…	…	…
231.5~239.5			1 1 1 1	63	235.5
239.5~255.5			0 0 0 0	64	247.5
…	16	1 0 0	…	…	…
479.5~495.5			1 1 1 1	79	487.5
495.5~527.5			0 0 0 0	80	511.5
…	32	1 0 1	…	…	…
975.5~1007.5			1 1 1 1	95	991.5
1007.5~1071.5			0 0 0 0	96	1039.5
…	64	1 1 0	…	…	…
1967.5~2031.5			1 1 1 1	111	1999.5
2031.5~2159.5			0 0 0 0	112	2095.5
…	128	1 1 1	…	…	…
3951.5~4079.5			1 1 1 1	127	4015.5

A 律的国际标准 PCM 编码表如表 5.2 所示。

表 5.2 A 律正输入值编码表

线段编号	间隔数×量化间隔	线段终点值	分层电平值编号	分层电平值	编码器输出码组位编号 1 2 3 4 5 6 7 8	量化电平值	量化电平编号
7	16×128	4096	(128)	(4096)	1 1 1 1 1 1 1 1	4032	128
			127	3968			
			…	…	…	…	…
			113	2176	1 1 1 1 0 0 0 0	2112	113
		2048	112	2048			
6	16×64		…	…	…	…	…
			97	1088			
		1024	96	1024	1 1 1 0 0 0 0 0	1056	97
5	16×32		…	…	…	…	…
			81	544			
		512	80	512	1 1 0 1 0 0 0 0	528	81
4	16×16		…	…	…	…	…
			65	272			
		256	64	256	1 1 0 0 0 0 0 0	264	65
3	16×8		…	…	…	…	…
			49	136			
		128	48	128	1 0 1 1 0 0 0 0	132	49
2	16×4		…	…	…	…	…
			33	68			
		64	32	64	1 0 1 0 0 0 0 0	66	33
1	32×2		…	…	…	…	…
		0	1	2			
			0	0	1 0 0 0 0 0 0 0	1	1

八位码的具体排列如下:

$$M_1 \qquad M_2\,M_3\,M_4 \qquad M_5\,M_6\,M_7\,M_8$$

第 1 位码表示信号的极性,"1"代表正极性,"0"代表负极性。第 2~4 位码表示信号绝对值处在哪个段落,三位码共可表示八个段落。第 5~8 位码表示任一段落内的 16 个量化电平值,在每段内量化电平是等间隔分布的,但量化间隔大小是随段落序号的增加而以 2 倍递增的。

我国采用的 13 折线编码(图 5.10)与 $A = 87.56$ 的 A 律编码拟合得非常好。在 13 折线法中,无论输入信号是正还是负,均按八段折线(八个段落)进行编码。若用八位折叠二进制码来表示输入信号的抽样量化电平时,其中第一位表示量化值的极性,其余七位(第 2~8 位)则可以表示抽样量化值的大小。具体做法:用第 2~4 位(段落码)的八种可能状态来分别表示八个段落的段落电平,其他四位码(段内码)的 16 种可能状态用来分别代表每一段落的 16 个均匀划分的量化间隔。这样处理的结果,八个段落便被划分成 $2^7 = 128$ 个量化间隔。可见,上述编码方法是把压缩、量化和编码合为一体的方法。

现在来说明逐次比较型编码的原理。编码器的任务就是要根据输入的样值脉

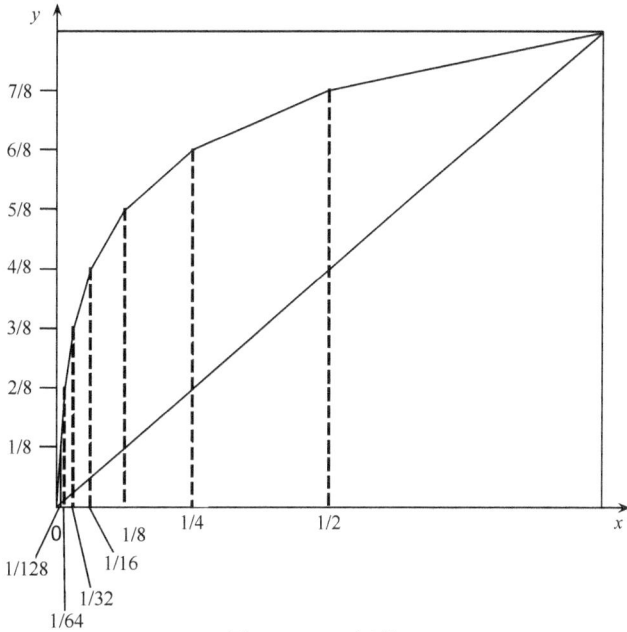

图 5.10　13 折线

冲编出相应的八位二进制代码,除第 1 位极性码外,其他七位二进制代码是通过逐次比较确定的。预先规定好一些作为标准的电流(或电压),称为权值电流,用符号 I_w 表示。I_w 的个数与编码位数有关。当样值脉冲到来以后,用逐步逼近的方法有规律地将各标准电流 I_w 与样值脉冲比较,每比较一次出一位码,直到 I_w 和抽样值 I_s 逼近为止。逐次比较型编码器的原理方框如图 5.11 所示,它由整流器、保持电路、比较器及本地译码器等组成。

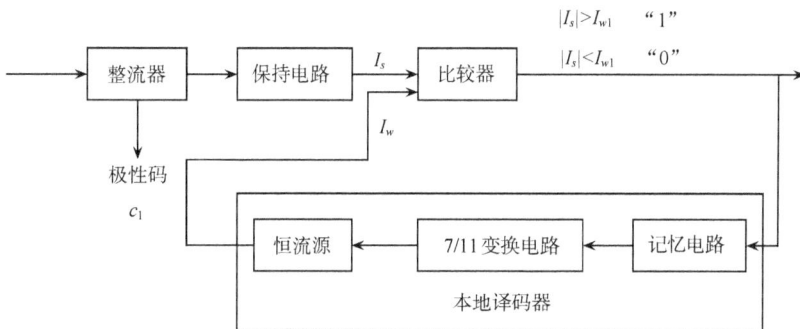

图 5.11　逐次比较型编码器

5.2.2 增量调制

1. 简单增量调制原理

增量调制简称 ΔM,可以看成是脉冲编码调制的一种特例。ΔM 只用一位编码,但这一位码不是用来表示信号的抽样值的大小,而是表示抽样时刻的波形变化趋向,这是 ΔM 与 PCM 的本质区别。在每个抽样时刻,将信号在该时刻的抽样值 $S(n)$ 与本地译码信号 $S_l(n)$ 进行比较,若前者大,则编为"1"码;反之,则编为"0"码。由于在实用 ΔM 系统中,本地译码信号 $S_l(n)$ 十分接近于前一时刻的抽样值 $S(n-1)$,因而可以说,这一位码反映了相邻二抽样值的近似差值,即增量 ΔM。

图 5.12(a) 为 ΔM 原理框图,输入信号是模拟信号 $S(t)$ 的第 n 个抽样值 $S(n)$;$S_l(n)$ 表示第 n 个时刻的预测值,即本地译码信号 $S_l(n) = \hat{S}(n-1)$;$\hat{S}(n)$ 为 $S(n)$ 在第 n 个时刻的重建样值,在没有传输误码的情况下,$\hat{S}(n)$ 就是接收端的重建样值;Z^{-1} 又称为一阶预测器;$e(n)$ 是差值信号,$e(n) = S(n) - S_l(n)$;$Q[\ ]$ 表示量化器,其量化特性如图 5.12(b) 所示。数码形成器将量化器输出电平按以下规则变成一位二进码 $C(n)$:

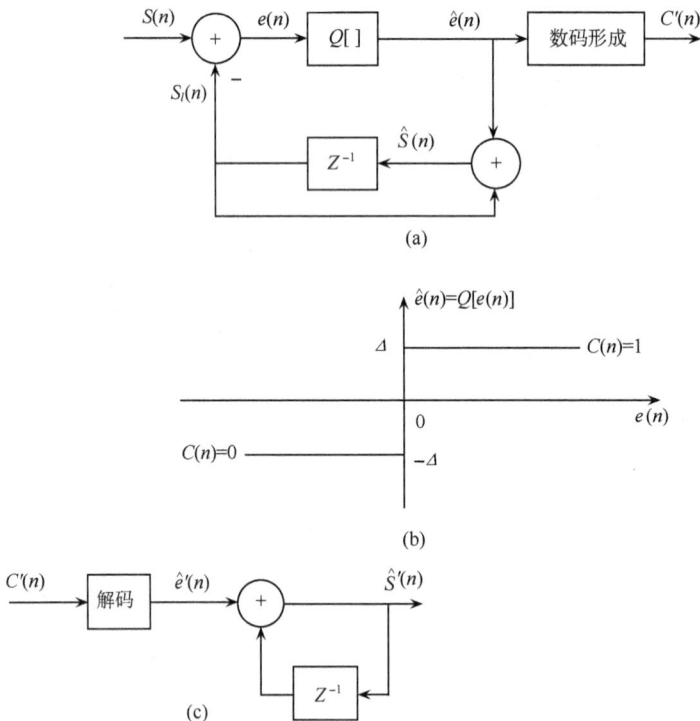

(a)

(b)

(c)

图 5.12 ΔM 原理图

1）若 $\hat{e}(n)=\Delta$，则 $C(n)=1$。

2）若 $\hat{e}(n)=-\Delta$，则 $C(n)=0$。

其中，Δ 称为 ΔM 的量化间隔。

接收端由接收的信号 $C'(n)$ 按以下规则解出差值信号量化值 $\hat{e}'(n)$：

1）若 $C'(n)=1$，则 $\hat{e}'(n)=\Delta$。

2）若 $C'(n)=0$，则 $\hat{e}'(n)=-\Delta$。

如图 5.12(c)所示。

经延迟电路与相加电路后，输出重建信号 $\hat{S}'(n)=\hat{e}'(n)+\hat{S}(n-1)$。若传输信道无误码，则收端重建信号 $\hat{S}'(n)$ 应与发端本地重建信号 $\hat{S}(n)$ 相同。

在给定量化间隔 Δ 的情况下，能跟踪最大斜率为 Δ/T_s 的信号，其中 T_s 为抽样周期。

当信号变化过快时，信号斜率大于跟踪最大斜率，本地译码信号 $S_l(t)$ 会跟不上信号变化，这种现象称为过载。

2. 数字压扩自适应增量调制

在前面介绍的 ΔM 原理中，其量阶 Δ 固定不变，它的主要缺点是量化噪声功率是不变的，因而在信号功率 S 下降时，量化信噪比也随之下降，限制了 ΔM 的动态范围。改进的基本原理是采用自适应方法使量阶 Δ 随输入信号的统计特性变化而跟踪变化。量阶能随信号瞬时压扩，则称为瞬时压扩 ΔM，记作 ADM，如图 5.13所示。若量阶随音节时间间隔(5~20ms)中信号的平均斜率而变化，则称为连续

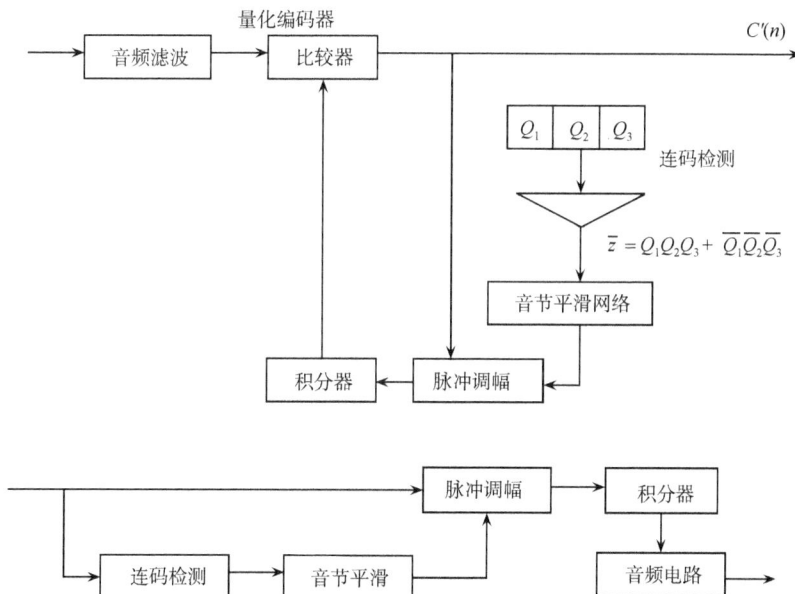

图 5.13 数字压扩 ΔM

可变斜率增量调制,记作 CVSD。由于这种方法中信号斜率是根据码流中连"1"和连"0"的个数来检测的,所以又称为数字压扩增量调制。

3. 蓝牙的语音编码

对于蓝牙的语音编码,我们可以使用 64kb/s 的对数 PCM 或 64kb/s 的 CVSD 语音编码。

在这一部分我们只讨论 CVSD 编码方案,它的性能优于 PCM,它的误码率即使达到4%时,话音质量也可以接受。这种调制方式的输出比特跟随波形变化而变化,可以体现出估计值是大于或小于现在的取样值。为了减少斜率过载,使用了语音压缩技术:根据平均信号的斜率,阶梯高度可以调整,如图 5.14 所示。

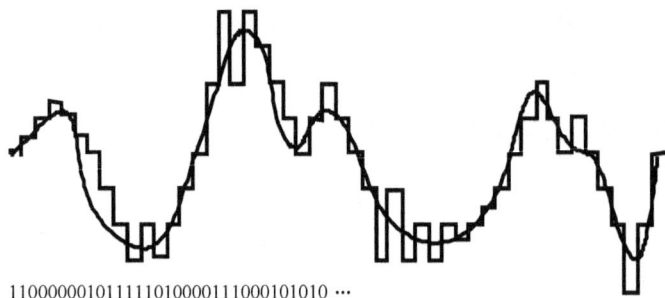

11000000101111101000011100010101010 …

图 5.14　CVSD 编码示意图

输入 CVSD 编码器的是 64k 采样值/s 的线性 PCM,其编码与解码方框图如图 5.15 和图 5.16 所示,系统时钟是 64kHz。

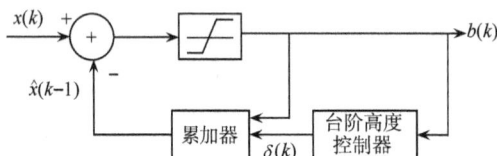

图 5.15　CVSD 编码方框图

图 5.15 中,$x(k)$ 为当前输入 CVSD 编码器的采样值,$\hat{x}(k-1)$ 是前一个采样值的估计值。符号函数 sgn 用来得到编码值 $b(k)$,有

$$b(k) = \text{sgn}\{x(k) - \hat{x}(k-1)\} \tag{5.1}$$

图 5.15 中的累加器原理框图如图 5.17 所示,其中符号函数由饱和函数 Sat.代

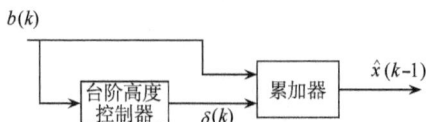

图 5.16　CVSD 解码方框图

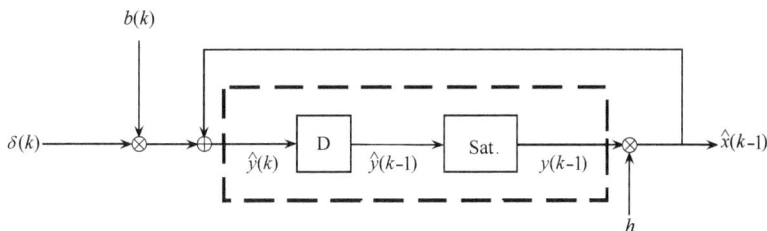

图 5.17 累加器工作原理框图

替, h 为累加器的衰减因子。

编码过程及公式说明: 在计算出当前的编码值后,需要计算当前值的估计值 $\hat{x}(k)$,其具体步骤如下:

1) 给合表 5.3 中的 CVSD 编码参数值,根据式(5.2)计算出量阶 $\delta(k)$ 的值。

表 5.3 CVSD 编码参数值

参 数	取 值
h	$1-(1/32)$
β	$1-(1/1024)$
$\delta_{\min}$	10
$\delta_{\max}$	1280
$y_{\min}$	-2^{15} 或 $-2^{15}+1$
$y_{\max}$	$2^{15}-1$

$$\delta(k) = \begin{cases} \min\{\delta(k-1)+\delta_{\min}, \delta_{\max}\} & \sigma = 1 \\ \max\{\beta\delta(k-1), \delta_{\min}\} & \sigma = 0 \end{cases} \tag{5.2}$$

式中, $\delta_{\min}$ 和 $\delta_{\min}$ 分别为量阶的最小值与最大值; β 为量阶的衰减因子; σ 为音节压缩参数,有

$$\sigma = \begin{cases} 1 & \text{若连续 4bits 编码值均相同} \\ 0 & \text{其他情况} \end{cases} \tag{5.3}$$

2) 根据式(5.4),计算出当前的编码值 $b(k)$。

$$b(k) = \operatorname{sgn}\{x(k) - \hat{x}(k-1)\} \tag{5.4}$$

3) 根据式(5.5)计算出累加器参数 $y(k)$ 的当前估计值 $\hat{y}(k)$。

$$\hat{y}(k) = \hat{x}(k-1) + b(k) \cdot \delta(k) \tag{5.5}$$

4) 根据式(5.6)便可得到当前值的估计值 $\hat{x}(k)$。

$$\hat{x}(k) = h \cdot y(k) \tag{5.6}$$

式(5.6)中,

$$y(k) = \begin{cases} \min\{\hat{y}(k), y_{\max}\} & \hat{y}(k) \geq 0 \\ \max\{\hat{y}(k), y_{\min}\} & \hat{y}(k) < 0 \end{cases} \tag{5.7}$$

其中, $y_{\max}$ 和 $y_{\min}$ 分别为累加器的正负饱和值。

5.2.3 蓝牙设备的语音和数据传输

1. ACL 链路和 SCO 链路

蓝牙系统可以在主/从设备间建立不同形式的链路,共定义了两种方式:实时的同步面向连接 SCO 方式和非实时的异步无连接 ACL 方式。对于 SCO,主设备和从设备在规定的时隙内传送话音等实时性强的信息,而对于 ACL,主设备和从设备可在任意时隙传输,并以数据传输为主。事实上,SCO 占用固定时隙,如没有 SCO 时,ACL 可以使用任何时隙,但一旦有 SCO,ACL 就应让出 SCO 的那些固定时隙。对于 SCO 没有占用的时隙,主设备可以与任何从设备建立 ACL 链路,包括已经处于 SCO 链路的从设备。SCO 和 ACL 的混合链路如图 5.18 所示。

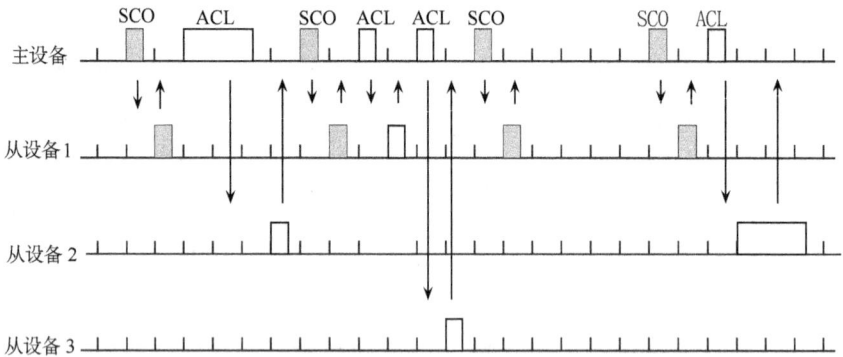

图 5.18　混合链路示意图

主设备对于不同的从设备最多可以支持三条 SCO 链路;一个从设备最多支持来自一个主设备的三条 SCO 链路,而对于来自不同主设备的 SCO 链路则最多支持两条。主设备在规定的时隙间隔发送 SCO 包,并不被重传。对于 ACL 链路,为了保证数据的完整性和正确性,包可以被重传。

2. 蓝牙设备的身份切换

在蓝牙系统中,通常首先提出通信要求的设备称为主设备(Master),被动进行通信的设备称为从设备(Slave)。但是,在一些特殊应用场合,如 LAP 和 PSTN 网关,被动进行通信的设备要求作为主设备,此时就需进行身份的切换,其链路连接过程如图 5.19 所示。

3. 内部通话与数据传输的工作过程

蓝牙设备内部通话与数据传输工作过程的区别与联系如表 5.4 所示。

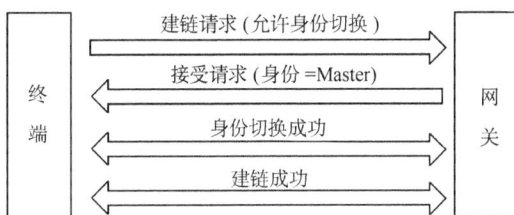

图 5.19 蓝牙设备的身份切换

表 5.4 内部通话与数据传输工作过程的区别

内部通话过程	数据传输过程
初始化蓝牙设备	初始化蓝牙设备
查询周围蓝牙设备	查询周围蓝牙设备
建立 ACL 链路	建立 ACL 链路
建立 SCO 链路	
通话	传送数据
断开 SCO 链路	
断开 ACL 链路	断开 ACL 链路

5.3 实验设备与软件环境

每两人为一组,软、硬件配置相同。

硬件:PC 机一台,带语音功能的蓝牙模块(建议为 SEMIT TTP6603),串口电缆,耳机话筒。

软件:Windows 2000 Professional 操作系统,TTP 局域网语音传输实验软件。

整体结构如图 5.20 所示。

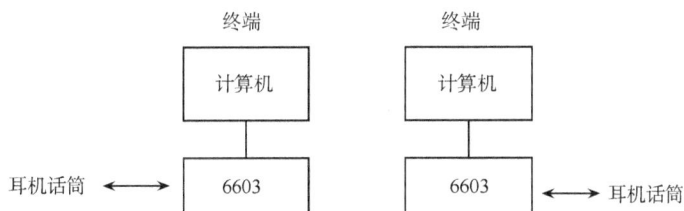

图 5.20 实验设备

5.4 实 验 内 容

1)脉冲编码调制(线性、A 律 PCM)。

2）连续可变斜率增量（CVSD）调制原理。

3）随机错误和突发错误的观察分析。

4）蓝牙设备的 ACL 链路和 SCO 链路分析。

5）蓝牙设备的身份切换。

6）蓝牙设备的内部通话与数据传输的工作过程。

5.5　实　验　步　骤

5.5.1　语音编码

观察三种编码方式的编码值、量化波形，并作比较。选择误码率观察随机错误图样；输入突发错误码字，观察突发错误图样。由于语音信号的频率范围通常为 $0.3\sim4kHz$，抽样频率仅为 8kHz，因此当频率为 4kHz 的时候，根据采样，一周期内采样点数为 2，两个采样点所对应的幅度值恰好为 0，所以界面上呈现一条直线。因此，为了使学生更好地理解掌握采样、编码、译码的原理，在观察线性 PCM 和 A 律 PCM 编码的译码波形时，尽量输入小范围的频率值来进行观察（强烈建议输入频率范围为 $0.3\sim1.5kHz$），以保证波形失真较小。

注意：1）在输入参数值时，应严格按照界面要求的范围输入，否则，系统将给出输入错误提示。

2）只有突发错误长度小于或等于采样点数与编码位数的乘积，才能保证突发错误图样随机加到译码波形中。若输入突发错误长度超过要求范围，系统将给出错误提示。

5.5.2　语音传输

1）连接终端设备。

2）运行本实验程序，选择使用的串口后，开始初始化设备。设备初始化完毕后，在初始化按钮下方显示本设备地址，图 5.21 为初始化成功的界面。

3）按"查询其他设备"按钮查询其他设备，按钮右边状态栏中显示查询到的其他设备的地址。注意：若使用者在查询未结束的状态下按其他按钮，系统将自动弹出提示。设备查询成功后（图 5.21），准备建立 ACL 连接。

4）按"建立 ACL 连接"按钮，由主设备发起 ACL 建链请求，进入建立链路窗口。主设备要选择"对方设备地址"和是否"允许身份切换"后才能建立链接，如图 5.22 所示。若漏选某一项，系统将出现错误提示；另一方得到建链信息，将进行身份选择，如图 5.23 所示。若两方设备的身份选择不同（即一方为主设备，一方为从设备），则建链成功，可以进行数据传输，同时可以观察传输过程模拟动态图，理解 ACL 链路传输特点；若两方设备的身份选择相同（即同时选择主设备或同时选择

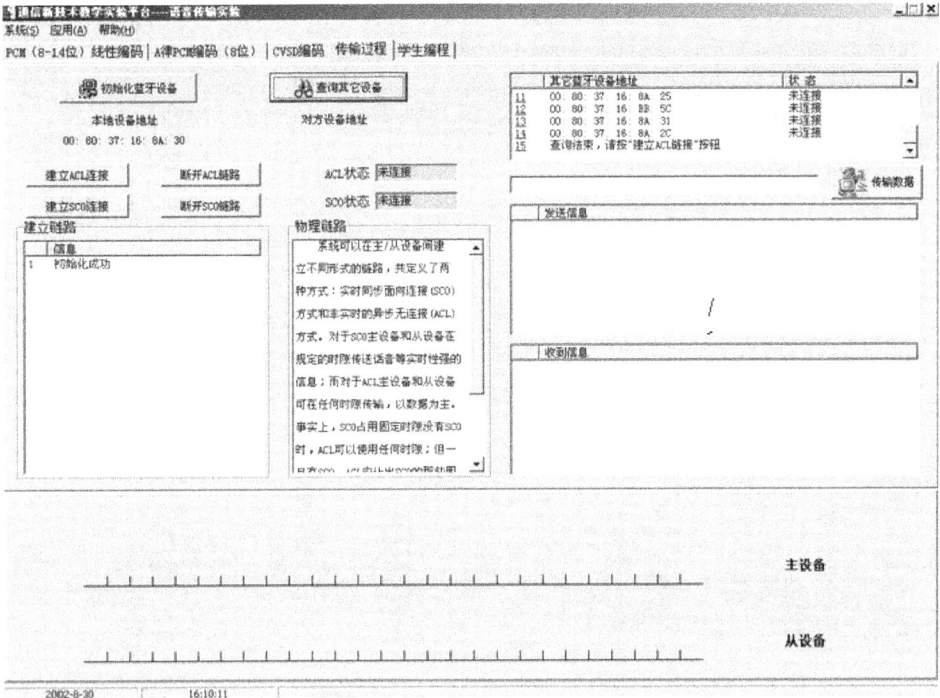

图 5.21　初始化及查询设备界面

从设备），则 ACL 建链失败，需重新建链。

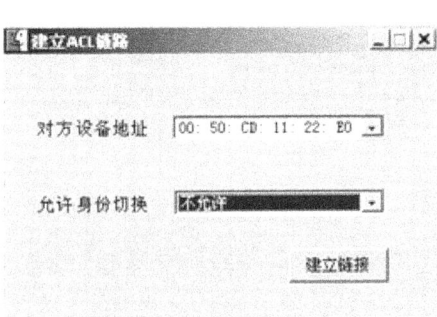

图 5.22　建立 ACL 链路

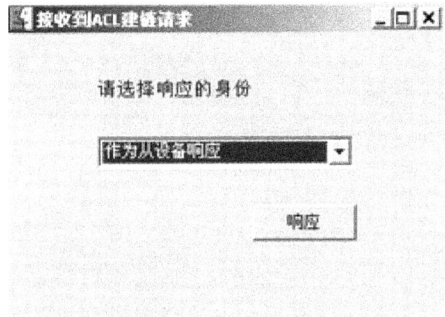

图 5.23　接收到 ACL 建链请求

5）ACL 链路建立以后，可以发送数据，界面下方将显示 ACL 数据包的传输模拟图，如图 5.24 所示；在 ACL 建链成功的基础上可由一方设备发起 SCO 建链请求，若在发起 SCO 建链请求时尚未建立 ACL 链路，则 SCO 建链失败。SCO 建链成功后，双方可以通过耳机话筒进行通话，界面下方将显示 ACL 数据包和 SCO 语音包同时传输模拟图,如图 5.25 所示。

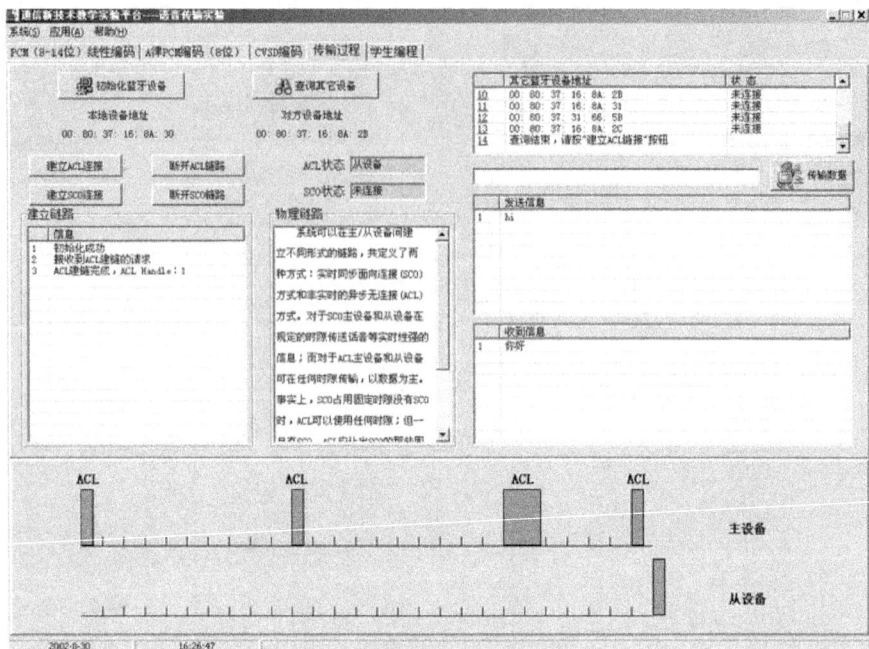

图 5.24　ACL 传输

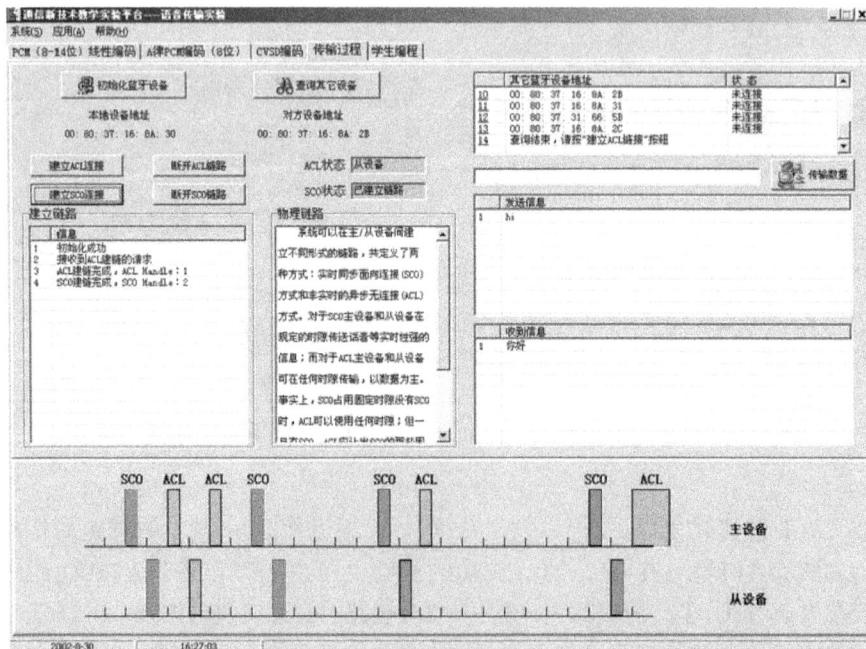

图 5.25　ACL 与 SCO 同时传输

6）若网络中同时存在 ACL 和 SCO 两条链路，则断链时应先断开 SCO 链路，再断开 ACL 链路。若使用者先断开 ACL 链路，则系统将弹出提示框"存在 SCO 链路，是否断开 ACL"。

5.5.3 软件编程（可选）

学生使用 Visual C++6.0 在指定文件中填入程序源代码，进行编译。编译通过以后，可以应用软件界面上的测试程序进行测试，本软件提供正确答案供学生参考。

1. 软件体系结构说明

上层应用程序与动态链接库程序的关系如图 5.26 所示。

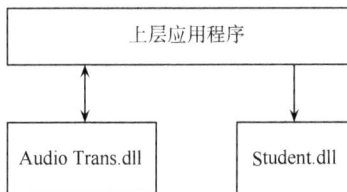

图 5.26　上层应用程序与动态链接库程序的关系示意图

图 5.26 中 AudioTrans. dll 为已编写好的动态链接库程序，它向上层应用程序提供函数接口和消息；Student. dll 是学生需自行编写的动态链接库程序，该程序仅向上层应用程序提供函数接口，这些函数接口分别是 A 律 PCM 和 CVSD 编解码的实现。

2. Student. dll 程序说明

该程序使用 Visual C++6.0 编写。与学生编程有关的是头文件 Student. h 和源文件 Student. cpp，文件内容见本章附录。

3. 学生操作步骤及注意事项

操作步骤：

1）使用 Visual C++ 6.0 打开 Student 目录下的 Student. dsw 工程。

2）打开 Student. cpp 文件，在标有/＊Add your code here ＊/处添加代码。代码的编写参考界面中的流程图。

3）编译链接 Student. dll，通过后，将生成的 Student. dll 拷贝至上层应用程序的同一路径下。

4）重新运行应用程序，观察界面上显示的结果是否与标准答案结果一致。若不一致，则修改 Student. cpp 文件，重复过程 3）和 4），直到与界面上显示的标准答案一致为止。

注意事项：

1) 注意需编写的四个接口函数的声明和定义(包括输入参数、输出结果的类型和个数以及函数名称)均已给定,不能随意变更。

2) 一定要将 Student. dll 拷贝至上层应用程序的同一路径下,覆盖掉原来的 Student. dll,否则不会得到想要的应用程序运行结果。

5.6 预 习 要 求

1) 了解线性 PCM 编码、A 律 PCM 编码和 CVSD 编码的基本原理。

2) 了解语音编码质量的一般要求。

5.7 实验报告要求

1) 记录线性 PCM、A 律 PCM 和 CVSD 在相同参数下的量化编码。

2) 画出线性 PCM、A 律 PCM 和 CVSD 在相同随机错误与突发错误参数下的译码后波形并加以比较。

3) 分别画出同一种语音编码方式在不同采样频率和相同随机错误与突发错误参数下的译码后波形并加以比较。

4) 记录蓝牙建立与断开语音链路的过程。

5) 回答思考题。

思 考 题

1. 实际应用中通常采用非均匀量化,而不是均匀量化,为什么?

2. 思考解码后的波形失真程度与哪些因素有关?

3. 蓝牙系统如何分配 ACL 链路与 SCO 链路所占用的时隙?

4. 随机错误和突发错误的异同是什么?怎样将突发错误转换成随机错误?

5. 试定性地比较 PCM 和 CVSD 的性能。

参 考 文 献

李振玉,卢玉民. 1996. 现代通信中的编码技术. 北京:中国铁道出版社

欧文. 1988. 脉码调制与数字传输系统. 北京:人民邮电出版社

Bluetooth SIG. 2001. Specification of the Bluetooth System V 1. 1-Core. http://www.bluetooth.org

附　　录

1. 头文件 Student.h

（1）宏定义

#define　　　　STUDENT_DLL extern "C" _declspec(dllexport)

该宏定义用于声明导出函数。

#define　　　PI　　　3. 14159265358

该宏定义了 π 的值，在 CVSD 编码中计算采样值时需用到。

（2）结构体声明

typedef struct StudentCVSD｛

int　　　Encode[30]；

double Decode[30]；

｝STUDENT_CVSD，∗PSTUDENT_CVSD；

该结构为 CVSD 编、解码须用的结构。在函数中使用这种结构的一个全局变量，该变量在 Student. cpp 中定义。

Encode[30]：存放编码的结果，数组的每个成员存放一个码字，即"0"或"1"。由于在界面中限定采样点数不超过 30，所以数组长度为 30。

Decode[30]：存放译码的结果，数组的每个成员存放一个译码后的值，对应于每个采样点。由于在界面中限定采样点数不超过 30，所以数组长度为 30。

（3）函数声明

unsigned char　　　PCM_StudentAlawEncode(int InputValue)；

A 律 PCM 编码函数。

　　　int　　　PCM_StudentAlawDecode(unsigned char CodeValue)；

A 律 PCM 解码函数。

　　　STUDENT_CVSD ∗　　CVSD_StudentEncode(int Amplitude, int SampleTimes, int Frequency)；

CVSD 编码函数。

　　　STUDENT_CVSD ∗　　　CVSD_StudentDecode(int SampleTimes)

CVSD 解码函数。

注：对头文件中的现有内容不能做修改删除，只能添加所需的内容。

2. 源文件 Student. cpp

（1）静态全局变量定义

　　static　　STUDENT_CVSD　　Student_CVSD；

定义了类型为 STUDENT_CVSD 的全局变量，在 CVSD 的编、解码函数中需用到该函数。将编码的结果存放在其成员 Encode[30]中，再利用该成员解码，将译码后的值存放在成员 Decode[30]中。

（2）函数说明

1）接口函数 1。

  unsigned char PCM_StudentAlawEncode(int InputValue)；

输入(InputValue)：在界面上输入的采样值，该采样值的单位是"量化单位"，范围是 $-2047 \sim$ $+2047$。

输出：对应于输入采样值的 8bits 的编码值。

处理过程：根据逐次比较型 A 律 13 折线 PCM 编码方法进行编码。

2）接口函数 2。

  int PCM_StudentAlawDecode(unsigned char CodeValue)；

输入(CodeValue)：8bits 的码字，前编码函数的返回值。

输出：译码值，单位是"量化单位"。

处理过程：根据逐次比较型 A 律 13 折线 PCM 译码方法进行译码。

3）接口函数 3。

  STUDENT_CVSD * CVSD_StudentEncode(int Amplitude, int SampleTimes, int Frequency)；

  输入：Amplitude：在界面上输入的标准正弦波的幅度，可选的范围是 $0 \sim 32767$；Frequency：在界面上输入的正弦波频率，范围是 $4 \times 1024 \sim 16 \times 1024$；SampleTimes：在界面上输入的采样次数，范围是 $10 \sim 30$。

输出：指向结构 STUDENT_CVSD 的指针，取其结构成员"encode"即得编出的码字，每个取样值对应于一位码，"encode"数组中的每个成员对应于一个码字"0"或"1"。

 处理过程：根据 CVSD 编码算法编码，具体参考本章的 CVSD 编、解码部分。

 注：该函数中获得每个采样点的代码已经写好。

4）接口函数 4。

  STUDENT_CVSD * CVSD_StudentDecode(int SampleTimes)；

输入(SampleTimes)：在界面上输入的采样次数，范围是 $10 \sim 30$。

输出：指向结构 STUDENT_CVSD 的指针，取其结构成员"decode"即得采样值的近似，"decode"数组中的每个成员对应于一个近似，即译码值。

 处理过程：根据 CVSD 解码算法解码，具体参考本章的 CVSD 编、解码部分。

第6章 数据传输

6.1 引　言

计算机之间的数据传输涉及到众多的知识点,本章用一个自己定义的简单协议栈[从 OBEX(OBject EXchange Protocol)协议简化而来]实现了点对点两台主机多对应用间的通信。通过对本实验提供的软件的操作以及对流程和帧格式的观察,可以很好地理解协议层次、上下层与对等层、物理信道与逻辑信道、面向连接和面向无连接的服务、自环与广播等概念,以及数据传输过程中的流量控制和差错控制、建立和维持会话等协议设计应考虑的因素,了解通信网络协议栈的一般结构和实现方法,从而掌握逻辑链路与物理链路、面向连接和面向无连接的服务、自环、数据链路层、表示会话层等数据传输中重要的概念和知识点。学有余力的学生还可通过实际编程来实现表示会话层协议,更好地体会协议实现的多样性和互操作性的概念,并获得设计层间接口的具体经验。

6.2 基本原理

6.2.1 网络的体系结构

通信网络是一个复杂的系统,网络上的两台计算机要互相传送文件,除了需要有一条传送数据的通路以外,还需要解决以下问题:

1) 发起通信的终端必须将通信的通路激活,即发出一些指令,保证要传送的计算机数据能在这条通路上被正确发送和接收。

2) 网络应能够识别接收数据的计算机终端。

3) 发起通信的计算机应当查明接收数据的计算机终端是否已准备好接收数据,并且已做好文件接收和存储的准备工作。

4) 若两个计算机的文件格式不兼容,则至少其中的一个计算机应具有格式转换功能。

5) 在数据传输出现错误时,应当有可靠的措施以保证接收数据的终端最终能够收到正确的文件等等。

由此可见,网络中相互通信的两个终端设备必须高度协调工作。这种复杂的协调问题,可以通过"分层"的方法,将庞大而复杂的问题转化为易于研究和处理的若干较小的子问题。每个子问题构成通信中的一个层,每个层由严格限定的一组规程来定义,规定各层如何操作的原则和规程就被称为协议,这就是网络的协议层次概念。

比较有影响的网络体系标准有

1) 系统网络体系结构(SNA,System Network Architecture)。这是一个按照分层的方法制定的网络标准,1974 年由美国的 IBM 公司研制。

2) 开放系统互联基本参考模型(OSI RM,OSI Reference Model)。这是国际标准化组织 ISO 提出的标准,它试图使各种计算机在世界范围内互联成网,即只要遵循 OSI 标准,一个系统就可以和位于世界上任何地方的遵循同一标准的其他任何系统进行通信。

3) TCP/IP 协议族。由于 Internet 的迅猛发展,Internet 已经成为世界上规模最大和增长最快的计算机网络,它所使用的分层次的体系结构,即 TCP/IP 协议族也就成了一个事实上的国际标准。

6.2.2 协议与体系结构

在计算机通信网络中,分层次的体系结构是最基本的概念。首先介绍层次网络体系结构的基本要素,然后介绍计算机网络的原理体系结构。OSI 模型和 TCP/IP 协议族是目前世界范围内影响最大的两个协议标准,我们以下将介绍其基本原理。

1. 分层次的网络体系结构

为了进行网络中的数据交换而建立的规则、标准或约定即称为网络协议。网络协议是通信网络不可缺少的组成部分。一个网络协议主要由以下三个要素组成:

1) 语法,即数据与控制信息的结构或格式。

2) 语义,即需要发出何种控制信息、完成何种动作以及做出何种应答。

3) 同步,即事件顺序的详细说明。

计算机网络协议是一个非常复杂的系统,采用层次式的结构,可以将复杂的单

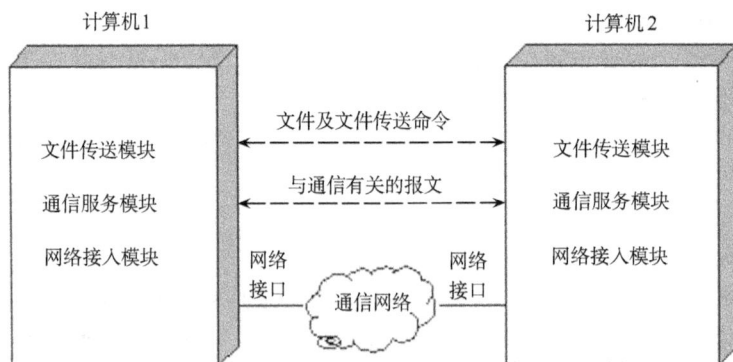

图 6.1　层次划分

个问题分解成简单的多个子问题加以解决。例如,计算机 1 和计算机 2 之间要通过一个通信网络传送文件,则可以将所要解决的问题分成三类,如图 6.1 所示。

第一类工作与传送文件直接相关,可以用一个文件传送模块来实现,所解决的问题是:① 发方文件传送应用程序对收方接收和存储文件准备工作进行确认。② 当两个计算机使用的文件格式不一样时,完成文件格式的转换。第二类工作则是保证文件和文件传送命令能可靠地在两个系统之间交换,可以用一个通信服务模块来实现。这样,上面的文件传送模块就可以利用下面的通信服务模块所提供的服务实现可靠的数据传送。第三类工作是与网络接口细节有关的工作,可以构造一个网络接入模块来完成这些工作,网络接入模块保证上面的通信服务模块能够完成可靠的通信任务。

计算机网络的各层及其协议的集合,称为网络的体系结构,也就是计算机网络及其部件所应完成的功能的精确定义。从上面的例子可以归纳出如下分层次的体系结构的特点:

1)各层之间是独立的。某一层并不需要知道它的下一层是如何实现的,而仅需知道该层通过层间接口所提供的服务。

2)当某一层发生变化时,只要层间接口关系保持不变,则它的上、下各层均不受影响。此外还可以单独对某一层进行修改甚至取消。

3)各层可以采用各自最合适的技术实现。

4)易于实现和维护。

5)易于实现标准化。

2. 计算机网络的原理体系结构

(1) 层次的划分

OSI 开放系统模型的七层体系结构较为复杂,但其概念清楚;TCP/IP 协议是一个事实上的国际标准,得到了全世界的承认,但它实际上并没有一个完整的体系结构。在学习计算机网络原理时,可以采用一种五层的原理体系结构,如图 6.2 所示,它综合了 OSI 模型和 TCP/IP 协议的优点,结构简明,概念清晰。

原理体系结构的五层由下到上分别是物理层、数据链路层、网络层、传输层和应用层。各层的主要功能介绍如下:

1)物理层。物理层的任务就是透明地传送比特流。这里的"透明"是指经实际电路传送后的比特流没有发生变化。物理层要考虑用多大的电压代表比特"1"或"0",以及当发送端发出比特"1"时,接收端如何识别这是比特"1"而不是比特"0"。

2)数据链路层。数据链路层的任务是在两个相邻节

图 6.2　原理体系结构

点间的线路上无差错地传送以"帧"为单位的数据。每一帧包括数据和必要的控制信息。在传送数据时,若接收节点检测到所接收的数据中有差错时,应当通知发端重发这一帧,直到这一帧正确无误地到达接收节点为止。在每一帧所包括的控制信息中,有同步信息、地址信息、差错控制以及流量控制信息等。通过这样的处理,数据链路层就把一条有可能出差错的实际链路,转变成让它上面的网络层向下看起来好像是一条不出差错的链路。数据传输在通信中是一个极其重要的组成部分,后面我们将对其进行重点讨论。

3) 网络层。在网络中进行通信的两个终端之间可能要经过许多个节点和链路,也可能还要经过几个不同的通过路由器互联的通信子网。在网络层,数据的传送单位是"分组"或"包"。网络层的任务是选择合适的路由,使发端的运输层所传下来的分组能够正确地按照目的地址找到目的终端,并交付给目的终端的运输层,这就是网络层的寻址功能。

4) 传输层,有时也称为传送层、运输层或转送层。在传输层,信息的传送单位是"报文"。当报文较长时,先要将其分割成若干个分组,然后交给下一层进行传输。传输层的任务是根据下面通信子网的特性最佳地利用网络资源,为上一层进行通信的两个进程之间提供一个可靠的端到端服务。

5) 应用层。应用层是原理体系结构中的最高层。应用层不仅要提供应用进程所需的信息交换和远程操作,而且还要作为互相作用的应用进程的用户代理,来完成一些为进行语义上有意义的信息交换所必须的功能。应用层直接为用户的应用进程提供服务。需要注意的是,应用层协议并不是解决用户各种具体应用的协议。

(2) 数据在各层之间的传递过程

为了更加清晰地说明原理,假设两台计算机是直接相连的,图 6.3 说明了应用进程的数据在各层之间的传递过程中所经历的变化。

假设计算机 1 的应用进程 AP_1 向计算机 2 的应用进程 AP_2 传送数据。AP_1 先将其数据交给第 5 层。第 5 层加上必要的控制信息 H_5 就变成下一层的数据单元。第 4 层收到这数据单元后,加上本层的控制信息 H_4,再交给第 3 层,成为第 3 层的数据单元。依次类推。到了第 2 层(数据链路层)后,控制信息分成两部分,分别加到本层数据单元的首部(H_2)和尾部(T_2),而第 1 层(物理层)由于是比特流的传送,所以不再加上控制信息。在对等层次上传送的,其单位都称为该层的协议数据单元 PDU。

当一串比特流经网络的物理媒体传送到目的终端时,就从第 1 层依次上升到第 5 层。每一层根据控制信息进行必要的操作,然后将控制信息剥去,将剩下的数据单元上交给更高的一层。最后,把应用进程 AP_1 发送的数据交给目的终端的应用进程 AP_2。

虽然应用进程 AP_1 的数据要经过如图 6.3 所示的复杂过程才能送到对方的

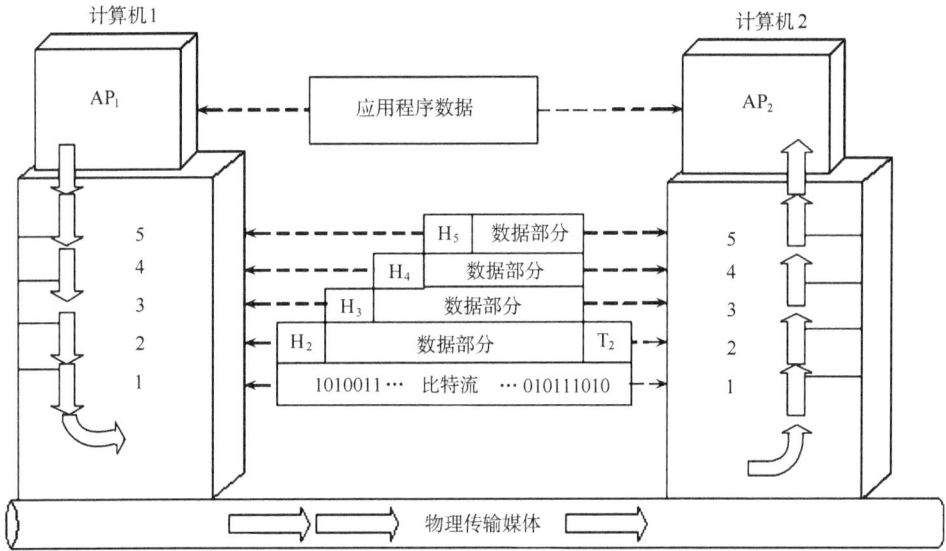

图 6.3 数据在各层之间的传递过程

应用进程 AP_2, 但这些复杂过程对用户来说, 却都被屏蔽了, 以至于应用进程 AP_1 好像是直接把数据交给了应用进程 AP_2。同理, 任何两个同样的层次之间也好像如同图 6.3 中的水平虚线所示, 将数据(即数据单元加上控制信息)通过水平虚线直接传递给对方, 这就是所谓的"对等层"之间的通信。我们以前提到的各层协议, 实际上就是在各个对等层之间传递数据时的各项规定。

3. 协议和层间接口

协议是控制两个对等实体进行通信的规则的集合。协议的语法方面的规则定义了所交换的信息的格式, 而协议的语义方面的规则定义了通信收、发端的操作。

在协议的控制下, 两个对等实体间的通信使得本层能够向上一层提供服务。要实现本层协议, 还要使用下一层所提供的服务。协议是"水平"的, 协议是控制对等实体之间通信的规则, 但服务是"垂直"的, 即服务是由下层向上层通过层间接口提供的。只有那些能够被高一层看得到的功能才能称之为"服务"。上层使用下层所提供的服务必须与下层交换一些命令, 这些命令称为服务原语。在同一系统中相邻两层的实体进行交互(即交换信息)的地方, 成为服务访问点(SAP, Service Access Point)。服务访问点是一个抽象的概念, 它实际上是一个逻辑接口。

任何相邻两层之间的关系如图 6.4 所示, 某层向上一层所提供的服务实际上已经包括它以下各层所提供的服务。所有的这些, 对上一层而言相当于一个服务提供者, 在服务提供者的上一层实体是服务用户。

在对等层次上传送的数据, 其单位都称为该层的协议数据单元 PDU, 层与层

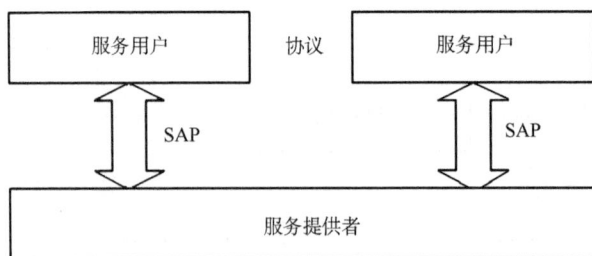

图 6.4 协议层相邻层间的关系

之间交换的数据单位称为服务数据单元(SDU,Service Data Unit)。多个 PDU 可以合成一个 SDU,多个 SDU 也可以合成一个 PDU。

由于 Internet 已得到全世界的承认,因此 TCP/IP 协议族已发展成为计算机之间最常用的组网形式。TCP/IP 是一个四层的协议系统,其分层结构如图 6.5 所示。

图 6.5 TCP/IP 协议栈

图 6.6 数据传输实验的协议层次

数据传输实验是点对点数据传输,不需要也不便于体现路由的功能,因此为了突出协议的上、下层次,数据传输实验设计了两个协议层,如图 6.6 所示,其中数据链路层分为逻辑链路控制(LLC,Logical Link Control)子层和媒体访问控制(MAC,Medium Access Control)子层。

6.2.3 计算机数据传输基本概念

1. 逻辑链路与物理链路

首先给逻辑链路与物理链路下一个定义,逻辑链路与物理链路也称为数据链路(Data Link)与链路(Link)。物理链路就是一条无源的点到点的物理线路段,中间没有任何交换节点。逻辑链路是另一个概念,当需要在一条线路上传送数据的时候,除了必需的一条物理链路外,还需要有一些必要的通信规程来控制这些数据的传输。把实现这些规程的软、硬件加到物理链路上就构成了逻辑链路。逻辑链路就像一条数字管道,可以在它上面进行数据通信。当采用复用技术时,一条物理链路上可以有多条逻辑链路。数据传输实验的数据链路层通过服务访问点实现了信道的复用。

如图 6.7 所示,在一条建立好的物理链路上可以建立多条服务访问点之间的逻辑连接,实现两个主机间多对应用之间互不干扰的数据传输,也就是说多个逻辑链路复用一个物理链路,这就是逻辑链路控制 LLC 子层的复用功能。需要注意的是一个应用可同时使用多个服务访问点,一个服务访问点在一个时间只能为一个应用服务。

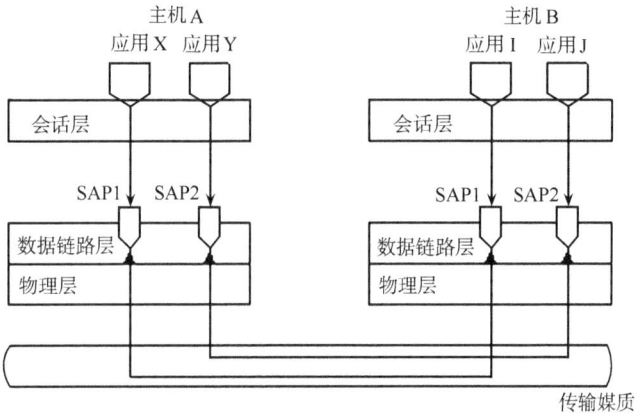

图 6.7　服务访问点及信道复用

在实际的数据通信中,一个主机中有多个上层应用需要和其他的主机上的应用进行通信,所以,数据链路层需要向上提供多个服务访问点 SAP 以向多个上层应用提供服务,如果主机 A 上的应用 X 想和主机 B 上的应用 I 进行通信,需要 A 上的 SAP1 和 B 上的 SAP1 建立连接并进行通信,主机 A 数据链路层的帧要想找到主机 B 并和它通信,就要在数据链路层的帧中加入主机 A 在网络中的源地址和主机 B 在网络中的目的地址,可见在数据传输时需要有两种地址:物理地址(标识主机)和 SAP 地址(标识服务)。物理地址由数据链路层 MAC 子层负责传输,SAP 地址由数据链路层中的 LLC 子层负责传输。

在 TCP/IP 协议栈上,TCP 层以上看到的是经过映射的物理地址和逻辑地址,分别是 IP 和端口号,在数据传输实验中,物理地址是不经过转换的,可看成是网卡地址或 IP 地址,SAP 可以看成服务的端口号。

2. 面向连接和面向无连接的服务

面向连接是指在数据交换之前必须建立连接,数据交换结束之后需要终止这个连接。面向连接的服务具有建立连接、传输数据、释放连接三个阶段。它在传送数据时是按序传送的,这一点和电路交换相似,因此它在网络层又称为虚电路服务。“虚”表示:虽然在两个服务用户的通信过程中并没有自始至终占用一条物理链路,但却好像一直占用一条这样的链路。面向连接的服务比较适合于在一定的期间内向同一目的地发送许多报文的情况。对于发送短的零星的报文,面向连接服务的开销就显得过大了。

无连接服务就是数据报服务。无连接服务不需要建立连接,不需要确认,实现简单,因而在局域网中得到广泛应用。这种服务可用于点对点通信、对所有用户发送信息的广播和只向部分用户发送信息的多播。无连接服务的优点在于灵活方便,比较迅速,但无连接不能避免报文的丢失、重复和无序。

面向连接和面向无连接的服务不是针对某一层协议,而是针对各层网络协议而言的。

数据链路层中,无连接服务实现简单,在局域网中得到了广泛应用,这时端到端的差错控制和流量控制由高层(传输层)协议提供。我们不必担心这种不确认的信息会很不可靠,这是因为局域网的传输差错概率比广域网低得多,所以在链路层不确认信息并不会引起很大麻烦。对于广播和多播通信,若要求收到数据的用户都必须发回确认帧,那么为了同时或先后传输这些确认帧,必将引发多次的冲突或者额外的开销。因此,这种不确认的无连接服务特别适合于广播和多播。例如向网络中的用户定期广播实时或有关网络管理的信息,这些都没必要让用户发回确认信息。此外,周期性地采集网络中的一些数据也特别适合于这种不确认的无连接服务。

面向连接的服务开销较大,特别适合于传送很长的数据文件。

在表示会话层中,也同样存在面向连接和面向无连接的两种服务,面向连接的服务必须首先建立会话层的连接,再进行 GET/PUT 操作,每一步操作需要收到响应才能继续,操作完成后要进行断链。面向无连接的服务可以不进行建立会话层的连接,直接进行数据传输,而且不需要数据接受方的响应。由于下层已经实现了数据的可靠传输,在会话层的面向连接,建链的作用主要是会话层的参数协商和服务类型的匹配,故在有些简单的会话中可以省去。本实验中所使用的会话层协议精简自蓝牙协议中的 OBEX 协议,蓝牙协议栈中的 OBEX 协议不支持面向无连接的服务,因此本实验设计的表示会话层也不支持无连接的服务。

一个上层应用(应用,会话)向下层(数据链路层)注册服务访问点的时候可以同时指定是否接受广播、是否加入组接受组播。组播和广播都是面向无连接的数据链路层的短数据报文(在本实验中)。面向连接的服务中,不同类型的应用(比如聊天和文件传输)之间可以建立数据链路层的逻辑连接,但是由于应用类型不同,如会话层建链协商无法成功,会话层将无法建立连接。

3. 自环与广播

多数数据链路层都支持自环接口(Loopback Interface),以允许在同一台主机上的两个应用进行通信。在实际的 TCP/IP 协议中,127.0.0.1 这个 IP 地址分配给自环接口,命名为 localhost。一个自环接口的 IP 数据报不能出现在任何的网络的物理链路之上,在本实验中,对一个物理链路用一个 16 位的 ACL_Handle 无符号

整数句柄进行标识,这个句柄对应着一个物理连接两端的物理地址。数据传输实验指定了两个特殊的句柄:

1)Loopback(0x0000)指向本机的自环链路,目的物理地址为 0x00 00 00 00 00 01。

2)BroadCast(0x00FF)广播到网络的每台主机,目的物理地址为 0xFF FF FF FF FF FF。

主机可以不进行查询建链就可以使用 Loopback 的物理链路标识,这是指向本机的自环接口。使用这个 Loopback 的 ACL_Handle 可以和本机的应用建立逻辑连接,获得的 LLC_Handle 不区分本地逻辑连接和远端逻辑连接,认为两者是一致的。数据链路层对任何自环的数据报都不真正发到物理链路上,而是直接发到数据链路层的接收函数中去。BroadCast 的 ACL_Handle(127)表示广播到网络的每台主机,由于本实验只有两台主机,故实质上就是发到对方和自己的机器上,至于对一台主机上进程的广播和组播,则由目的服务访问点 DSAP(Destination SAP)来确定。

自环的 MAC 数据包不会出现在实际的物理链路上,而是直接交给本机数据链路层的接收模块处理。广播的 MAC 数据包给所有与本机建立物理连接的主机发送一份,同时也向本机发送一份。

数据传输实验中有广播与组播这两个层次,如图 6.8 所示,虚线表示广播到主机,实线表示广播到应用。

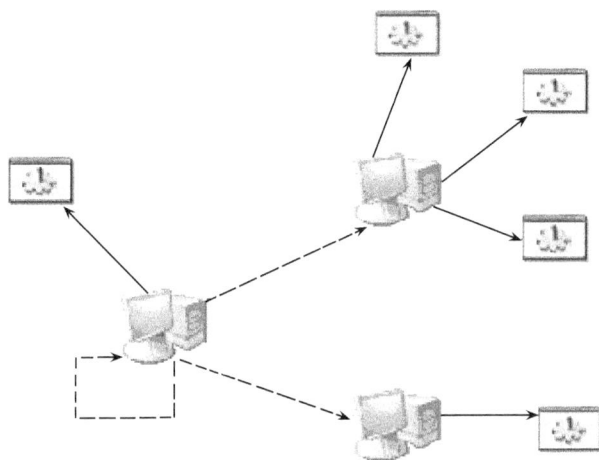

图 6.8　数据传输实验中的广播与组播

请理解:一台计算机也是一个网络;网络只是一个逻辑上的概念。

6.2.4　数据传输实验中设计的协议层

本实验实现了一个具有基本功能的通信协议栈,其中会话层协议是一个精简的 OBEX 协议,协议的实现可以有多种方式,只要遵守协议的规定和流程,不同的实现应该具有良好的互操作性。该协议栈的总体结构如图 6.9 所示。

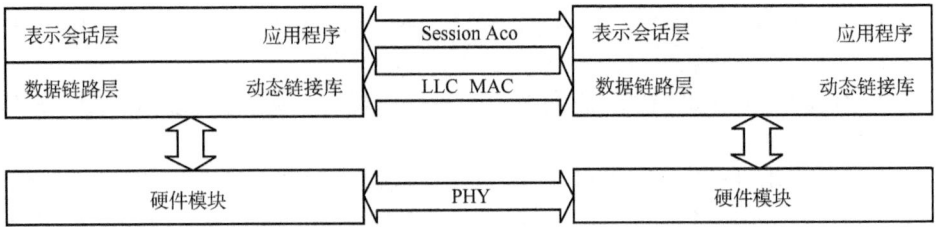

图 6.9 协议栈结构

本实验提供封装了数据链路层协议的 DLL,以及具有基本框架的上层应用程序,学生可以根据会话层的协议编程实现一个上层应用并和本实验中的程序进行通信。由于学生编写表示会话层协议程序的难度较高,本实验还提供了一个表示会话层和数据链路层之间适配层程序编写的实验内容,搭建了该适配层 Delphi 下的编译环境,并且有详细的注释,学生根据注释即可顺利地编写出适配层程序,并通过该程序的编写体会协议编写的各种基本方法和基本要素。在编写出适配层程序的基础上,感兴趣的同学可以继续完成上述表示会话层的程序编写。

1. 数据链路层

数据链路可以理解为数据通道。物理层要为终端设备间的数据通信提供传输媒体及其连接。媒体是长期的,而连接是有生存期的。在连接生存期内,收发两端可以进行不等的一次或多次数据通信。每次通信都要经过建立通信联络和拆除通信联络两个过程,这种建立起来的数据收发关系就称为数据链路。数据链路层同时负责流量控制和差错控制。数据链路层分成两个子层,一个是逻辑链路控制 LLC,另一个是媒体访问控制 MAC。

由于数据链路层实现复杂,所以只介绍其中的帧结构,如图 6.10 所示。实验只要求观察,不要求编程实现。

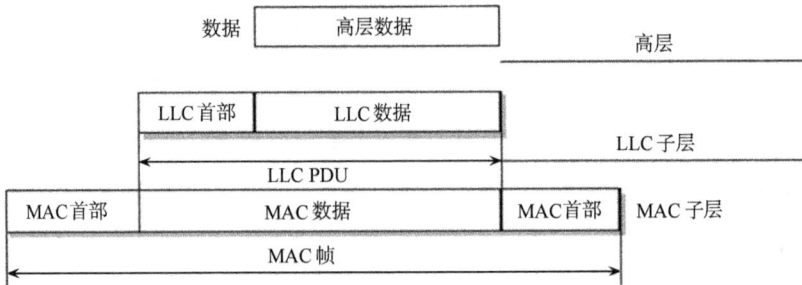

图 6.10 数据链路层 LLC PDU 和 MAC 帧

数据传输实验的数据链路层参考了高级链路控制规程(HLDLC, High Level Data Link Control)和以太网 IEEE802.3 的协议。

实验中的数据链路层负责流量控制和差错控制、信道复用以及链路管理。流量控制采取连续 ARQ(Automatic Repeat reQuest)和滑动发送窗口的机制,发送窗口定为4。数据量大的时候,每四个信息帧返回一个响应帧,减小开销。差错控制采用循环冗余校验码 CRC16(Cyclic Redundancy Code 16)。数据链路层形成 LLC PDU 和 MAC 帧。

LLC 的帧结构如图6.11所示。图中,DSAP 为目的访问点(0-127);SSAP 为源服务访问点(0-127);访问点为逻辑信道。N(S)为发送序号(0-7);N(R)为接收序号(0-7);I/G 表示组播,I 表示单个(Individual),G 表示组(Group)。当 I/G 为 0 时,DSAP 代表单个服务访问点,当 I/G 为 1 时,DSAP 代表组地址,组地址规定数据发往一组服务访问点,它只适合于不确认的无连接服务。全 1 的组地址为该主机的所有 DSAP;C/R 为 1 时表示响应帧,为 0 时表示命令帧(信息帧置0);P/F 表示询问是否带有强制性(要求对方立即回答)。

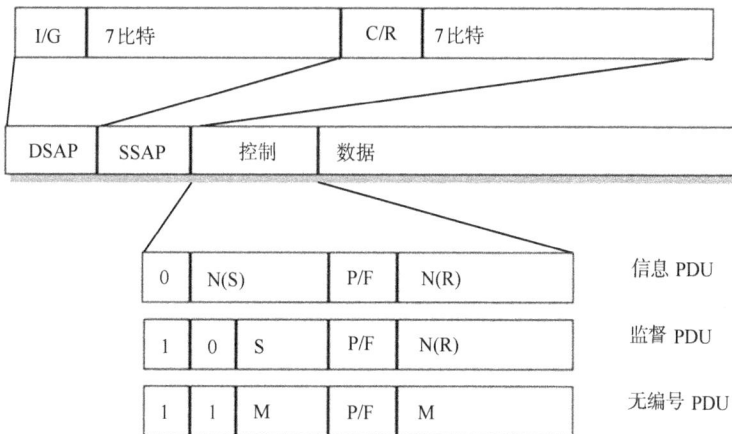

图 6.11 LLC 的帧结构

监督帧中的 S 域为 2bits 的监督帧命令,如表6.1所示。显然,监督帧起流控的作用。无编号帧中的 M 域为 5bits 命令,主要负责建链、拆链等控制作用,如表6.2所示。无编号帧负责逻辑链路的管理。

表 6.1 监督帧中的 S 域

S	帧　　名	功　　能
00	RR 准备接收	准备接收下一帧,确认 N(R)-1 及以前的帧
10	RNR 接收未就绪	暂停接收下一帧,确认 N(R)-1 及以前的帧
01	REJ 拒绝	否认 N(R)起的所有帧,确认 N(R)-1 及以前的帧
11		非连续 ARQ 使用的

表 6.2　无编号帧中的 M 域

M	功　　能
00101(0xcd)	建逻辑链路
00111(0xc7)	响应建逻辑链路(成功)
00110(0xc6)	响应建逻辑链路(不成功)
00001(0xc9)	拆逻辑链路
00010(0xc2)	响应拆逻辑链路(成功)
00011(0xc3)	响应拆逻辑链路(不成功)

以太网的封装格式如图 6.12 所示。目的地址和源地址都是六个字节,表示本机和目的机的蓝牙模块为 48 位物理地址。长度是指 LLC 层打成的包的长度。CRC32 由两个字节构成,校验区间是 CRC 以前的整个以太网帧。

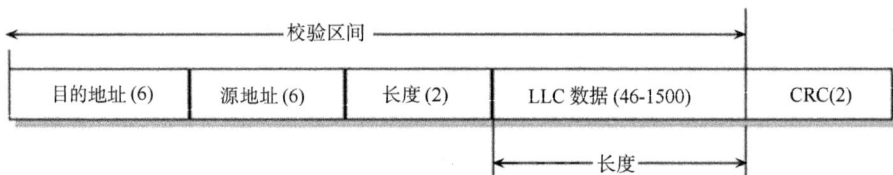

图 6.12　MAC 的帧格式

流量控制采用连续 ARQ 协议,数据传输中流量控制停止-等待协议和连续 ARQ 原理参看第 8 章通信传输的有效性和可靠性分析的基本原理部分。

(1) 滑动窗口

在使用连续 ARQ 协议时,如果发送端一直没有收到对方的确认信息,那么实际上发送端并不能无限制地发送数据帧,这是因为当未被确认的数据帧的数目太多时,只要有一帧出了差错,就可能要有很多的数据帧需要重传,增大了系统开销;另一方面,为了对所发送的大量数据帧进行序号的编排,也要占用较多的序号比特数。为了解决这个问题,就要用到滑动窗口的概念,对未被确认的数据帧的数目加以限制。

在停止等待协议中,发送序号循环使用 0、1 序号;在连续 ARQ 协议中,也可以循环使用已收到确认的那些帧的序号,这样只需要在控制信息中采用少量的比特数就可以对序号进行编排,当然要实现这一功能还必须加入适当的控制机制,即在发端和收端分别设置发送窗口和接收窗口。

发送窗口用于对发端进行流量控制,发送窗口的大小 WT 表示在未收到对方确认信息情况下,发端可以发送的数据帧的最大数目。如图 6.13 所示,设发送序号用 3bits 编码,即发送序号可以有 0~7 共八个不同的序号,设 WT=5,则发端最多可以发送五个数据帧。在发送窗口内的序号数据帧就是发端现在可以发送的帧,如图 6.13(a)所示,若发端发完了 0~4 号帧,但仍未到确认帧,则由于窗口

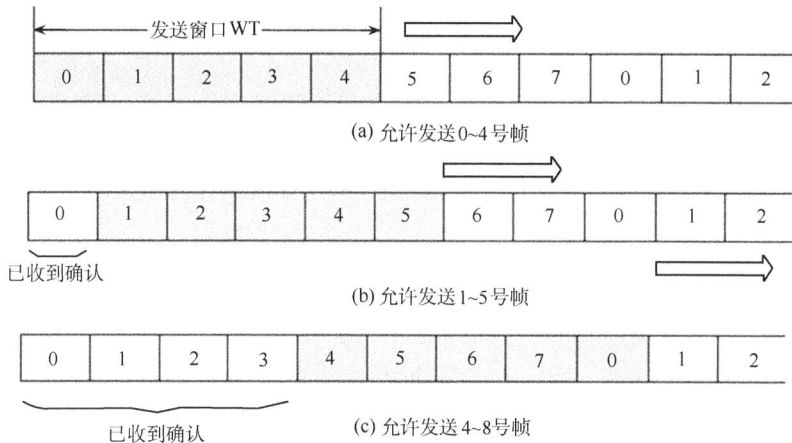

(a) 允许发送0~4号帧

(b) 允许发送1~5号帧

(c) 允许发送4~8号帧

图 6.13　连续 ARQ 中的滑动窗口

已填满,必须停止发送而进入等待状态。当收到 0 号帧的确认信息后,发送窗口就可以向前移动 1 位,如图 6.13(b)所示,5 号帧落入窗口内,因此发端可以发送 5 号帧。依次类推,随着确认帧的陆续到达,发送窗口逐渐滑动,落入窗口内的数据帧依次被发送。

2. 表示会话层

会话层提供的服务可建立应用和维持会话,并能使会话获得同步。表示层的作用是为异种机通信提供一种公共语言,以便能进行互操作。数据传输实验设计的表示会话层精简自无线通信中常用的 OBEX。对象交换协议 OBEX 是一种紧凑、高效的二进制协议,它的功能类似于 HTTP 协议,它使用对象这种思想把各种上层应用所要交换的数据封装成统一的格式。它可以支持同步、文件传输及对象推入等类型的应用。

OBEX 协议本身分为两部分:数据对象模型和会话协议。对象模型包括了将要传输的数据对象的各种信息以及数据对象本身。会话协议规定了设备间的数据传输过程,OBEX 使用基于二进制包结构的客户机/服务器模式作为该过程的模型。

数据传输实验的表示会话层是一个简化的 OBEX 协议。经过精简的 OBEX 协议实现起来很简单,本实验要求学生能够编程实现该协议,故给出其详细的实现状态机以及对协议数据包的详细举例分析。

（1）数据对象

OBEX 协议中使用的数据包的格式如表 6.3 所示,其中操作符和响应码指明了包的类型,将在下一小节中给出具体的说明。

表 6.3　OBEX 的数据包格式

Byte 0	Byte 1,2	Byte 3 ~ n
操作符/响应码	包长度	信息头

OBEX 所指的对象是一个抽象的概念,任何数据都可以称为对象,数据对象由一系列信息头组成,信息头如表 6.3 所示,封装在数据包的 Byte 3 之后的信息头域中。每一个信息头都描述了数据对象的某一属性,如名称、长度、类型以及对象本身。OBEX 定义了所有信息头的通用格式,即 <hi,hv>,其中 hi 由无符号单字节表示,hv 是由 hi 指定的不同格式的信息数据。OBEX 定义了一些非常常用而且紧凑的信息头集合,同时它也定义了 HTTP 的信息头和用户自定义的信息头。hi 由两部分组成,如图 6.14 所示。

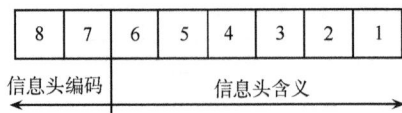

8	7	6	5	4	3	2	1

信息头编码　　信息头含义

图 6.14　信息头的组成

信息头的编码表示如表 6.4 所示。hi 的低六位表示了信息头的具体意义,并且 OBEX 定义了 16 种具有明确含义的信息头。

表 6.4　信息头的编码表示

hi 的 bit8,7	含　义
00	以 0x00、0x00 结尾的 Unicode 文本,前面缀以两字节的长度
01	字节流,前面缀以两字节的长度
10	单字节
11	四字节(按照网络顺序发送,即高位字节在先)

本实验使用了六种信息头,如表 6.5 所示。

表 6.5　六种信息头

hi	名　称	用　途
0xC3	Length	在传输数据的第一个包里表示数据大致的长度
0x01	Name	文件传输的文件名
0x42	Type	表明建立会话层连接的类型,在本实验中有两种 Type,一个是聊天,一个是文件传输
0x48	Body	文件对象的一段
0x49	End of Body	文件对象的最后一段 上两个信息头包含真正的传输内容(如一个文件)。OBEX 支持分块的 Chunked 传输,也就是将数据分成小块依次发送,并以 End-of-Body 表示数据块的结束
0x05	Description Text	描述性文本

下面分别对这六种信息头举例说明(表 6.6~表 6.11):

表 6.6　Length 的例子

hi	hv
0xC3	0x00001000

注:hi=0xC3,即 11000011,首两位为 11,意味着 hv 为四字节数据;hv=0x00001000,即意味着数据对象的长度为 4K 字节。

表 6.7　Name 的例子

hi		hv
0x01	0x000F	(31, 00, 2E, 00, 68, 00, 74, 00, 6D, 00, 00, 00)

注:hi=0x01,即 00000001,首两位为 00,意味着 hv 为缀以两字节长度的 UniCode 码;长度为 0x000F,意味着信息头长为 15 字节;该 UniCode 码流的意思为"1.htm",意味着传送的文件名为"1.htm"。

表 6.8　Type 的例子

hi		hv
0x42	0x000C	(54, 54, 50, 2F, 46, 49, 4C, 45, 00)

注:hi=0x42,即 01000010,首两位为 01,意味着 hv 为缀以两字节长度的字节;流长度为 0x000C,意味着信息头长为 12 字节;字节流为 ASCII 码,上述字节流意味着字符串"TTP/FILE"。

表 6.9　Body 的例子

hi		hv
0x48	0x00FD	…

注:hi=0x48,长度为 0x00FD,意味着信息头长为 253 字节;字节流即为数据对象。

表 6.10　End of Body 的例子

hi		hv
0x49	0x00FD	…

注:hi=0x49,长度为 0x00FD,意味着信息头长为 253 字节,结束位置为最后一个数据包;字节流即为数据对象。

表 6.11　Description Text 的例子

hi		hv
0x05	0x000F	…

注:hi=0x05,即 00000101,首两位为 00,意味着 hv 为缀以两字节长度的 UniCode 码;长度为 0x000F,意味着信息头长为 15 字节。

　　需要注意的是,Description text 和 Name 是以 0x0000 结尾的 Unicode 编码的方式,Type、Body、End of Body 是以 0x00 为结尾的普通的字符串(UniCode 为两字节表示的字符)。

　　(2)会话协议

　　会话协议定义了 OBEX 服务器和客户端对话机制的基本结构,包括对话的格式和一个定义了明确含义的命令集。

服务端与客户端表明了建立连接双方的身份,所有的数据请求信息均由客户端完成,服务端仅做出对数据交换请求的同意或否定的响应。

OBEX 数据传输过程属于半双工操作,它通常由一系列的请求-响应对组成,客户机发出请求,服务器给予响应,也就是说会话层的交互是停止-等待的。客户端发出一个请求,就进入等待状态,直到服务器端发出响应,再进行下一步操作。

每个请求数据包由一个单字节的操作码、一个双字节的包长度指示和一系列可选的或必须的信息头组成。类似地,每个响应数据包由一个单字节的响应码、一个双字节的包长度指示和一系列可选的或必须的信息头组成。

OBEX 请求和响应包的格式基本相同,如表 6.12 所示。

表 6.12

Byte 0	Byte 1,2	Byte 3 ~n
操作符/响应码	包长度	信息头或请求数据/响应数据

OBEX 定义了六种标准请求操作符,本实验使用三种,如表 6.13 所示。

表 6.13

操作符	类　型	含　义
0x80(结束位置1)	CONNECT	发起连接,建立必要的链路信息
0x81(结束位置1)	DISCONNECT	会话结束
0x02(0x82)	PUT	发送数据对象

OBEX 的响应码兼容了 HTTP 的响应码,本实验使用了三个,如表 6.14 所示。

表 6.14

响应码	类　型	含　义
0x90	CONTINUE	要求继续
0xA0	OK, SUCCESS	表示成功
0xD1	NOT IMPLEMENTED	服务未实现

Connect 操作的请求和响应包格式如表 6.15 所示。

表 6.15

Byte 0	Byte 1,2	Byte 3	Byte 4	Byte 5,6	Byte 7~n
0x80 / 响应码	包长	OBEX 版本号	标志	最大的 OBEX 包长	可选的信息头

以下是本实验会话层建立连接的流程：

Client Request：

Opcode	Meaning
0x80	CONNECT. Final bit set
0x0011	packet length = 17
0x10	version 1.0 of OBEX
0x00	flags, all zero for this version of OBEX
0x2000	8K is the max OBEX packet size client can accept
0x42	TYPE
0x0c	12bytes
0x…	TTP/FILE

Server Response：

response code

0xA0	SUCCESS, Final bit set
0x0007	packet length of 7
0x10	version 1.0 of OBEX
0x00	Flags
0x0400	1K max packet size

若文件应用向聊天应用发起连接请求，当建立连接不成功时，会收到如下响应：

Server Response：

response code

0xD1	NOT IMPLEMENTED, Final bit set
0x0003	packet length of 3

DISCONNECT 操作如表 6.16 所示。

表 6.16

Byte 0	Byte 1,2	Byte 3	Byte 4	Byte 5,6	Byte 7~n
0x80/0xA0	包长	OBEX 版本号	标志	最大的 OBEX 包长	可选的信息头

PUT 操作如表 6.17 所示。PUT 操作用于客户端向服务端发送数据对象，该

操作可以由一个或多个请求包组成,最后的一个请求包的结束位置1。PUT 包可以包含 Name、Type、Description、Length 等信息头,OBEX 协议建议在 Body 之前提供一些描述数据对象的信息头,以便于接收方得到足够的信息后进行处理。如果使用 Name 信息头,必须将其置于 Body 之前。

表 6.17

Byte 0	Byte 1,2	Byte 3~n
0x02 或 0x82	包长	信息头序列
0x90(继续) 0xa0(成功)	包长	可选的信息头序列

下面是一个 PUT 操作的流程:

Client Request:

opcode	Meaning
0x02	PUT, Final bit not set
0x0422	1058 bytes is length of packet
0x01	HI for Name header
0x0017	Length of Name header (Unicode is 2 bytes per char)
JUMAR. TXT	name of object, null terminated Unicode
0xC3	HI for Length header
0x00001000	Length of object is 4K bytes
0x48	HI for Object Body chunk header
0x0403	Length of Body header (1K) plus HI and header length
0x...	1K bytes of body

Server Response:

response code	
0x90	CONTINUE, Final bit set
0x0003	length of response packet

Client Request:

opcode	
0x02	PUT, Final bit not set
0x0406	1030 bytes is length of packet
0x48	HI for Object Body chunk
0x0403	Length of Body header (1K) plus HI and header length
0x...	next 1K bytes of body

Server Response:

response code

| 0x90 | CONTINUE, Final bit set |
| 0x0003 | length of response packet |

Another packet containing the next chunk of body is sent, and finally we arrive at the last packet, which has the Final bit set.

Client Request:

opcode

0x82	PUT, Final bit set
0x0406	1030 bytes is length of packet
0x49	HI for End-of-Body chunk
0x0403	Length of header (1K) plus HI and header length
0x...	last 1K bytes of body

Server Response:

response code

| 0xA0 | SUCCESS, Final bit set |
| 0x0003 | length of response packet |

下面介绍数据传输实验所采用的会话层协议的状态机,由于会话层建立在可靠的传输层之上,故不考虑超时丢包的问题。为帮助学生理解,后面将给出实验中实现 OBEX 协议的状态定义和状态转移表(表 6.18~表 6.19),以供参考。具体状态机理论可参见离散数学或其他相关教材。

本实验采用的简化 OBEX 协议,可以描述为这样一个有限状态机:拥有 8 个状态,15 个事件,8 个动作。具体的状态、事件、动作的描述见下文,虽然本状态机的状态、事件、动作较多,但是因为基于停止-等待机制,所以状态的转移并不复杂。

1) 状态。

INITIAL:初始化状态,状态机的初始状态。

LLC_OK:逻辑链路准备就绪状态,表明下层已经做好传输数据的准备。

READY:会话层准备就绪状态,表明已经建立会话层连接,可以进行数据的传送或接受。

W4RESPONSE_CONNECT:客户端发出会话层建链请求后,等待对建链请求响应的状态。

W4RESPONSE_DISCONNECT:客户端发出会话层断链请求后,等待对断链请求响应的状态。

W4_PUT:服务端在连续收到 Put 请求时的等待状态。

W4RESPONSE_PUT:客户端在连续 Put 数据时等待对 Put 响应的状态。

2) 事件。

EV_CONNECT:应用层面有数据发送,要求建链。

EV_DISCONNECT:应用层面数据发送完成,要求断链。

EV_PK_FROM_UP:客户端应用层面传下需要发送的数据对象。

EV_LLC_OK:收到数据链路层建链完毕、准备就绪的信号。

EV_LLC_DOWN:收到数据链路层断链的信号。

EV_CONNECT_REQ:服务端收到对等方会话层的建链请求 Connect_Req。

EV_DISCONNECT_REQ:服务端收到对等方会话层的拆链请求 DisConnect_Req。

EV_NOT_ACCEPT:服务端收到不可接受的请求。

EV_PUT_REQ:服务端收到对等方会话层包含数据对象传来的 Put 请求包。

EV_PUT_REQ*:服务端收到对等方会话层包含数据对象传来的最后一个 Put 请求包。

EV_SUCCESS:客户端收到对等方会话层对上一个请求的成功响应。

EV_CONTINUE:客户端连续传送 Put 请求时,收到对等方会话层的确认信息要求继续发送。

EV_NOT_IMPLEMENT:客户端接收到服务端对上一个请求的未操作响应。

3) 动作。

CONNECT:客户端发出会话层建链请求 Connect_Req。

DISCONNECT:客户端发出会话层断链请求 DisConnect_Req。

TLU(This-Layer-Up):会话层收到可接收的 Connect_Req 或对 Connect_Req 的响应,会话层已准备好。

TLU(This-Layer-Down):会话层收到可接收的 DisConnect_Req 或对 DisConnect_Req 的响应,会话层断链。

PUT:客户端发出包含上层数据对象的会话层数据请求包(Put 包),包含 Body 信息头。

PUT*:客户端发出包含上层数据对象的最后一个会话层数据请求包,包含 End Of Body 信息头。

SUCCESS:服务端发出对上一个请求包的成功接受并处理的响应。

CONTINUE:服务端在连续接收到 Put 请求包时的确认包,要求客户端继续发送包含数据对象的 Put 包。

NOTIMPLEMENT:服务端或客户端接收到无效事件,返回未执行请求的响应。

4) 状态转移表。

状态转移表如表 6.18~表 6.19 所示,其中横坐标表示状态,纵坐标表示发生的事件,表格内容表示发出的动作/下一状态。表格的空白部分由实验者根据实验软件教学界面上的状态转移图、状态转移说明以及自己对协议的理解对状态转移表(标准答案见本章附录)进行补充,最后填写完成。

表 6.18 客户端状态转移表

	0	1	2	3	4	5	6
	INITIAL	LLC_OK	READY	W4R_P	W4R_C	W4R_D	W4R_A
EV_CONNECT	—	CONNECT/4	—	—	—	—	—
EV_DISCONNECT	—	—	DIS-CONNECT/5	—	—	—	—
EV_ABORT	—						
EV_PK_FROM_UP	—	—	PUT/3	—	—	—	—
EV_LLC_OK	1						
EV_LLC_DOWN	—	0	0	0	—	—	—
EV_CONNECT_REQ	—	IMPOSS-IBLE	NI	NI	NI	NI	NI
EV_DISCONNECT_REQ	—	NI	NI	NI	NI	NI	NI
EV_PUT_REQ	—	NI	NI	NI	NI	NI	NI
EV_PUT_REQ*	—	NI	NI	NI	NI	NI	NI
EV_ABORT_REQ	—	NI	NI	NI	NI	NI	NI
EV_NOT_ACCEPT	—	NI	NI	NI	NI	NI	NI
EV_SUCCESS	—			2			
EV_CONTINUE	—				—	—	
EV_NOT_IMPLEMENT	—			2	1		

表 6.19 服务端状态转移表

	0	1	2	3
	INITIAL	LLC_OK	READY	W4_P
EV_CONNECT	—	IMPOSSIBLE	—	
EV_DISCONNECT	—	—	—	—
EV_ABORT	—	—	—	—
EV_PK_FROM_UP	—	—	—	—
EV_LLC_OK	1	—	—	—
EV_LLC_DOWN	—	0	0	0
EV_CONNECT_REQ	—		NI	NI
EV_DISCONNECT_REQ	—	NI		NI
EV_PUT_REQ	—	NI		
EV_PUT_REQ*	—	NI		
EV_ABORT_REQ	—	NI	NI	
EV_NOT_ACCEPT	—	NI	NI	NI
EV_SUCCESS	—	—	—	—
EV_CONTINUE	—	—	—	—
EV_NOT_IMPLEMENT	—	—	—	—

说明：表 6.18、表 6.19 中

NI = NotImplement

W4_P = W4_PUT

W4R_P = W4RESPONSE_PUT

W4R_C = W4RESPONSE_CONNECT

W4R_D = W4RESPONSE_DISCONNECT

W4R_A = W4RESPONSE_ABORT

6.3　实验设备与软件环境

本实验每两台 PC 机为一组,每台 PC 机软、硬件配置相同。

硬件:PC 机,带串口的蓝牙模块(建议为 SEMIT TTP 6602),串口电缆、电源。

软件:Windows 2000 Professional 操作系统,TTP 数据传输实验软件。

整体结构如图 6.15 所示。

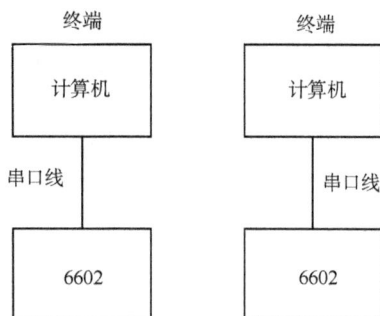

图 6.15　实验设备

6.4　实 验 内 容

6.4.1　协议体系结构

为了突出协议的上、下层次,数据传输实验设计了两个协议层,其中数据链路层分为逻辑链路控制 LLC 子层和媒体访问控制 MAC 子层。

通过数据传输实验,学生可以观察表示会话层、数据链路层的帧格式,分析数据传输的建链、鉴权、数据传输、断链的整个流程。为了能更好地体现物理信道和逻辑信道的概念,实验设计了两类简单的应用,即聊天和文件传输,先建物理链路 ACL,然后可以启动应用(两种应用总共可以启动四个,也就是四个逻辑信道复用一条物理信道),两类应用能够通过同一条物理链路互不干扰地同时进行数据传输。

6.4.2 表示会话层

会话协议规定了设备间的数据传输过程,OBEX 使用基于二进制包结构的客户机/服务器模式作为该过程的模型。数据传输实验的表示会话层可以说是一个简化的 OBEX 协议。学生可以在实验软件上观察到每一步上层应用程序的操作所引发的 OBEX 状态的变化、收发的 PDU 结构、信息头的分析和 OBEX 层的流程。学生还可以通过改变会话层的 MRU(Max-Received-Unit)来观察会话层状态机的运行变化以及对下层的影响。

6.4.3 数据链路层

数据传输实验的数据链路层参考了高级链路控制规程 HDLC 和以太网 IEEE802.3 的协议。在进行上层数据传输的时候(面向连接的 OBEX 和面向无连接的组播、广播)可以看到 LLC 子层和 MAC 子层的通信流程和帧格式。同时,各层的流量统计都显示在实验软件的主界面上。在自环方式下,可以看到 MAC 层的帧,但不会有 MAC 层帧的流量统计,这是因为数据没有真正发送到物理信道上。

文件传输中如果文件比较大,将可以看出数据链路层连续 ARQ 和停止-等待帧发送顺序上的差异,而在数据量小的聊天应用,这两种流控机制是体现不出来的。

6.4.4 面向连接与面向无连接的服务

如前所述,面向连接的服务是在数据交换之前,必须先建立连接,当数据交换结束后,则应终止这个连接。面向连接的服务具有建立连接、传输数据和释放连接三个阶段,在传送数据时是按序传送的。面向连接的服务适合于在一定期间内要向同一目的地发送大量报文的情况。

面向无连接的服务,两个实体之间的通信不需要先建立好一个连接,因此其下层的有关资源不需要事先预定保留,这些资源可以在数据传输时动态地分配。无连接服务不要求通信的两个实体同时处于激活状态,它的优点是灵活方便和比较迅速,但是面向无连接的服务不能防止报文的丢失、重复或失序。面向无连接的服务适用于传送少量的报文时的情况。

6.4.5 自环与广播

自环接口允许在同一台主机上的两个应用进行通信。自环的 MAC 数据包不会出现在实际的物理链路上,而是直接交给本机数据链路层的接收模块处理。广播的 MAC 数据包给所有的与本机建立物理连接的主机发送一份,同时也向本机发送一份。

6.5 实 验 步 骤

1. 实验主界面

开始实验之前首先介绍一下如图 6.16 所示的实验主界面。

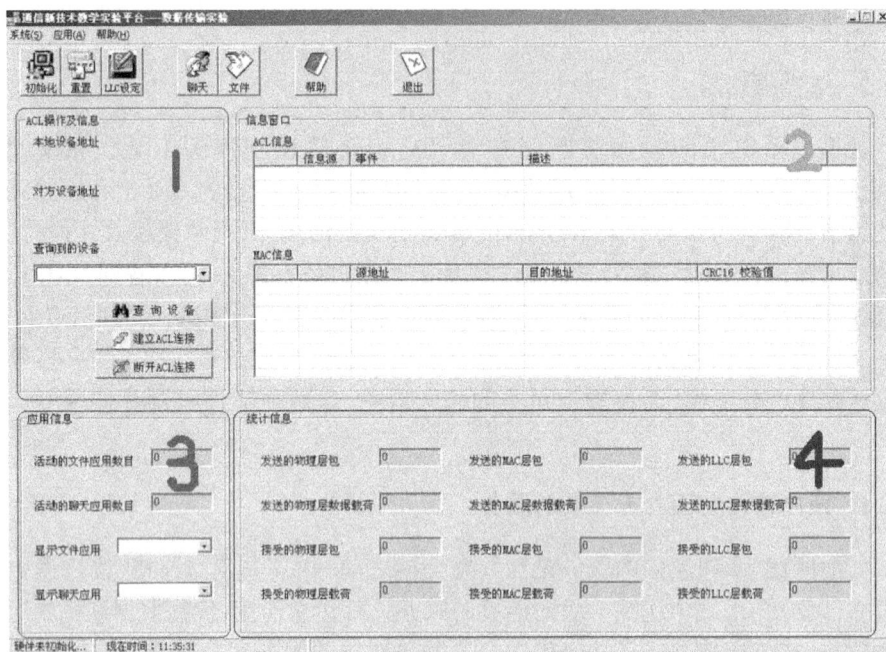

图 6.16 实验主界面

主界面主要分成五部分：

（1）ACL 操作及信息

本地设备地址：显示初始化后本地主机的地址。

对方设备地址：显示与本地主机建立物理链路 ACL 连接的对方设备的地址。

查询到的设备：下拉菜单中显示查询到的周围设备的地址。

查询设备：点击此按钮将启动蓝牙设备查询周围的设备。

建立 ACL 连接：选择一个设备后点击此按钮，建立物理链路 ACL 连接。

（2）信息窗口

ACL 信息：显示物理链路 ACL 的状态，如初始化、建链、断链信息等。

MAC 信息：显示数据链路层媒体访问控制子层 MAC 的帧格式。

（3）应用信息

显示活动的文件应用(或聊天应用)数目,并从下拉菜单中选择两种应用的子界面。

(4) 统计信息

显示数据传输过程中物理层和数据链路层的统计信息。

2. 聊天应用界面

聊天应用界面如图 6.17 所示。聊天应用子界面主要分成五部分:

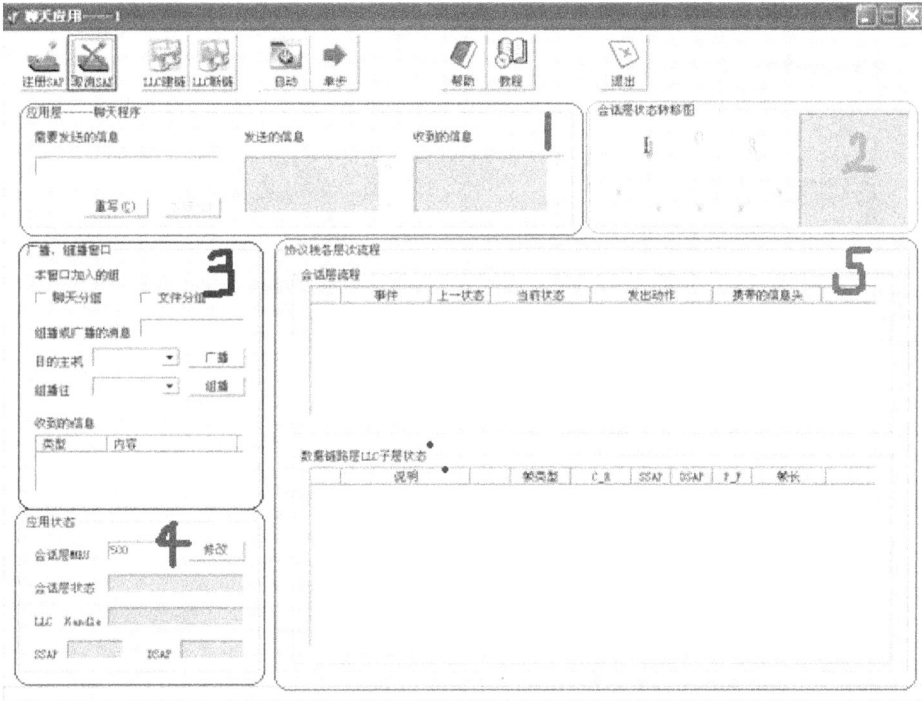

图 6.17　聊天应用界面

(1) 应用层聊天程序

输入需要发送的信息,显示收到的信息。

(2) 会话层状态转移图

显示数据传输过程中会话层的各种状态,若选择单步执行,可观察到每一步上层应用程序的操作所引发的 OBEX 状态的变化。

(3) 广播、组播窗口

本窗口加入的组:选择该应用窗口加入的分组类型。

组播或广播的消息:输入传输消息内容。

目的主机:消息发送到本地主机或是远端。

（4）应用状态

会话层 MRU：修改所接收的对方会话层数据包中所封装的上层应用数据包的大小。

会话层状态：是否连接。

LLC Handle：链路 LLC 句柄。

SSAP：显示源服务访问点。

DSAP：显示目的访问点。

（5）协议栈各层次流程

会话层流程：对状态转移图的具体解释，可以点击观看会话层详细的帧格式。

数据链路层 LLC 子层状态：显示 LLC 发出/接收帧的状态。

3. 文件应用界面

文件应用界面如图 6.18 所示。文件应用界面主要分成五部分：

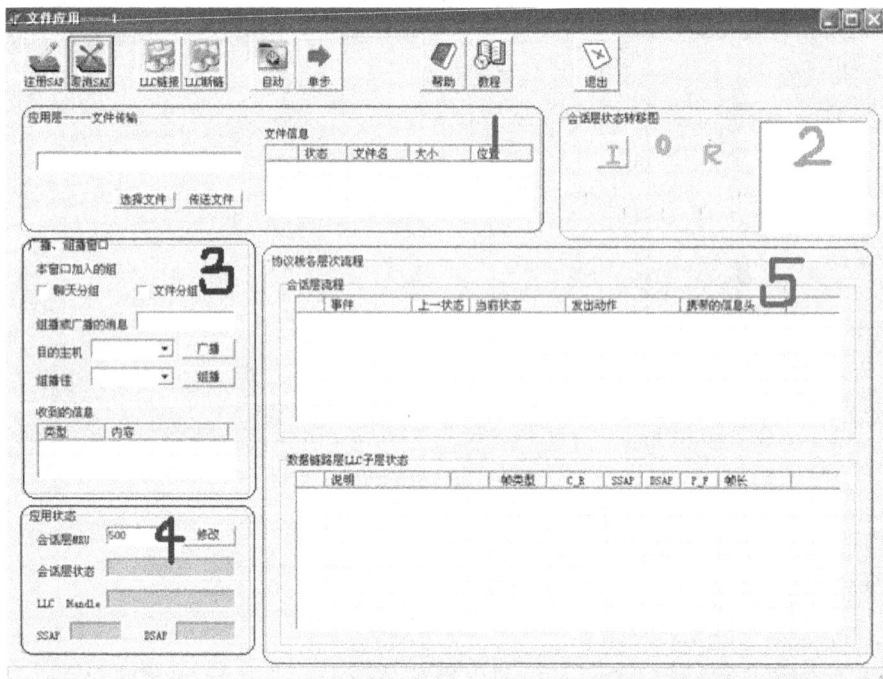

图 6.18　文件应用界面

（1）应用层文件传输

选择传输的文件，显示文件传输状态。

（2）会话层状态转移图

显示数据传输过程中会话层的各种状态,若选择单步执行,可观察到每一步上层应用程序的操作,进而观察 OBEX 状态的变化。

(3) 广播、组播窗口及应用状态

本窗口加入的组:选择该应用窗口加入的分组类型。

组播或广播的消息:输入传输消息内容。

目的主机:消息发送到本地主机或是远端。

(4) 应用状态

会话层 MRU:修改所接收的对方会话层数据包中所封装的上层应用数据包的大小。

会话层状态:是否连接。

LLC Handle:链路 LLC 句柄。

SSAP:显示源服务访问点。

DSAP:显示目的访问点。

(5) 协议栈各层次流程

会话层流程:对状态转移图的具体解释,可以点击观看会话层详细的帧格式。

数据链路层 LLC 子层状态:显示 LLC 发出/接收帧的状态。

6.5.1 面向连接的操作

(1) 建立物理链路

启动协议栈,查询,建链(主程序获得 ACLhandle = 1)。

(2) 注册服务访问点,注册组播组

点击主界面的"聊天"或"文件"按钮,启动一个应用。注册服务访问点 8~15,可以选择注册加入应用组 1 或应用组 2,可以都加入,也可以都不加入。注册的服务访问点只有取消注册后才能更改,组播的应用组随时可以更改。应用注册后获得数据链路层分配的一个 ComponetID 和一个服务访问点 SAP 号。

(3) 建立数据链路层连接

点击应用上的"LLC 建链",选择 ACLhandle 为建好链的物理链路,也就是"远端"。应用获得数据链路层分配的一个 LLC_Handle。

(4) 建立表示会话层连接,进行数据传输(聊天,文件传输),断开表示会话层连接

在完成数据链路层连接后,实际上可以直接发送数据,但实验中的会话层要求先建立连接,目的是为了协商参数(会话层最大传输包长度)和应用类型匹配(聊天和文件传输无法建立会话层连接,但可以建立数据链路层的连接)。学生可以尝试在不同应用之间建立会话层连接,观察会话层状态机的运行。

出于对实验时间角度的考虑,在文件应用中学生可以传输的最大文件长度为 100kB。

在聊天应用和文件应用中,学生可以改变会话层 MRU,观察发送相同的聊天信息或数据时,会话层和数据链路层的状态转移的不同之处。

实验中为了方便起见,直接在聊天应用的"发送"按钮和文件传输应用的"文件传送"按钮中实现了会话层的 CONNECT、PUT、DISCONNECT 等几个步骤,也就是按下按钮就实现了会话层的整个数据传输流程。学生可以选择"自动"或"单步"方式,连续或分步执行 OBEX 的操作,并可以观察 OBEX 的帧格式。在自环方式下可以看到 MAC 层的帧,但不会有 MAC 层帧的流量统计,这是因为数据没有真正发送到物理信道上。同时,各层的流量统计都显示在实验软件的主界面上。

(5) 断开数据链路层连接

(6) 注销已注册加入的组播分组和服务访问点

以上第 3~6 步,每一步结束后要注意观察应用上的会话层、LLC 层、主界面上的 MAC 层的流程和帧结构的变化,以及整个模拟的网络上各层的流量。在操作过程中注意体会协议的层次概念、表示会话层、数据传输层和数据传输的流量控制等实验内容。

本实验支持一对聊天和一对文件应用同时传输,或两对文件应用同时传输。

6.5.2 面向无连接的操作

1) 建立物理链路。

2) 注册服务访问点,注册组播组。

3) 向本地主机、对方主机或全网络广播、组播数据链路层的帧,如网络信息。

在发送无连接数据时需要选择两个目的地址:① 目的主机:本地、远端、主机广播。② 目的应用:组播组 1、组播组 2、组播组 1 和组播组 2、应用广播。这两个地址分别对应数据链路层帧的目的物理地址和目的服务访问点子段。

4) 在面向连接的操作中,只要注册的服务访问点存在,就可以进行面向无连接的操作。

可以向对方主机或全网络广播、组播数据链路层的数据帧。

本实验中广播组播的数据链路层帧以信息的形式体现。

由于无连接时传送数据包不需要响应,因此无连接的信息在本实验中被限制在 15 字节以内。

注意体会面向无连接的操作所发送的信息与面向连接的操作的聊天应用的区别。

6.5.3 自环

与 6.5.1 节面向连接的操作类似:

1) 建立物理链路(可以省略)。

2) 注册服务访问点,注册组播组。

3）建立数据链路层连接,点击应用上的"LLC 建链",选择目的主机为"本地"。

学生可以在一台机器上的两个应用间建链,进行数据传输。在自环方式下,可以看到 MAC 层的帧,但不会有 MAC 层帧的流量统计,因为数据不真正发到物理信道上。

学生在理解实验原理的基础上观察操作的结果:流程和帧结构。

6.5.4 软件编程(可选)

1. 尝试编写负责拆包组包适配层的程序

提示:由于数据链路层提供的 MTU 只有 250 个字节,故上层应用程序如果要一次传输更长的数据包,需要自行拆包组包。本实验的组包和拆包方法基于蓝牙协议:将每一个 OBEX 待传输的数据包拆分成长度小于 250 字节的包,最后一个包的包头添加 80,其他包的包头添加 00(也就是每个包包括一个字节的标志域和最多 249 个字节的数据域)。如果数据包本身长度小于 249 字节,包头则添加 80。然后把这些分组依次发送。接收端收到第一个字节是 00 的分组就等待,将后续的分组添加在后面(去掉 00),直到等到第一个字节是 80 的分组,然后将整个 PDU 提交给会话层。这个方法实现简单,冗余与数据内容无关。

将安装目录下的 Adaptor_Dll 目录复制到学生新建的目录下,使用 Delphi 打开目录里的 Adaptor 工程,工程文件里有对适配层原理及编程的详细说明。

编写好 Adaptor_Dll 后,可以调用该目录下的 DataTransfer.exe 进行调试。

2. 尝试编写具有 OBEX 会话协议的应用程序

编写的具有 OBEX 会话协议的应用程序,应当能与实验提供的软件中的 OBEX 协议进行对话,并可用于无线的文件传输应用。

编写 OBEX 会话协议可参看本章实验原理中提供的状态转移图,以及本实验提供的参考 OBEX 协议的 Delphi 和 C 代码。

(实验提供硬件模块、数据链路层 DLL 和上层应用程序框架,要求学生在这个框架程序里添加表示会话层的协议。)

6.6 预 习 要 求

1）了解网络协议分层的基本概念。
2）了解 OSI 模型和 TCP/IP 模型的基本结构和各自的优缺点。

6.7　实验报告要求

1) 在会话层连续发送大量数据和发送少量数据的时候,分别观察数据链路层 LLC 子层的连续 ARQ 协议在发送流程上的区别。考虑增多滑动窗的窗口数或减少滑动窗的窗口数对系统性能的影响,考虑增加或减少窗口的意义及其应用场合。本实验数据链路层帧的编号为 0~7(八个一组编号),发送和接受窗口大小可以定为 1~7。

2) 在自环和非自环时间里 LLC 链路发送少量数据,在主界面上计算 MAC 层和 LLC 层的数据载荷并记录,比较自环和非自环时各子层的数据量的差别。

3) 根据对会话层状态图的观察,完成状态转移表。

4) 回答思考题。

思　考　题

1. 有连接的数据包和无连接的数据包的区别。

2. 在同一条物理链路上如何区分不同的逻辑信道? 设计协议时需要考虑哪些因素?

3. 会话层与数据链路层之间数据交互需注意的问题。两层之间的包交换是否需要插入适配层?

4. 数据链路层滑动窗窗口的作用,以及窗口大小对数据传输的影响。

5. 观察会话层的数据包与数据链路层传送的帧之间的联系,考虑会话层 MRU 对数据链路层的影响,思考 MRU 在实际应用中是应当设置较大值还是较小值,以及其合适的取值,并说明理由。

参　考　文　献

Andrew S. Tanenbaum. 2001. 计算机网络(第 4 版). 北京：清华大学出版社

沈连丰,梁大志. 2000. Bluetooth 系统及其发展. 中兴新通信, 2(2)

谢希仁. 1999. 计算机网络(第 2 版). 北京：电子工业出版社

Bluetooth SIG. 2001.Specification of the Bluetooth System V1. 1-Core. http://www.bluetooth.org

Bluetooth SIG. 2001.Specification of the Bluetooth System V1. 1-Profile. http://www.bluetooth.org

附　　录

以下是供参考的会话层协议状态转移表(附表 6.1~附表 6.2)。

附表 6.1　客户端状态转移表

	0	1	2	3	4	5	6
	INITIAL	LLC_OK	READY	W4R_P	W4R_C	W4R_D	W4R_A
EV_CONNECT	—	CONNECT/4	—	—	—	—	—
EV_DISCONNECT	—	—	DIS-CONNECT/5	—	—	—	—
EV_ABORT	—	—	—	ABORT/6	—	—	—
EV_PK_FROM_UP	—	—	PUT/3	—	—	—	—
EV_LLC_OK	1	—	—	—	—	—	—
EV_LLC_DOWN	—	0	0	0	—	—	—
EV_CONNECT_REQ	—	IMPOSSIBLE	NI	NI	NI	NI	NI
EV_DISCONNECT_REQ	—	NI	NI	NI	NI	NI	NI
EV_PUT_REQ	—	NI	NI	NI	NI	NI	NI
EV_PUT_REQ*	—	NI	NI	NI	NI	NI	NI
EV_ABORT_REQ	—	NI	NI	NI	NI	NI	NI
EV_NOT_ACCEPT	—	NI	NI	NI	NI	NI	NI
EV_SUCCESS	—	—	—	2	TLU,2	TLD,1	2
EV_CONTINUE	—	—	—	PUT/3	—	—	—
EV_NOT_IMPLEMENT	—	—	—	2	1	2	PUT/3

附表 6.2　服务端的状态转移表

	0	1	2	3
	INITIAL	LLC_OK	READY	W4_P
EV_CONNECT	—	IMPOSSIBLE	—	—
EV_DISCONNECT	—	—	—	—
EV_ABORT	—	—	—	—
EV_PK_FROM_UP	—	—	—	—
EV_LLC_OK	1	—	—	—
EV_LLC_DOWN	—	0	0	0
EV_CONNECT_REQ	—	TLU,SUCCESS/2	NI	NI
EV_DISCONNECT_REQ	—	NI	TLD,SUCCESS/1	NI
EV_PUT_REQ	—	NI	CONTINUE/3	CONTINUE/3
EV_PUT_REQ*	—	NI	SUCCESS/2	SUCCESS/2
EV_ABORT_REQ	—	NI	NI	SUCCESS/2
EV_NOT_ACCEPT	—	NI	NI	NI
EV_SUCCESS	—	—	—	—
EV_CONTINUE	—	—	—	—
EV_NOT_IMPLEMENT	—	—	—	—

说明:在附表6.1、附表6.2中

NI　=NOTIMPLEMENT

W4_P　=W4_PUT

W4R_P　=W4RESPONSE_PUT

W4R_C　=W4RESPONSE_CONNECT

W4R_D　=W4RESPONSE_DISCONNECT

W4R_A　=W4RESPONSE_ABORT

第7章　无线多点组网

7.1　引　　言

　　无线通信涉及蜂窝移动通信系统、数字广播系统、无线局域网和无线个域网（WPAN，Wireless Personal Area Network）等，基本上形成了满足不同层次应用需求的无线网络。无线网络不是一种单一的技术，而是涉及到多方面知识的一系列技术。对无线网络知识的学习，不但需要扎实的理论基础，而且需要掌握实践方面的知识。鉴于此，我们精心设计了本章内容，它构建在无线网络的最新理论和技术的基础上，深入浅出地展示了无线网络的原理及其发展方向。读者通过实验操作，能够理解简单的网络路由协议、无线自组织网络的组网过程以及广播、组播的过程和实现。

7.2　基 本 原 理

7.2.1　通信网的基本结构及构成要素

　　多用户通信系统互连的通信体系称之为通信网。通信网按其所能实现的业务种类划分，可以分成电话通信网、数据通信网以及广播电视网等；按网络所服务的范围又可分成市内网、长途网及国际网等，但对以实现通信为目的的通信网而言，不管实现何种业务，还是服务何种范围，其网络的基本结构形式都是一致的。目前，通信网实现的基本结构有如图 7.1 所示的五种形式。

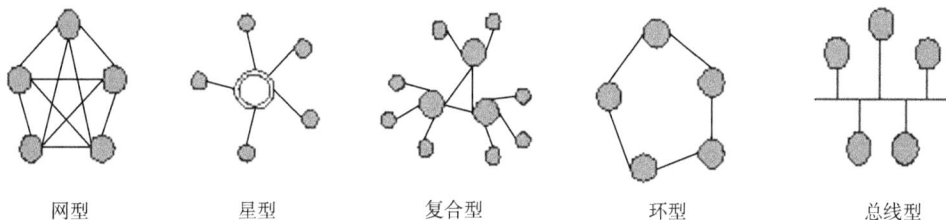

| 网型 | 星型 | 复合型 | 环型 | 总线型 |

图 7.1　通信网基本结构

　　网型网：较有代表性的网型网就是完全互联网。具有 N 个节点的完全互联网型网需要有 $N(N-1)/2$ 条传输链路，因此，当 N 值较大时传输链路数将很大，而传输链路的利用率很低，所以这是一种经济性较差的网络结构。但是由于这种网络的多余度较大,因此,从网络的连续质量和网络的稳定性来看,这种网络结构是有利的。

星型网:具有 N 个节点的星型网共需 $(N-1)$ 条传输链路。很显然,当 N 值较大时,它较网型网可节省大量的费用。一般是当传输链路费用高于交换设备费用时才采用这种网络形式。对这种需设置转换交换中心的星型网结构,当转换交换设备的转接能力不足或设备发生故障时,将会对网络的连续质量和网络的稳定性产生影响。

复合型网:这是由网型网和星型网复合而成的。它是以星型网为基础,并在通信量较大的场合构成网型网的网络结构。这种网络结构兼取了前述两种网络的优点,比较经济合理且有一定的可靠性。在这种网络设计中,要考虑使交换设备和传输链路的总费用之和为最小。

环型网和总线型网:这两种网在计算机通信网中应用较多。在这两种网中,一般传输流通的信息速率较高,它要求各节点或总线终端节点有较强的信息识别和处理能力。

7.2.2 计算机网络结构

要使两台计算机能互相通信,必须解决如下问题:

1)计算机互相通信时使用什么样的物理媒介?

2)如果使用的通信媒介是多台计算机共享的,如何决定在某一时刻由哪台计算机发送数据包?

3)如何对计算机进行编址,以惟一区分每个数据包的发送者和接收者?

4)如果两台计算机不是直连在一起的,数据包如何选出一条从起点到目的地的合适通路?

5)如何检测通信过程中的错误,检测到错误后又如何去校正错误?

6)通信过程中使用什么样的数字格式来表示数据?

研究上述问题的技术通常称为计算机联网技术。如果将这些问题分解成可以分别独立解决的若干子问题,则每个子问题就构成了通信中的一个层,每个层由严格限定的一组原则和规程来定义。

国际标准化组织 ISO 为计算机联网所定义的开放系统互联模型 OSI 分为七层,每一层都完成一组特定的功能,从而为上一层提供一定的服务。规定各层如何操作的原则和规程就是协议。OSI 从低到高的七个层次分别是物理层、数据链路层、网络层、传输层、会话层、表示层和应用层。典型情况下,各层协议从高层接收数据,并通过在前面加上一个较短的报头来实现本层协议的功能,然后将加了报头的信息传给网络另一端的同等实体。加上的报头告诉同等实体对接收到的数据做什么处理,这个报头可能包括协议地址、数据部分的长度以及用于检错和纠错的校验位。同等实体接收到信息后,剥去协议头,恢复出原始数据再送给高层。从低到高的一系列协议常称为一个协议栈。当各层被具体的协议所代替时(例如网络层协议采用国际协议 IP),我们就称这一系列具体的协议为一个协议簇。例如,Internet 协议栈各层所采用的协议统称为 TCP/IP 协议簇。

7.2.3 网络节点

在 OSI 协议栈中,网络层的目的是隐藏各种链路的具体特性,向传输层提供一个逻辑上的网络,它将数据包通过一条或多条链路从源设备传送到目的设备。一个数据包包括从传输层送来的数据段和网络层的协议头。因此,从传输层向下看网络层时,看到的是一种将数据段从源端传送到目的端的服务。

一个网络设备就是一个节点。网络层定义的网络设备(或节点)有两类:

1) 主机:包括 PC 机、工作站、主机、文件服务器等等。

2) 路由器:它在主机和其他路由器之间转发数据包,使得主机不必和通信所用的链路直接相连。转发是路由器将接收到的数据包又发送出去的过程,目的是为了使数据包离它的目的地更近一些。应当强调的是,在网络中所有能起到路由作用的设备都可以称为路由器,包括 PC 机等设备。

节点还可以按其地位或作用分为主设备和从设备。在不同的网络中,主、从设备的地位和作用也不同。例如在 Ad hoc 网络中,主动发起连接的设备称为主设备,被动连接的设备称为从设备。蓝牙系统构成的网络是一种典型的 Ad hoc 网络,节点的地位相当灵活多样。网络中所有设备的地位都是平等的,微微网中信道的特性完全由主设备决定,主设备的蓝牙地址(BD_ADDR)决定了跳频序列和信道接入码。根据设备的平等性,任何一个设备都可以成为网络中的主设备,并且主、从设备的角色是可以交换的;进一步地,一个设备可以既是主设备又是从设备,例如它可以在某个微微网中充当主设备,同时又在另一个微微网中充当从设备。在有中心拓扑方式的无线接入网中,有一个无线节点是中心节点,此节点控制接入网中所有其他节点对网络的访问。

7.2.4 路由技术

数据包能够通过多条路径从源设备到达目的设备,选择什么路径最合适,就是路由技术所要研究的问题。路由器之间通过路由协议交换信息,以报告它们各自所连接的网络和设备。用于军事目的的分组交换网格外强调可靠性的要求,即使部分网络受到破坏,数据包也要求能到达终点,而对于公用分组交换网,虽然也有可靠性要求,但是更关心的常常是数据包的传输费用和时延。显然为了适应不同的要求,应当选择和采用不同的路由选择方法。可供选择的路由方法很多,每种方法都有它的特点和应用范围。例如扩散式路由法,在这种路由方法中,数据分组从原始节点发往与它相邻的每个节点,接收到该数据分组的节点检查它是否已经收到过该分组。如果已经收到过,则将它抛弃;如果未收到过,该节点便把这个分组发往除了该分组来源的那个节点以外的所有的相邻节点。另一种更为常用的路由选择方法是查表路由法,它在每个节点中使用路由表,指明从该节点到网络中的任何节点应该选择的路径,数据包到达节点之后按照路由表规定的路径前进。路由器利用路由表为各个数据包选择从源设备到目的设备的路径。确定路由表的准则有许多种,其计算也很复杂,在此不一一介绍。后面将通过具体的实验说明一种 Ad hoc 网络路由的建立过程及路由表的计算方法。值得注意的是,实验中介绍的路由过程及路由表只是多种算法中的一种,读者可以从中加深对路由技术的理解。

从上面的讨论中我们可以看出,路由表在路由技术中扮演了一个重要的角色。对一个节点来说,它所接收到的数据包可以分为两类:一类包的目的端点就是节点本身;另一类包的目的端点为别的节点。节点通过比较自己的地址和数据包中的目的地址,判断自己是否是目的端点。如果数据包的目的地址和节点的地址一致,则这个节点就是该数据包的目的节点,被目的节点接收下来的包就不再进行转发了,而是进行相应的数据处理。如果节点收到一个不以它为目的节点的数据包时,这个节点就必须决定向哪里转发这个包,以使该包离目的节点更近一些,这就称为"做出一个转发决策"或者"为一个数据包选择路由"。路由表是一种以表的形式而组织起来的软件数据结构,利用这个表,节点可以为那些目的节点对不是自己的包做出一个转发决策。路由表中的每一项,简单地说也就是一条路由,一般应包括目的地址、源地址、下一跳地址以及端口等几项,当然不同算法的路由表的表项也有所不同。

7.2.5 组网过程

网络的类型有很多,相应的组网方式也多种多样。首先简单地介绍一下几种典型的无线网络结构,而后分析本实验所采用的组网方式,它是一种基于蓝牙体系的 Ad hoc 网络组网方式,具有组网灵活、结构清晰的特点,可以帮助读者很好地掌握点对点、点对多点无线组网的概念和方法。

1. 无线局域网的网络结构

无线局域网的拓扑结构可归结为两类:无中心或对等式拓扑,有中心拓扑。无中心拓扑的网络要求网中任意两个站点(STA,STAtion)均可直接通信。采用这种拓扑结构的网络一般使用公用广播信道,各站点都可竞争公用信道,而媒体接入控制(MAC,Media Access Control)协议大多采用载波检测多址接入(CSMA,Carrier Sense Multiple Access)类型的多址接入协议。这种结构的优点是网络抗毁性能好、建网容易、费用较低、整体网络移动性好。但是当网中用户数(站点数)过多时,信道竞争成为限制网络性能的要害。另一方面,这种网络中的路由信息随着用户数的增加而快速上升,严重时路由信息可能占据大部分有效通信。因此这种网络结构一般用于用户数较少的临时组网。

在有中心拓扑结构中,要求一个无线站点充当中心站(基站),网络中所有站点对网络的访问和通信均由其控制。由于覆盖范围相对较小,当网络用户增加时,网络吞吐性能及网络时延性能的恶化并不明显,因而可以进行较高速率的通信。由于每个站点只需在中心站覆盖范围之内就可与其他站点通信,故网络中站点布局受环境限制也较小。此外,中心站为实现局域网互联和接入有线主干网提供了一个逻辑接入点(AP,Access Point)。有中心拓扑结构是无线局域网采用的主要网络结构(有关无线局域网接入的内容见第3章)。图7.2 和图7.3 给出了无线局域网的两种网络拓扑结构。

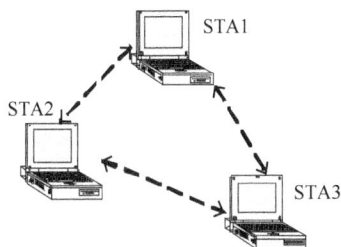

图 7.2　无中心拓扑结构

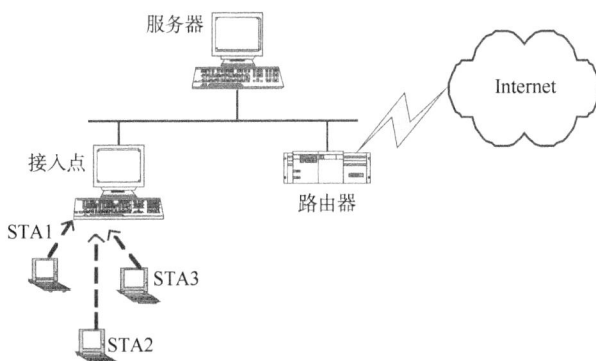

图 7.3　有中心拓扑结构

2. 蜂窝移动电话网络结构

移动电话通信服务区域覆盖方式分为两类,即小容量大区制和大容量小区制。大区制一般用于用户较少的地域。小区制就是把整个服务区域划分为若干个小区,每个小区分别设置一个基站,负责本区移动通信的联络和控制。同时,又可在移动业务交换中心的统一控制下,实现小区之间移动用户通信的转接,以及移动用户与市话用户的联系。小区制提高了频率的利用率,而且由于基站功率减小,也使得相互间的干扰减少。此外,无线小区的范围还可根据实际用户数的多少灵活确定,所以这种体制是公用移动电话通信发展的方向。在考虑了交叠之后,每个小区实际上的有效覆盖区是一个圆内接正六边形,称为蜂窝移动电话网。一个蜂窝移动电话网可由一个或若干个移动业务交换中心(MSC, Mobile services Switching Center)组成,构成无线系统与市话网(PSTN)之间的接口。基站(BS, Base Station)可由一个或若干个无线小区组成,提供无线信道,以建立在 BS 覆盖范围内与移动台(MS, Mobile Station)的无线通信。在建网初期,由于用户数较少,可以采用如图7.4 所示的网络结构,每个无线小区配置一个信道组,这样一个无线区群将配给 7 个信道组,分别用 A、B、C、D、E、F 表示。随着用户数量的增加,当无线小区的用户密度高到出现话务阻塞时,就需要进行小区分裂,可以一分为三,如图7.5 所示。采用移动蜂窝网的结构能够实现信息的无缝连接,这是蜂窝网络结构的一个突出优点。

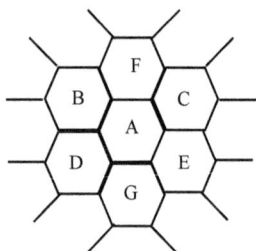

图7.4　7个无线小区模型　　　　　图7.5　21个无线小区模型

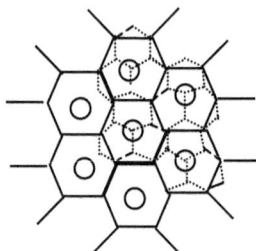

3. 微微网和分布式网络

蓝牙技术将成为短距离无线网络和无线个域网的主流技术,并且由于其低成本和易连接的特性,基于蓝牙的网络可能是构建低价高效 Ad hoc 网络的最好解决方案。因此在本实验中,我们将以基于蓝牙的 Ad hoc 网络作为蓝本来分析无线网络的组网及相关问题。在具体实现上,采用"蓝牙树"将各个分布式网络连接在一起,完成组网过程。应当注意的是,这只是无线组网方式中的一种,因它具有一定的代表性,并且网络结构较为清晰,因此我们将它作为实验的依据。

我们首先介绍一下蓝牙系统组网的概念。

微微网是蓝牙设备以特定的方式组成的网络,是蓝牙网络的基本单元。当两个节点进入彼此的通信范围后,发起连接的一方便成为主设备,而另一方则成为从设备,这种简单的"一跳"网络即为微微网,在微微网中一个主设备可以同时连接多个从设备,处于激活状态的从设备数量最多是 7 个,其余的从设备可以处于守候状态。微微网中的所有设备都按照由主设备的地址和时钟确定的跳频序列工作,并且由主设备决定与各从设备的通信时序。因此,主设备就是微微网的中心。

在同一区域中可以有多个微微网,如果它们有相互重叠的区域并且存在特定的连接,就构成分布式网络。在蓝牙微微网中,因为每个微微网的主设备是不同的,所以跳频序列和相位是独立的。同一节点可以扮演多个角色,在不同的微微网中既作为主设备又作为从设备,或者是多个微微网的从设备,这是因为一个蓝牙设备可以时分复用地工作在多个微微网中。一个蓝牙设备不能在多个微微网上作为主设备,如果两个网络有同一个主设备,就会使用同样的跳频序列和相位,就变成了同一个微微网。随着同一区域微微网数目的增加,就会增加碰撞的机会。

这种设备角色的灵活性使得各个微微网易于连接成分布式网络,一个节点可以为相邻的微微网充当网关的角色。在分布式网络中大量的节点相互连接,构建支持移动性的无线 Ad hoc 网络。Ad hoc 网络是一种典型的自组织网络结构,在网络中所有的设备地位都是平等的,也就是说任何一个设备都可成为微微网的主设备。此外每个节点都含有一定的路由信息,都可以看做是路由器。

当蓝牙无线设备组成 Ad hoc 网络时,如果两个节点不在同一微微网中,即使它们的空间距离很近,它们仍然无法直接通信。因此在组网时应适当选择主、从设备的配置方式以维持网络的可连接性。分布式网络结构如图 7.6 所示,箭头方向表示主设备到从设备的方向,某些节点只充当微微网的主设备,如节点 1;某些节点只在微微网中充当从设备,如节点 2;还有些设备在某个微微网中做主设备,同时在另一些微微网中充当从设备,如节点 3。网络结构图中无箭头的连接表示无法进行通信,即网络连接丢失。

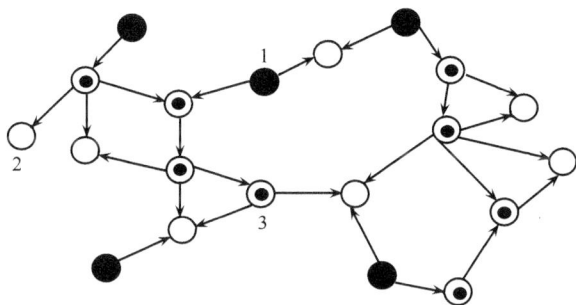

图 7.6 分布式网络结构

对网络中每个节点的角色分配(充当主、从设备)应当保证网络中任意两个设备都能够通过多跳实现相互间的通信,并且路由算法应尽可能地简洁,网络效率应尽可能地高。一种称为"蓝牙树"的组网方式即可达到上述要求。在这种组网方式中,节点的角色只能在如下三种模式中选择一种,并有一些限制:

1) 在一个微微网中做主设备(M,Master),主设备可以再次查询周围蓝牙设备并与其建链。

2) 在一个微微网中做从设备(S,Slave),从设备不可主动查询和被其他蓝牙设备查询到,不能主动发起建链和被动建链。

3) 在一个微微网中做主设备,同时在另一个相邻的微微网中做从设备(M/S,Master/Slave)。网络中的每个节点都有一个设备地址,主从设备不可主动查询但可被其他蓝牙设备查询到,不能主动发起建链但可被动建链。

组网开始时,各个设备都在搜索周围的设备并相互建立连接,发起建链的设备为主设备,同意与其建立链路的设备为从设备。组网的原则是:一个主设备至多可与 n 个从设备建立链路(本实验中为了使得网络结构更加清晰,规定一个主设备最多可与两个从设备建立链路);两个从设备间不能直接建立链路(必须通过主设备路由转接);所有的从设备节点和 M/S 节点只能受到一个主设备的控制。在对网络中的节点做出这些规则后,就可以按照"蓝牙树"构造进行组网。

组网开始时,各个节点设备间相互查询、建立链路,组成多个微微网。例如在如图 7.7 所示的网络中,节点 3、8 各自找到了节点 4、5 和节点 9、10,并主动与其建链,组成两个微微网。在此过程中,节点 4、5、9、10 建链为从设备(S),此时它们无法再被其他设备发现并建链,而节点 3、8 成为微微网中的主设备(M)并且分别已有两个从设备(为分析方便,此处假设每个微微网中处于激活状态的从设备的最大个数为两个),因此节点 3、8 以后只能作为从设备而被其他设备查找建链。接着,多个微微网相互联接构成分布式网络。例如节点 2 发起查询,找到节点 3、11 并与之建链,构成一个分布式网络。在这个分布式网络中,节点 3 在一个微微网中充当主设备,而在另一个微微网中充当从设备。网络结构按此方式构建。最后,有一个设备(例如图 7.7 中的设备 1)作为根设备被推选出来,组网过程结束,最终的网络构造如图 7.7 所示,它是一个自组织的 Ad hoc 网络。

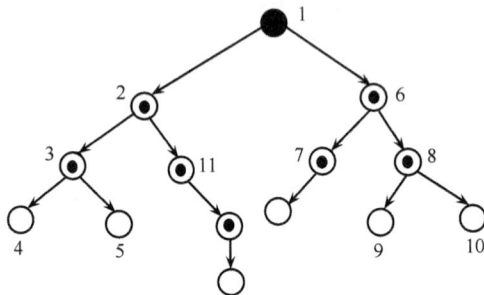

图 7.7 "蓝牙树"组网过程

在整个组网过程中,每个节点都知道:

1) 自己是否是根设备。

2) 与它相距一跳的周围设备的地址。

3) 与自己相距一跳的周围设备是否已在微微网中。

这些信息可以通过设备间建立连接时交换地址信息而获得,它们在网络的管理和单播、广播、组播等功能的实现上起着重要的作用。

上述组网过程的最终结构是一个典型的二叉树形结构,每个设备的角色为{M,S,M/S},并且都是路由器。在组网过程中,每个节点都要将自己所知的设备信息(路由信息)告知它的主设备(也称为父设备)。这样,网络中的根设备就掌握了网络中所有节点设备的路由信息。每个节点都将自己的父设备作为它的默认路由器,认为它含有更多的路由信息。当无法从本节点的路由表中确定发送的下一跳节点时,都将此数据包发给默认路由器进行处理。

应当强调的是,这种组网方式只是多种组网方式中的一种,它未必是最优的。读者可以尝试发现其中存在的缺陷并提出改进方案。由于这种组网方式网络构造较为清晰,因此我们将它作为实验推荐给读者。

7.2.6 广播和组播

在上述组网过程结束后,网络间的任意两个节点之间都可以进行数据包的传送。如果某个节点想要向网络中所有的设备发送消息,它显然不必与每个节点逐个通信,传送数据包,这个功能可以由广播功能来实现。有多种方法可以实现广播的功能,通常网络中有一个广播地址,任何设备收到目的地址为广播地址的数据都接收。本实验的广播地址为 FF:FF:FF:FF:FF,广播的实现方法请参照路由算法流程图。

如果一个节点想要向网络内的某些特定的设备传送数据,则可以通过组播来实现。这些特定的设备属于同一个组,但是可以不属于同一个微微网,即不同微微网的设备可以构成同一个组。组播可以实现向多个目的地址传送数据,即组播的目的地址是一个集合。交互式会议系统,或者向多个接收者分发邮件或新闻都是组播的应用实例。组播的实现可以通过在所有地址中留出一段作为组播地址来实现,每个组播组都有惟一的组播地址。任何节点都可以加入多个组播组,当然也可以不加入任何组播组,但是这样它就收不到任何组播消息。

7.3 实验设备与软件环境

本实验每 5 台 PC 机为一组,每台 PC 机软、硬件配置相同。

硬件:PC 机,带 USB 接口的蓝牙模块(建议为 SEMIT TTP6601),USB 连接线。

软件:Windows 2000 Professional 操作系统,TTP 无线组网实验软件。

7.4 实 验 内 容

7.4.1 组网过程

五人一组,相互配合,共同组成一个无线网络。从实验中体会微微网、分布式网络的概念和构造,并且掌握如何构造一个基于分布式网络的无中心、自组织的

Ad hoc 网络。

假设参加组网的共有五个蓝牙(BT,BlueTooth)设备,称为 a、b、c、d、e,如图 7.8 所示。

首先由一个设备(例如 b)发起查询,如果找到多个设备,则任选其二(例如 d、e)主动与其建链。

在这个阶段,b、d、e 构成一个微微网,b 为主设备(M),d、e 为从设备(S)。注意在微微网中对处于激活状态的从设备的个数限制为 2,而某个设备一旦成为从设备(例如 d、e),它就不能再被其他设备发现,也不能查询其他设备或与其他设备建链。

再由另外一个设备 a 发起查询,查询到设备 b 和设备 c,再主动建链。

此时,a、b、c、d、e 构成了一个分布式网络。由于参与组网的设备数量较少,它实际上已经组成了一个自组织的 Ad hoc 网络,设备 a 成为网络中的根设备。最终,形成如图 7.8 所示的拓扑结构,它是个典型的二叉树形结构,每个设备的角色为{M, S, M/S}。

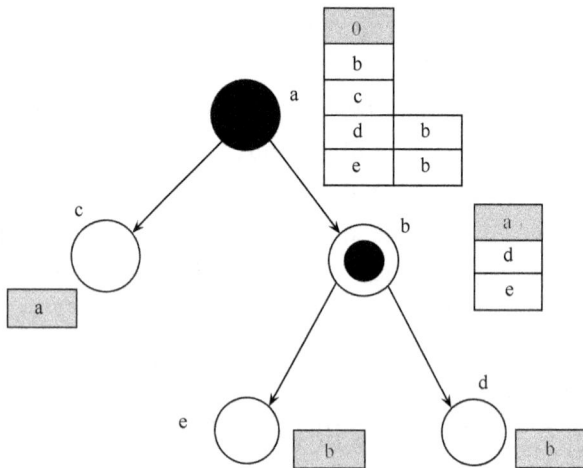

图 7.8　无线网络组网过程及各节点路由表

在建链过程中,如果已经作为主设备的设备(如 b)再接受建链成功,要把自己的从设备的信息(路由信息)告知上一个主设备(父设备),如 b 就需要告诉 a,d 和 e 是其从设备,这样最终所有设备的路由信息都保留在树形结构的根设备(最上层的父设备)中。每个节点也拥有自己的路由信息,路由表中包含默认路由器,也就是它的父节点。当它无法从本地路由表查找到数据的目的地址时就转发给默认路由器,因为默认路由器可能包含有比它本身更多的路由信息。

7.4.2 单跳与多跳转接

体会如何基于 7.4.1 节组成的网络,通过单跳或多跳实现网络中任意两个节点间的通信。请查看发送成功的单播数据的路由信息或接收到的单播数据的路由信息。

（1）单跳

网络中任意一个节点设备,向与自己相距一跳的相邻设备发送信息。例如图 7.8 中设备 d 向设备 b 发送信息,或者设备 b 向设备 d、e 发送信息。

（2）多跳转接

网络中的任意一个节点设备,向与自己不直接相连的设备发送信息。例如图 7.8 中设备 e 向设备 c 发送信息。这时需要通过多个节点的转接来传递信息。

注意到有些节点间的物理距离虽然很近,例如图 7.8 中的设备 d、e,但由于两个节点都是从设备,它们之间不能直接传送信息。

7.4.3 路由协议

观察 7.4.1 节、7.4.2 节中各个节点之间地址及数据信息的交换过程,理解简单的路由协议的实现过程。请查看发送成功的单播数据的路由信息或接收到的单播数据的路由信息。

首先由网络中的任意一个节点设备向其他节点发送单播数据,收、发双方都观察并记录下数据包的路由信息。

参考如图 7.9 所示的路由选择流程图,在网络结构图(图 7.8)中标记出自己的路由选择。

（1）单播路由表的格式

每个表项如下所示:

目的设备地址	下一跳路由设备地址

其中目的设备地址是路由表查找的关键字。

7.4.4 广播

由任何一个节点设备向网络内的所有其他节点发送同一消息,观察其发送的目标地址以及数据交换过程。在这种情况下的路由过程与两个节点间数据单播的过程有何不同。

此时网络中的某个设备(例如图 7.8 中的设备 e)向所有的设备发送一个公共消息,网络中的全部设备(包括发送设备本身)都能收到此公共信息。

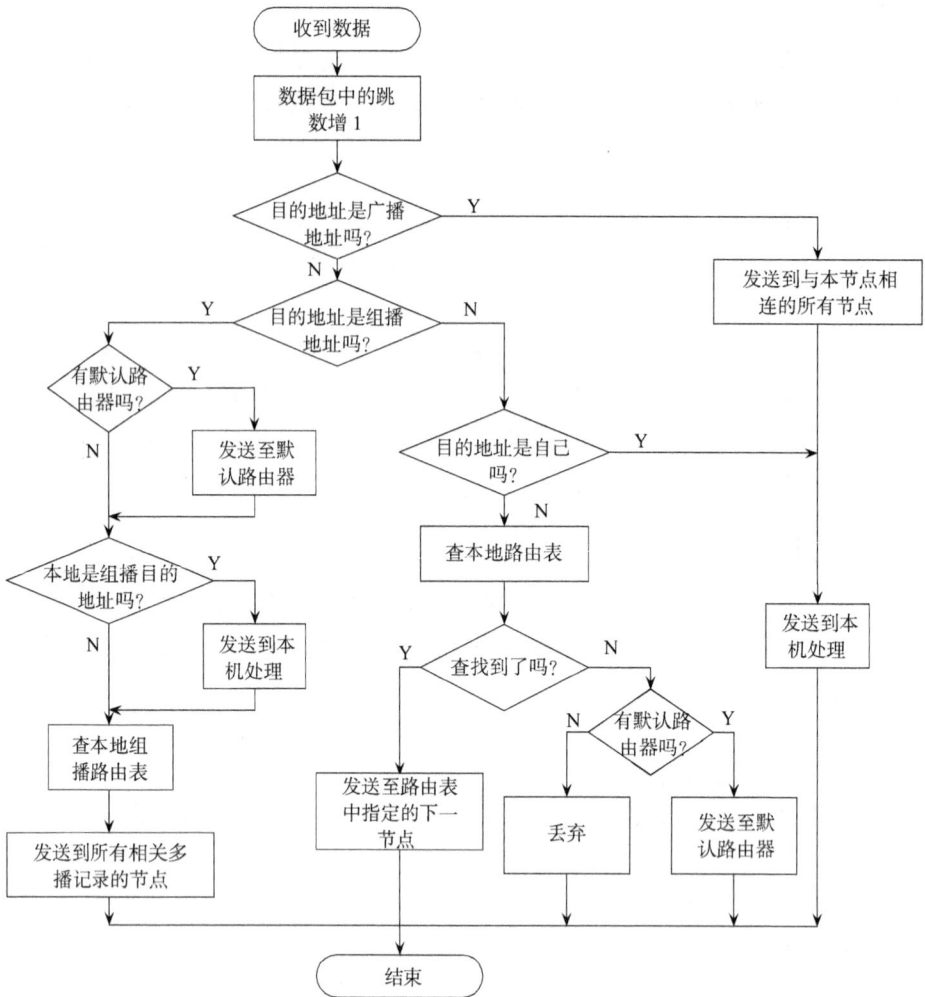

图 7.9　路由选择流程图

7.4.5　组播

　　网络中设置两个多播组。网络中任何一个节点都可以申请加入一个或多个多播组,而后网络中的任何一个节点设备向某组发送组播信息,观察数据包的发送过程。可以更改节点加入的多播组,观察结果。

　　组播路由表的维护比较复杂,无线网络环境下就更为繁琐,一方面要尽量减少网络发送信息数量,另一方面又不能漏掉任何一个本组的节点。大家可以根据本实验组成的网络思考或设计组播路由表的格式以及如何维护组播路由表。

7.5 实验步骤

7.5.1 启动

从"开始"菜单中选择"程序"→"SEMIT TTP"→"无线多点组网实验"菜单,程序启动,弹出如图 7.10 所示的界面。

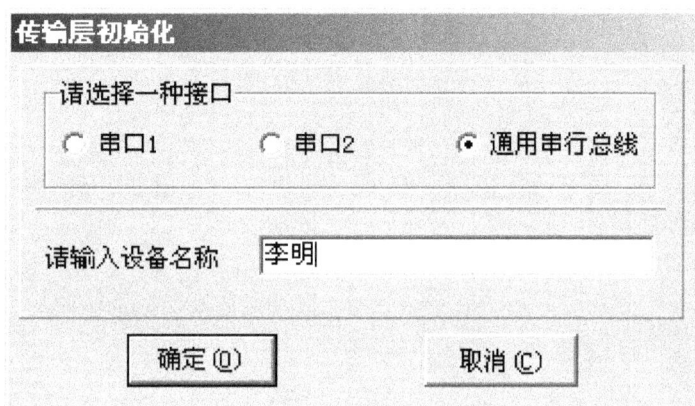

图 7.10 启动界面

选择"通用串行总线",输入设备名称后,点击"确定"按钮或输入完"设备名称"后敲击回车键,主程序启动,如果初始化成功,状态栏中会显示本地设备地址,且工具栏上的"组网"按钮可用,如图 7.11 所示的主界面。

7.5.2 配置

如果事先没有配置实验小组,则需要点击界面上的"配置"按钮或在菜单中选择"系统"→"配置"选项,弹出如图 7.12 所示的界面。

"实验小组内设备"是从本地配置文件中读出的以前配置好的设备,本程序只能与小组内的设备建链。

当需要向"实验小组内设备"增加新成员时,可以通过"手动添加"和"设备查询"两种方式进行。

手动添加时,考虑到输入地址比较麻烦,用户可以在"实验小组内设备"或"发现的所有设备"中点击鼠标右键复制出相邻的地址,在地址输入框中粘贴地址,这样只需要改动几个数字,不需要输入所有的数字。

设备查询时,点击"设备查询"按钮,然后从查到的设备地址列表中选择地址,通过双击此地址或点击"<="按钮,添加地址。

需要从小组设备中删除某个地址时,双击这个地址或选中地址后点击" =>"

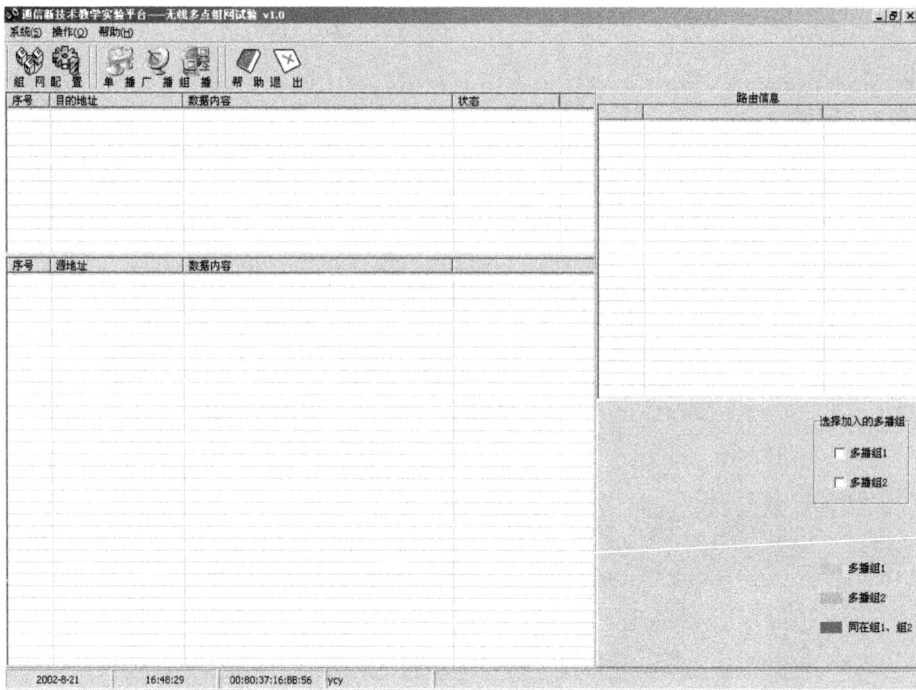

图 7.11　主界面

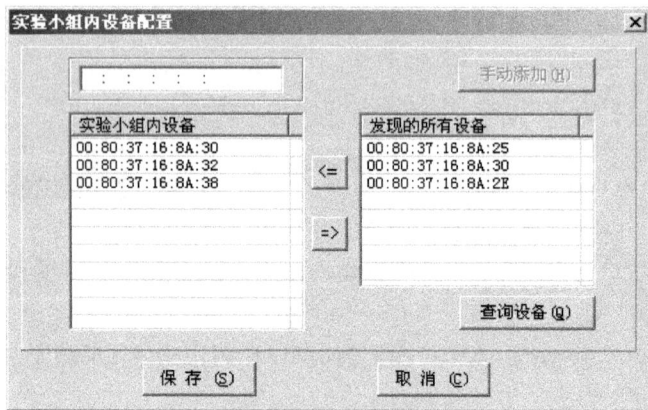

图 7.12　配置界面

按钮即可。

7.5.3　组网

1）点击"组网"按钮或在菜单中选择"系统"→"组网"选项,进入"组建网络"

窗口,如图 7.13 所示。

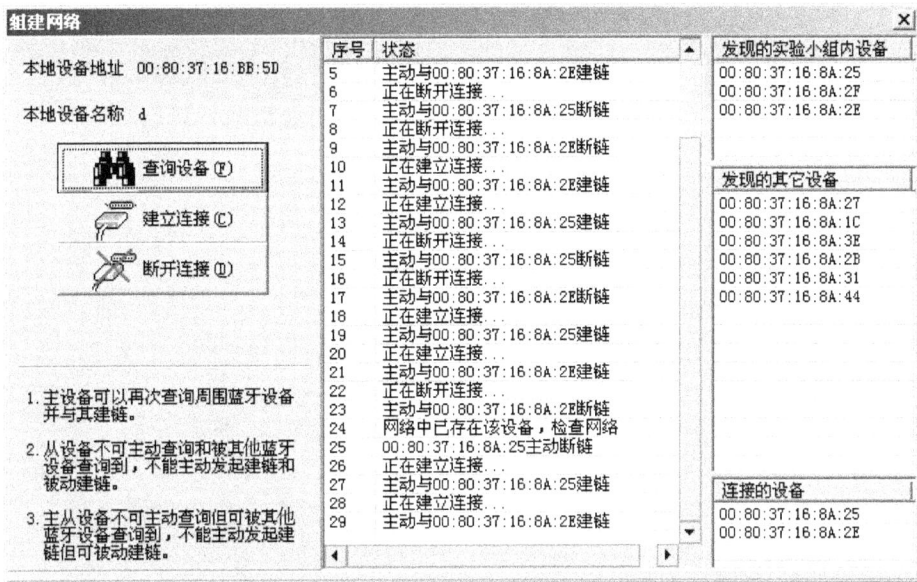

图 7.13　组建网络

2) 点击"查询设备"按钮,查询邻近的设备,并且在右边的列表框中显示出来。查询到的同一个实验小组的设备地址显示在"发现的实验小组内设备"栏中,发现的其他设备地址显示在"发现的其他设备"栏中。同小组的设备地址可以在程序启动时通过读配置文件来获得。

3) 在"发现的实验小组内设备"栏中选择要连接的设备,点击"建立连接"按钮,与组内的设备建立连接。一台设备最多只能主动与其他两台设备建立连接。连接好的设备显示在"连接的设备"栏中。

4) 在"连接的设备"栏中选择要断开的设备,点击"断开连接"按钮,断开连接。

5) 网络组建好后,就可以点击界面右上角的"关闭"按钮关闭窗口或点击主窗口,回到主界面来进行数据交换实验。主界面显示目前的网络拓扑图,如图7.14 所示,鼠标右键点击计算机图标可以显示该节点的设备名称。

7.5.4　单播

组建网络后,用户可以进行"单播"、"广播"、"组播"操作。

1) 在图 7.14 的主界面上点击"单播"按钮或在菜单中选择"操作"→"单播"选项,弹出如图 7.15 所示的界面。

2) 选择一个地址后,点击"确定"按钮,弹出如图 7.16 所示的界面,或者鼠标

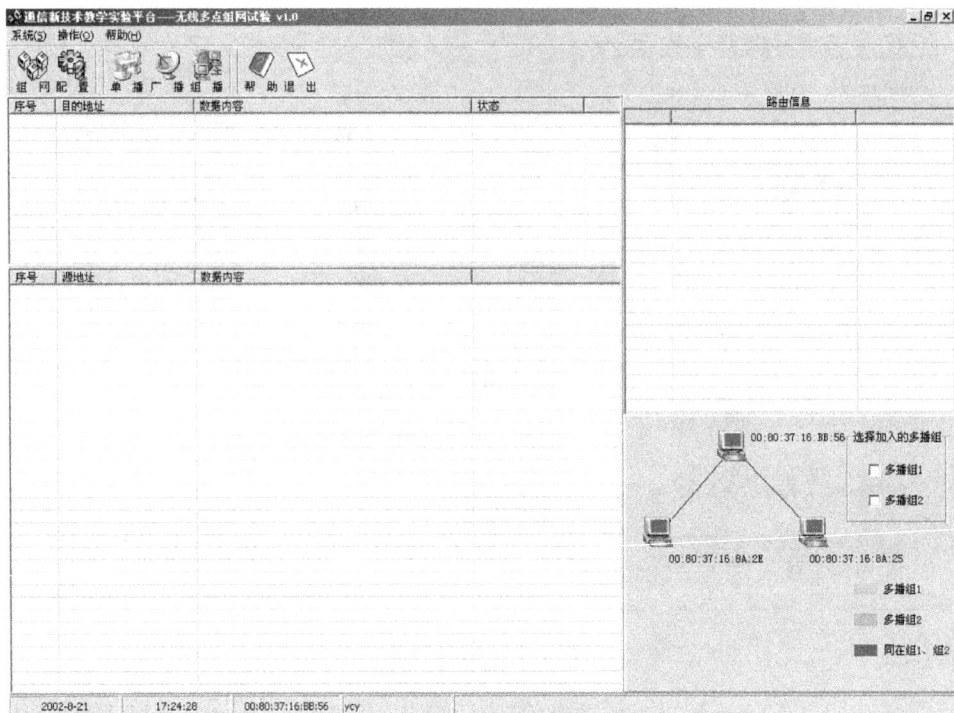

图 7.14　建好的网络的主界面

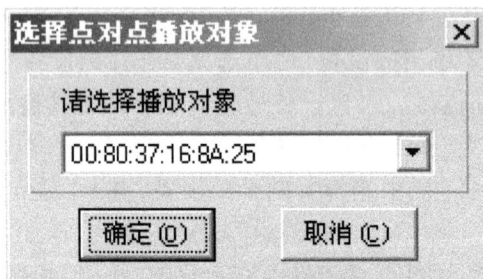

图 7.15　选择单播对象

左键直接点击网络结构图中相应的计算机图标。

3) 输入发送内容后,敲击回车键或点击"发送"按钮,即可实现发送数据。在主界面左上方将显示发送的信息,依次为"序号"、"目的地址"、"状态"、"通信内容"。当成功发送后,状态栏显示"成功";发送失败时,状态栏显示"失败",这时表示网络中无法查找到该节点;如果数据无法到达对方,则在状态栏中显示"网络故障"。主界面左下方是接收信息栏。

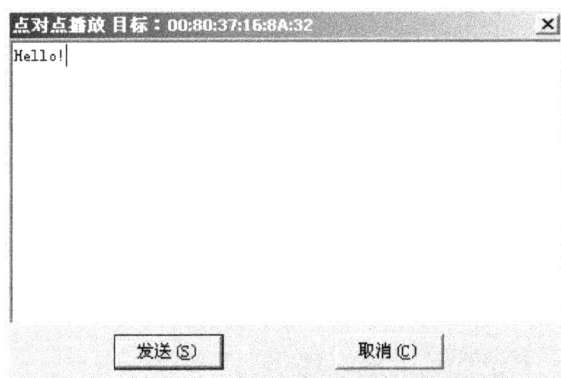

图 7.16　发送单播数据界面

4）本机设备向其他节点传送的单播信息，收、发双方都观察并记录下数据包的路由信息。参考如图 7.9 所示的路由选择流程图，在网络结构图中标记出自己的路由选择。

5）选择一个不存在的设备地址，观察路由信息，可以发现数据包将在根设备处被丢弃。记录下实验结果。

要查看一条信息的路由信息，只需在发送列表框中点击该条信息，路由信息会自动在窗口右上方的文本编辑框中显示出来，如图 7.17 所示。

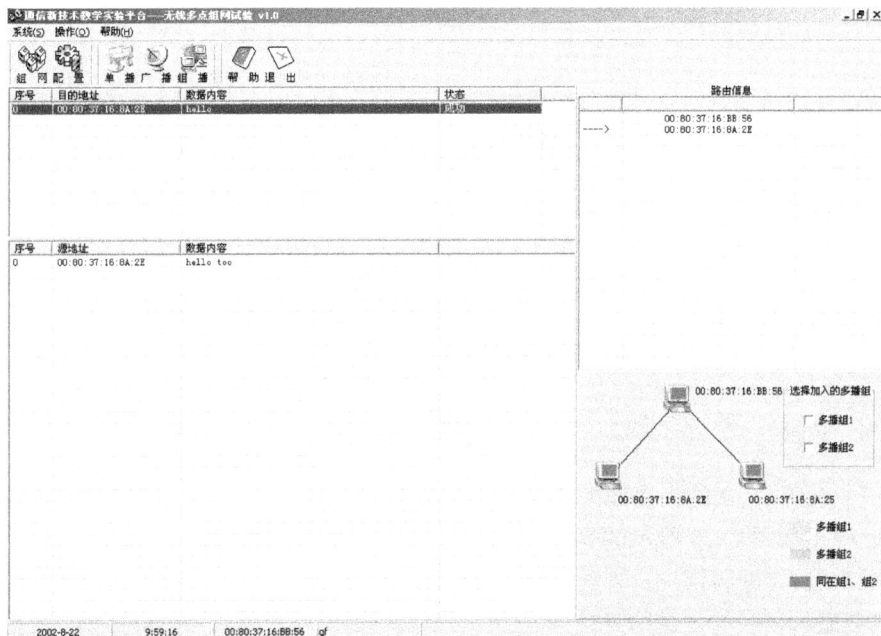

图 7.17　发送数据后的主界面

7.5.5 组播

1）在图7.14的主界面右下角的"选择加入的多播组"中,选择一个组号,然后用户就加入到这个组中,当其他用户给这个组的成员发送信息时,用户可以收到。

2）用户也可以给任意组发送信息。点击"组播"按钮或在菜单中选择"操作"→"组播"选项,弹出如图7.18所示的界面,点击"确定"按钮后,弹出如图7.19所示的发送数据界面,输入数据点击"发送"按钮后,信息将发送给小组1的所有成员,同时主界面上也会显示相应的发送信息。

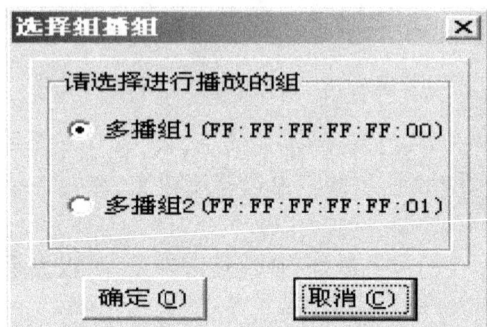

图7.18　选择组播对象

图7.19　发送组播数据界面

7.5.6 广播

1）在图7.14的主界面上点击"广播"按钮或在菜单中选择"操作"→"广播"选项,弹出如图7.20所示的界面。

2）输入数据后点击"发送"按钮,信息将发送给整个实验组成员,同时主界面上也会显示相应的发送信息。

3）选择加入其他组。

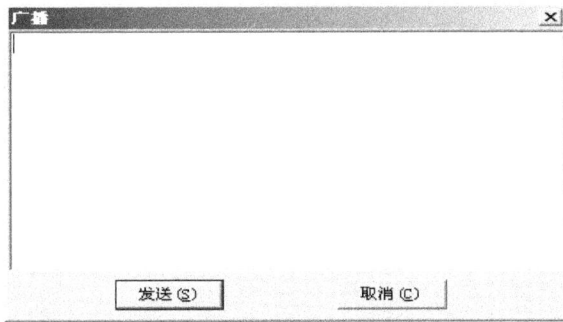
图7.20 发送广播数据界面

7.6 预习要求

1）了解计算机通信网络的基本组成。
2）了解无线网络的网络结构。

7.7 实验报告要求

1）组网步骤完成后,记录本组五个网络节点所组成的自组织网络的结构,绘制拓扑图并标明每个节点的角色(M、S 或 M/S)。
2）与本组其他四个节点通信,观察并记录到每个节点的路由选择。
3）加入组播组,与同组其他节点通信,观察并记录到每个节点的路由选择。
4）对其他节点进行广播,观察并记录到每个节点的路由选择。
5）回答思考题。

思 考 题

1. 组播具体如何实现?路由器如何知道相应的组播目的节点在哪一方向?如何减小无用组播数据的传播以及形成环路的情况?
2. 本实验的组网方式有什么不足,你能提出更好的组网方式吗?
3. 尝试组建各种拓扑结构的网络。
4. 无线网络环境非常复杂,链路经常会在某一方或双方可能都不知道的情况下因不可靠而断开,如何保证网络的自检查和恢复? 对网络负载将会有何影响?

参 考 文 献

Andrew S. Tanenbaum. 2001. 计算机网络(第4版). 北京：清华大学出版社

谢希仁. 1999. 计算机网络(第2版). 北京：电子工业出版社

Bluetooth SIG. 2001.Specification of the Bluetooth System V 1. 1-Core. http://www.blue-tooth.org

第 8 章 通信传输的有效性和可靠性分析

8.1 引 言

通信传输的有效性和可靠性是衡量通信系统的重要指标,本章基于的知识背景是采用 OSI 开放系统互联模型中数据链路层的流量控制和信道共享技术,主要学习点对点数据传输中的流量控制、差错控制的基本方法,讨论多点共享信道中的常用技术并给出一些性能评估。

对流量控制问题,讨论停止等待协议、连续 ARQ 协议知识,讨论信道利用率和最佳帧长问题;对误码和差错控制问题,讨论检错重发 ARQ 和前向纠错 FEC,通过对不同通信口的测试,体会流量控制、差错控制对通信有效性和可靠性的综合影响;对信道共享问题,学习受控接入中的轮叫轮询、传递轮询以及随机接入中的 ALOHA(Additive Links On -line Hawaii Area)、载波监听多址接入(CSMA,Carrier Sense Multiple Access)和载波监听冲突检测(CSMA/CD,CSMA/Carrier Detect)机制,通过仿真比较各种机制的性能,理解多台主机共享信道时采取的多点接入技术的工作原理和性能。

8.2 基 本 原 理

8.2.1 流量控制

1. 停止-等待协议

数据传输中流量控制总是必需的,因为发方数据的速率必须要使收方来得及接收。当收方来不及接收时,就必须及时控制发方发送数据的速率。

为了深入地理解数据传输的流量控制,我们从假设一个理想化的数据传输过程开始。

假设1:链路无差错,所发送的任何数据都不会丢失或出错。

假设2:不管发端以多快的速率发送,收端总是来得及收下,并及时交给主机。

假设 2 认为:①接收缓冲区的容量无限大而永远不会溢出。②接收速率与发送速率绝对精确相等。在这样的情况下,数据传输就不需要任何的差错控制。

下面我们将逐项去掉这些理想化的假设。首先去掉第 2 个假定,认为信道还是无差错的理想信道。

为了使收端的接收缓冲区在任何情况下都不会溢出,在最简单的情况下,就是发送端每发送一帧就停下来,接收方收到数据帧后就交给主机,然后发一个响应给发送方,表示接收的任务已经完成,这时,发送方才发送下一个数据帧。这种情况下,只要求接收方的缓冲区能够装下一个数据帧。用这样的最简单的流控方法即可使收、发双方能够同步得很好,发方发送数据的流量受收方的控制。

由收端控制数据流量是计算机网络中流量控制的一个基本方法。图8.1表示了上述理想情况和简单流量控制下的数据传输。在简单流量控制中发出的响应不需要任何具体的内容。

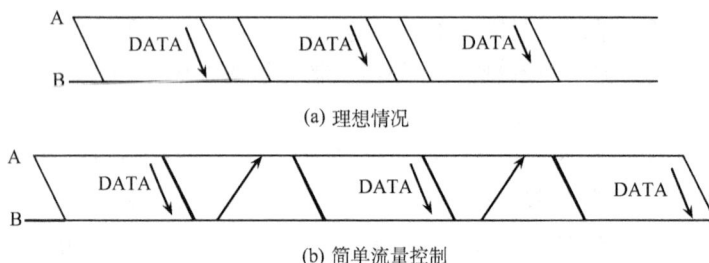

(a) 理想情况

(b) 简单流量控制

图 8.1　数据传输

下面将第 1 个假设也去掉,认为实际中传输数据的信道是不可靠的。数据帧在传输的时候可能会出现差错,通常数据帧后面会加上循环冗余校验(CRC),这样收端返回的响应就必须区分收到的帧校验是正确的还是错误的。如果收端认为校验无误,则向发端发出确认帧(ACK);反之,则向发端发出否认帧(NAK),要求发送方重发这一帧数据。为此,发送端必须暂时保存已发送过的数据帧副本。当线路质量太差的情况下,发送方在重发一定次数后,就不应再重发,而应将这一情况报给上一层。

有时链路上的干扰很严重,发送方发出的数据帧丢失,收端没有任何响应。为避免出现这样的死锁现象,需要在发送方发完一个数据帧时就启动一个超时定时器,如果到了超时定时器所设置的重发时间还收不到任何响应,则发送就重发这一数据帧。超时定时器设置的重发时间需要依据网络延时来仔细选定。

如果数据帧丢失,则可以通过超时重发来解决,但如果丢失的是响应帧,则超时重发将使接收方收到两个同样的数据帧。为避免这种重复帧的情况,必须给每一个数据帧加上不同的发送序号,每发送一个新的数据帧,发送序号加 1。如果接收端收到序号相同的帧,则表明出现了重复帧,这时应该丢弃这个重复帧,并且需要给发送方发一个确认帧,因为发送方还没有收到上一次发过去的确认帧。需要说明的是,任何一个系统的编号所占用的比特数是有限的,因此经过一段时间发送序号会重复。

以上所描述的就是流量控制的停止-等待协议。

图 8.2 是对停止-等待协议的性能分析,这里分析半双工的情况。图 8.2 中 t_p 为电信号在物理链路上传播造成的延时; t_{pr} 为接收方主机处理的时间; t_a 为发送一

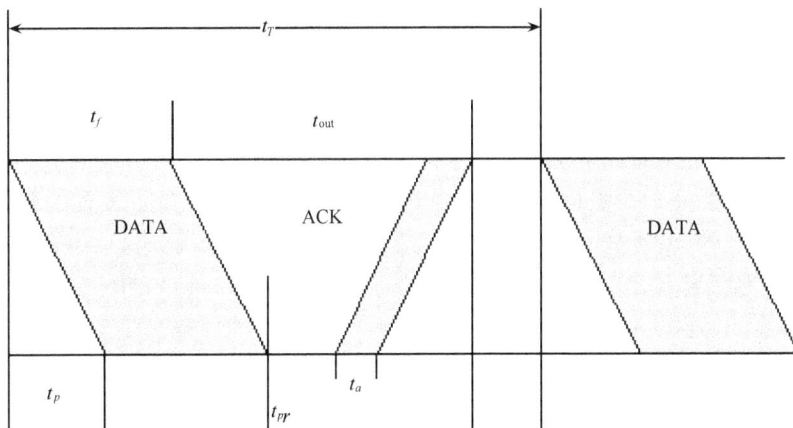

图 8.2　停止-等待协议中数据帧和应答帧的时序

个确认帧的时间; t_f 为发送一个数据帧的时间,有

$$t_f = l_f/C(s)$$

式中, l_f 为数据帧长; $C(s)$ 为数据发送速率。

由图 8.2 可知重发时间为

$$t_{out} = t_p + t_{pr} + t_a + t_p + t_{pr}$$

为研究方便起见,设接收端处理时间 t_{pr} 和确认帧发送时间 t_a 都远小于传播延时 t_p ,即

$$t_{out} = 2t_p$$

因此,两端成功发送一个数据帧所需的时间显然要超过 t_p 。

现在假设数据帧出错的概率为 p ,确认帧和否认帧都很短,一般不会出错,则在停止-等待协议下,正确传输一个数据帧的平均所需时间为

$$t_{AV} = t_T + (1 - p)\sum_{i=1}^{\infty} ip^i t_T = t_T/(1 - p)$$

可以看出,当传输差错概率增大, t_{AV} 也随之增大;当无差错时, $p = 0$, $t_{AV} = t_T$ 。每秒成功发送的最大帧数,即链路的最大吞吐量为

$$\lambda_{max} = 1/t_{AV}$$

停止-等待协议 ARQ 的优点是简单,缺点是通信信道的利用率不高,为克服这一缺点,产生了连续 ARQ 技术。

2. 连续 ARQ 协议

连续 ARQ 的要点就是在送完一个数据帧后,不是停下来等待应答帧,而是可

以连续发送若干个帧。如果这时收到了接收端发来的确认帧,那么还可以接着发送数据帧。由于减少了等待时间,因此整个通信的吞吐量就提高了。

由于连续发送了许多帧,所以应答帧不仅要说明是对哪一帧进行了确认或否认,而且应答帧本身也必须编号。接收方收到数据帧校验无误后交送主机,如果出现差错,可以发送否认帧,也可以不做任何响应。后一种协议较简单,使用得较多。

由于接收端按序号接收数据帧,假设在收到一个错误帧后又收到若干个正确的数据帧,但都必须将它们丢弃,因为这些帧发送的序号不是所需要的。

发送方每发完一个数据帧时都要设置超时定时器,只要在所设置的超时时间内没收到确认帧,就重发相应的帧,包括在这个超时时间内已经连续发出的数据帧,也就是向回走 N 个帧。连续 ARQ 有时也被称为 Go-Back-N ARQ。

可以看出,连续 ARQ 协议一方面因连续发送数据帧而提高了效率,但另一方面,在重传时又必须把原来正确传过的数据帧进行重传(仅因为这些数据帧前有一个帧出错),这种做法又使传送效率降低。由此可见,若传输信道的传输质量很差时,连续 ARQ 并不优于停止-等待协议。

下面推导连续 ARQ 协议的吞吐量。

图 8.3 示出了连续 ARQ 的时序。在连续 ARQ 下,成功发送一个数据帧需要的时间为 t_f(不是图 8.2 中的 t_T),当发生错误时,重发一个数据帧的时间为 t_T,因此在连续 ARQ 协议下,正确传输一个数据帧所需要的平均时间为

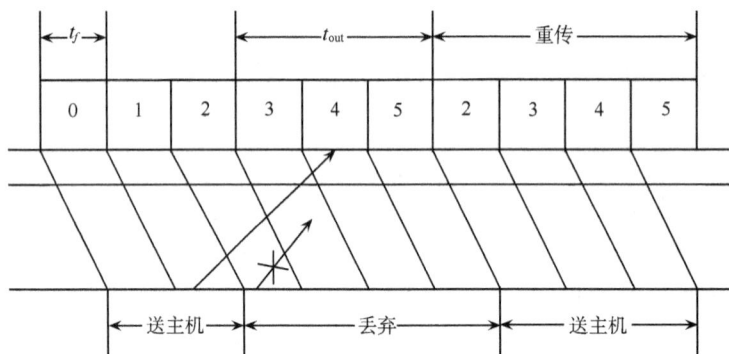

图 8.3 连续 ARQ 时序

$$t_{AV} = t_f + (1 - p) \sum_{i=1}^{\infty} ip^i t_T = t_T/(1 - p) = t_f[1 + (\alpha - 1)p]/(1 - p)$$

同样,最大吞吐量为

$$\lambda_{max} = \frac{1}{t_{AV}} = (1 - p)/\{t_f[1 + (\alpha - 1)p]\}$$

由此可以得出,当传播延时、重发时间和处理时间都远小于一个数据帧的发送时间时(即 t_T 近似于 t_f),采用停止等待与连续 ARQ 没有多少区别。

为了减少开销，连续 ARQ 协议还规定，接收端不一定每收到一个正确的数据帧就必须发回一个确认帧，而是可以在连续收到好几个正确的数据帧以后，才对一个数据帧发确认信息。也就是说，对某一数据帧的确认就表明该数据帧和以前所有的数据帧均已正确无误地被收到了，这样做可以使接收端少发一些确认帧，因而减少了开销。

3. 信道利用率和最佳帧长

信道利用率和最佳帧长的关系如下：如果数据帧取得很短，控制信息占的比例增大，将会导致信道利用率下降；反之，如果帧长取得太长，数据帧在传输过程中出错的概率增大，重传的次数就会增大，这也将使信道利用率下降。因此存在一个最佳帧长，在此帧长下信道利用率最高。

设误比特率为 p_b，数据帧长为 l_f，则数据帧的误帧率为

$$p = 1 - (1 - p_b)^{l_f}$$

对于很小的 p_b，数据帧的误帧率为

$$p \approx l_f p_b$$

设最大吞吐量为 λ_{max}，每帧中数据为 l_d bits，控制信息为 l_h bits，则平均数据有效率为

$$D = \lambda_{max} l_d = (1 - p) l_d / \{ t_f [1 + (\alpha - 1)p] \}$$

其中，参数

$$\alpha = \frac{t_T}{t_f} \geqslant 1$$

对链路容量 C，有

$$t_f = l_f / C = (l_d + l_h) / C$$

信道利用率

$$U = \frac{D}{C} = \left(\frac{l_d}{l_d + l_h} \right) \left[\frac{1 - p}{1 + (\alpha - 1)p} \right] \leqslant 1$$

在 $\alpha \approx 1$ 时，最佳帧长

$$l_{dopt} = \frac{l_h}{2} \left(\sqrt{1 - \frac{4}{l_h \ln(1 - p_b)}} - 1 \right)$$

在 p_b 很小时，上式可简化为

$$l_{dopt} \approx \sqrt{l_n / p_b} - l_h$$

下面举一些数字来更好地说明这个问题。

设链路容量为 4.8kb/s 和 48kb/s 两种数值。对于陆地链路，取往返时延 $2t_p = 100$ms，重发时间 $t_{out} = 100 + 2t_f$；对于卫星链路，取往返时延 $2t_p = 700$ms，重发时间 $t_{out} = 700 + 2t_f$。

设每帧中信息长度 $l_h = 48bits$，误比特率 $p_b = 10^{-5}$，可以求出在这种信道下，最佳帧长大体在 $1000 \sim 2000bits$ 之间。

8.2.2 误码和差错控制

数字信号在传输的过程中容易受到干扰的影响，其中，信道中的乘性干扰通常采用均衡的办法纠正，加性干扰的影响通常靠差错控制来解决。按照加性干扰的错码分布规律不同，信道可分为三类，即随机信道、突发信道和混合信道。

在随机信道中，错码是随机出现的，错码之间是统计独立的。

在突发信道中，错码是成串集中出现的，这种成串出现的错码称为突发错误，也就是说在一段短促的时间里会出现大量错码，而在这些短促的时间区间内，又存在较长的无错码区。

既存在随机错码又存在突发错码的信道称为混合信道。

如第 1 章所述，常用的差错控制方法有以下三种：

1. 检错重发 ARQ

检错重发是指接收端在收到的信码中检测出错码就通知发送端重发，直到正确为止。采用这种方法需要通信两端具有双向信道。编译码器比较简单，纠错能力较强，但实时性较差。

循环冗余码校验 CRC 是最常用的检错重发 ARQ 方法之一，它利用除法及余数的原理来做错误检测（Error Detecting）。在实际应用时，发送装置计算出 CRC 值并随数据一同发送给接收装置，接收装置对收到的数据重新计算 CRC 并与收到的 CRC 相比较，若两个 CRC 值不同，则说明数据通信出现错误。

根据应用环境与习惯的不同，CRC 又可分为以下几种标准：①CRC-12 码。②CRC-16 码。③CRC-CCITT 码。④CRC-32 码。

CRC-12 码通常用来传送 6bits 字符串。CRC-16 码及 CRC-CCITT 码则用来传送 8bits 字符，其中 CRC-16 码为美国采用，CRC-CCITT 码为欧洲国家采用。CRC-32 码大都用在一种被称为点对点（Point-to-Point）的同步传输中。下面以最常用的 CRC-16 码为例来说明其生成过程。

CRC-16 码由两个字节构成，在开始时 CRC 寄存器的每一位都预置为 1，然后将 CRC 寄存器与 8bits 的数据进行异或，之后对 CRC 寄存器从高到低进行移位，在最高位（MSB，Most Significant Bit）的位置补 0，而最低位（LSB，Least Significant Bit）在移位后已经被移出 CRC 寄存器。这时如果 LSB 为 1，则把寄存器与预定义的多项式码进行异或，否则无需进行异或。重复八次上述由高至低的移位，第 1 个 8bits 数据处理完毕，将此时 CRC 寄存器的值与下一个 8bits 数据异或，并进行如前一个数据似的八次移位。当所有的字符处理完成后，CRC 寄存器内的值即为最终的 CRC 值。

2. 前向纠错 FEC

这种方式是发信端采用某种在译码时能纠正一定程度传输差错的较复杂的编码方法,使接收端在收到的信码中不仅能发现错码,还能够纠正错码。这种方法不需要反向信道,也不需要有反复重发引起的延误时间,故实时性较好,但设备较复杂。

前向纠错系统中较多使用的差错控制码有汉明码、循环码等。这里,我们主要介绍汉明码。

汉明码是一种能够纠正一位错码且编码效率较高的线性分组码。分组码属于线性编码,其基本原理是使信息码元与监督码元通过线性方程式联系起来。线性码建立在代数学群论的基础上,各许用码组的集合构成代数学中的群,故又称为群码。

一般说来,若码长为 n,信息码为 k,则监督码数 $r=n-k$。若希望用 r 个监督码构造出 r 个监督关系式来指示一位错码的 n 种可能位置,则要求:$2^r-1 \geqslant n$ 或 $2^r-1 \geqslant k+r+1$。

数据在计算机中进行传输和处理都是以字节为单位的,因此本实验在选取汉明码时,信息位和监督位的个数都要是 8 的整倍数,通信性能仿真中所使用的 (32,24) 线性分组码改自 (31,26),监督字节中第 3 位无意义,高 5 位能够纠正 2^5 = 32 个位置的单比特错误,编码效率为 $1-r/n=3/4$。

3. 混合纠错 HEC

混合纠错(HEC,Hybrid Error Correction)将 ARQ 和 FEC 组合使用,能纠则纠,不能纠则需要再检测重传。

具体使用哪一种差错控制方式要在具体的信道情况和要求的传输可靠性之间折衷。

8.2.3 信道共享技术

在实际工作中,经常会遇到有多个用户(如计算机终端)要同时和一个主机相连。分布式共享信道的方式称为多址接入的方式。最简单的多址接入的方式是复用,例如无线通信中的频分复用和时分复用。这样的网络为任意两个节点开通一条专用线路,其实时性好,但信道利用率不高。数字通信中,以动态分配信道资源的多点接入方式提高了网络利用率。

多点接入技术主要有以下两类:

1) 受控接入:轮叫轮询和传递轮询。

2) 随机接入:ALOHA,CSMA 和 CSMA/CD。

1. 受控接入

轮询是一种非竞争的动态分配共享资源的系统,它一般设有某个集中控制点,后者被称为主站,由它向各分散用户发出询问信息包,探询用户是否有信息要发送,分散用户只有待收到探询后方能使用信道。

探询的方式有两种,一种为由主站按某种顺序原则主从轮询,称为轮叫轮询;另一种为探询传递,既探询信令按某种顺序原则在各用户站间传递,称为传递轮询。前一种方法有利于应用优先权方式,而后一种方式则难以应用。

(1) 轮叫轮询

轮叫轮询表示主机轮流查询各站,询问有无数据要发送。设有 N 个站连成多点线路,主机按顺序从站 1 开始逐个轮询,站 1 如有数据即可发给主机;站 1 无数据,则发送控制帧给主机,表示无数据可发,然后主机询问站 2……在询问完站 N 后,又重复询问站 1。由于主机向各站发送数据时有主动权,且其数据帧均带有各站的地址,所以不会出现混乱的现象。

(2) 传递轮询

工作原理如下:主机先向站 N 发出轮询帧。站 N 在发送数据完毕或在告诉主机没有数据发送时,将其相邻站[站(N-1)]的地址附上。可以看出,站 N 发送数据时,其他站可以检测到有数据,由于这些数据的地址指向主机,所以其他站不接受。最后,站 N-1 检测到自己的地址,知道发送权转移到本站了,就开始发送数据。以后的情况是类似的,当发送权再一次回到主机时,一个循环结束了。

由此可见,传递轮询的帧时延小于同样条件下的轮叫轮询的时延。站间的距离越大,传递轮询的效果就越好;站间的距离越小且通信量较大,传递轮询带来的好处就不太明显。传递轮询系统虽然具有更好的性能,但由于实现起来技术比较复杂,代价也较高,因此在目前实用的轮询系统中,主要还是轮叫轮询。

2. 随机接入

当网络的通信量比较小时,轮询系统的工作效率较低,因为各站基本上没有什么数据可发送,但轮询的信息始终不停地在线路上传来传去。因此,当网络的通信量较小时,用户自由地发送数据时所产生冲突的概率不大,像这样的多点接入方式称为随机接入。

ALOHA 可分为纯 ALOHA 和时隙 ALOHA 两种。

(1) 纯 ALOHA

纯 ALOHA 系统是这样的一种网络,设有无限个用户共享一个信道,这些用户的总呼叫是均值为 λ 的泊松流。当任一用户有信息要发送时,便立即以定长信息包的形式发上信道,因此这是一种纯随机地抢占信道的方式。但是,若有两个以上的信息包同时发上信道时将发生碰撞,此后为纯随机地重发。

当站 1 发送数据时,其他的站都没发,所以必定成功,但随后站 2 和站 N-1 发送的帧在时间上有重叠,发生冲突,因此必须重发,而发生冲突的各站不能马上进行重发,不然会继续发生冲突。ALOHA 系统采用的重发策略是让各站等待一段随机的时间,然后再进行重发。如再发生冲突,则再等待一段时间,直到发成功为止。

性能分析:可以看出,一个帧发送成功的条件是该帧与该帧前后两个帧的到达时间间隔均大于发送时间 T_0。设帧的到达服从泊松分布,吞吐量为 S,其等于在发送时间 T_0 内成功发送的平均帧数,$0<S<1$。$S=1$ 是极限情况,这种情况下表明帧一个接一个地发出去,帧之间没有空隙。可以用 S 接近 1 的程度来衡量信道利用率是否充分。网络负载为 G,其等于时间 T_0 内总共发送的平均帧数,包括发送成功的帧和因冲突未发送成功的帧。

设一个帧发送成功的概率为 p,在稳定情况下 $S=G×p$,有

$$p = e^{-2G}$$

故吞吐量

$$S = Ge^{-2G}$$

式中,当 $G=0.5$ 时,S 可能达到最大值 0.184。

当 $G>0.5$ 时,由于吞吐量 S 在减小,表明成功发送的帧减少而发生冲突的帧增加,从而引起更多重传,故网络负载 G 进一步增大,其恶性循环的结果就是吞吐量 S 下降为 0。所以在纯 ALOHA 中,G 一定不能大于 0.5。

实际中为了安全起见,纯 ALOHA 的吞吐量 S 不应超过 10%。

(2)时隙 ALOHA

为了提高吞吐量,可以将所有各站在时间上同步起来,并将时间划分为一段段等长的时隙,记为 T_0。同时规定,帧只能在时隙的开始时才能发送出去。时隙 ALOHA 用同步的代价换取了吞吐量的提高。

在这样的系统中,由于每个信息包被限定在固定的时隙中发送,因而要成功发送一个信息包,只要在其发送的这个时隙段(一个包长时间)内没有其他信息要发就可,即成功发送一个信息包的概率为在一个包长时间内无信息包要发送的概率,有

$$p = e^{-G}$$

于是吞吐量公式为

$$S = Ge^{-G}$$

上式说明,当 $G=1$ 时,S 有最大值 0.368,是纯 ALOHA 的 2 倍。

轮询和随机接入的比较:一般来讲,当站数较少时,纯 ALOHA 的时延较小;当站数较多时,轮询的时延较小。有一点必须强调,当多点接入系统中的站数不断增多时,轮询系统不会出现不稳定现象,而两种 ALOHA 系统都有一个不稳定的工作区域。

从概念上讲,纯 ALOHA 由于所受的约束较少,因而可以在通信量强度较小时

获得最小的时延;轮询系统对每个站点的发送时机有严格的限制,因而当通信量很大时各站不会相互干扰,仍像轻载时那样不会产生冲突。但是,轮询系统付出的代价是轮询帧来回不断地在线路上传递而增加了开销,正是这种开销,使得轮询系统在通信量强度较小时的延时比 ALOHA 系统的大。

(3) 载波监听多址接入 CSMA

CSMA 属于 ALOHA 方式的改进,由于采用了附加的硬件装置,每个站都能在发送数据前监听信道上其他站是否在发送数据。这种方式是指,公共信道上的分散用户采用载波检测方法来检查信道上是否有发送信号,以判断信道的忙闲状态,各用户只能在信道空闲时发出自己的信息包。

具体到载波检测,其又有两种类型:一种为坚持检测方式,即分散用户保持连续检测信道,一旦发现信道空闲且需要发送,便可向信道发送信息包;另一种为非坚持检测方式,即分散用户检测到信道忙后,便等待一段随机时间后再检测,直到信道被检测为空闲时才发送信息包。

从这种方式的物理机制上可以很主观地理解到,它可有效地避免 ALOHA 系统中的发送碰撞,对传输延时小的公用信道较为适合,而当信号传输延时大或用户对信道检测状态不平衡时便会使性能劣化,这种情况在无线系统中表现得比较突出。

图 8.4 是 CSMA 随机接入过程的流程图,它分为以下三个协议,即 ALOHA、非坚持 CSMA 和 p 坚持 CSMA。把 ALOHA 的方框画在这里只是为了方便对比,实际上 ALOHA 并没有载波监听。

对于非坚持 CSMA,该方式中当用户无信息包要发时,不检测信道;当用户有信息要发时,就检测信道,若空则发送,否则停止检测,待一段随机时间 T 后再检测。由于信息到达的随机性、独立性和稀疏性,因而其产生信息包碰撞的原因主要是由传输延时引起的。

如果延时 $a = 0$,那么同一时刻发出两个以上包的概率为 0,随机监听也不会同时发生,因此发出的信息必然是成功的,且每个忙期只有一个信息包。考虑上空闲期后,吞吐量为

$$S = \frac{G}{1 + G}$$

由于信号在信道上以有限速度传播,所以载波监听并不能完全消除冲突。电磁波在电缆中的传播速度只有在自由空间中速度的 65% 左右,因此 1000m 的电缆要 $5\mu s$ 的传播时间。

考虑到实际情况下延时 a 不可能为 0。这样,吞吐量为

$$S = \frac{Ge^{-Ga}}{(1 + 2a)G + e^{-2a}}$$

坚持 CSMA 是说监听到信道忙时仍监听下去,一直坚持到信道空闲为止。此

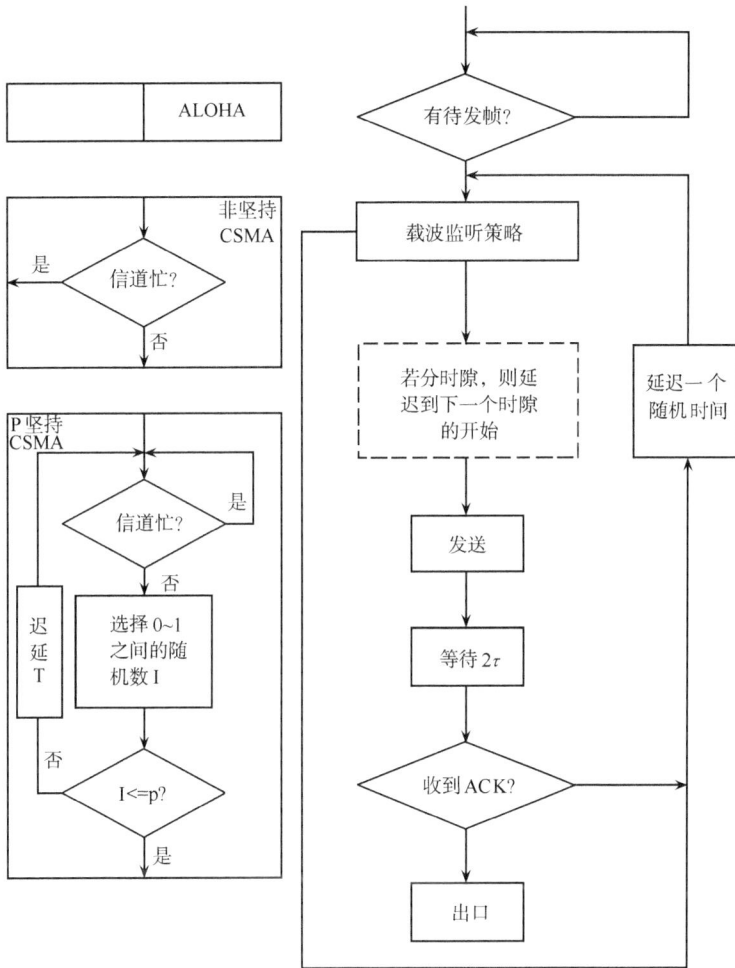

图 8.4 CSMA 随机接入过程的流程图

时又有两种不同策略:一种是一旦空闲就立刻发送,这样有助于抓紧一切有利时机发送数据,但若有两个或更多的站在同时监听,就会发生冲突,反而不利于吞吐量的提高,它被称为 1 坚持 CSMA;另一种是一旦听到信道空闲,就以概率 p 发送数据,以概率$(1-p)$延迟一段时间,重新监听信道,这样的策略被称为 p 坚持 CSMA。

对于 1 坚持 CSMA,在考虑了延时及信息包碰撞后,吞吐量为

$$S = \frac{G(1 + G + Ga)e^{-G(1+2a)}}{e^{-Ga} + e^{-G(1+a)} + G + 2aG - 1}$$

同时隙 ALOHA 相似,也有时隙 CSMA,这个系统需要全网同步。每个帧只能在每个时隙的开始时刻发送,因此减少了冲突的概率,进一步提高了网络的吞吐量。时隙 CSMA 也可分为非坚持、1 坚持或是 p 坚持的,其他方面和不分时隙的情

况是一样的。

（4）载波监听冲突检测 CSMA/CD

CSMA 由于在数据发送之前进行载波监听，因此减少了冲突的机会，但由于传播时延的存在，冲突还是不可避免的，只要发生冲突，信道就被浪费一段时间。一种被称为 CSMA/CD 的改进方式，即载波检测-碰撞检测，能够边发送边监听，只要监听到发生冲突，则冲突的双方就必须停止发送，即分散用户除了检测信道忙闲外，自己向信道发送信息包时，同时检测是否与其他信息包碰撞。若发生碰撞便停止发送，这样可以避免无效发送占用信道而提高信息吞吐量。

图 8.5 为 CSMA/CD 算法流程图。由该图可以看出，在每个站发送数据的开始，由于电磁波在网络上传播需要时间，因此冲突仍有可能发生。我们将这段可能发生冲突的时间间隔称为争用期。

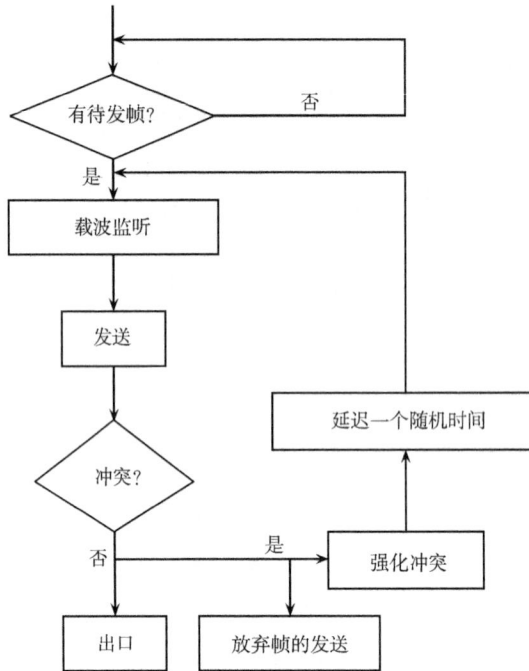

图 8.5　CSMA/CD 算法流程图

CSMA/CD 性能分析：假设传播时延为 τ，发出的强化干扰信号为 T_j。争用期的最小值是对应于 B 站紧接着 A 站发送数据的时间，为 $2\tau + T_j$；争用期的最大值是 B 站刚要接受 A 站数据时就发送数据的时间，大小为 $3\tau + T_j$。

设总线上共有 N 个站，归一化端到端时延为 a，某个站的成功概率为 p，某个站成功发送的概率为 A，则有

$$A = Np(1-p)^{N-1}$$

当 $p = 1/N$ 时, A 有最大值 0.368。

网络的归一化吞吐量为

$$S = \frac{T_0}{T_{AV}} = \frac{T_0}{2\tau N + T_0 + \tau} = \frac{1}{1 + a(2A^{-1} - 1)}$$

式中, $a = \tau/T_0$。

要得到最大吞吐量, 只要使 A 最大。可求出当 $p = 1/N$ 时, 有

$$A_{max} = (1 - 1/N)^{N-1}$$

若取 $A = 0.368$, 则最大吞吐量为

$$S_{max} = \frac{1}{1 + 4.44a} \qquad (N \to \infty)$$

假设延时为 a, 网络负载为 G, 通过量为 S, 则对于 CSMA/CD, 有

$$S = \frac{Ge^{-Ga}}{2(1 + Ga) - (2 + 2aG - G)e^{-Ga} + (1 + Ga)e^{-2aG}}$$

以上对各种多址接入系统的性能分析尽管是在某些假设前提下得出的, 但它基本上定性地反映了各种系统的主要性能特点。归纳各自的特点, 可以得出如下结论:

当网络负载 G 很小时, 以上各个系统的吞吐量 S 可近似为

ALOHA: $S \approx G(1-2G)$

时隙 ALOHA: $S \approx G(1-G)$

非坚持 CSMA: $S \approx G[1-(1+2a)G]$

坚持 CSMA: $S \approx G(1-aG)$

CSMA/CD: $S \approx G(1-aG)$

轮询: $S \approx G\left(1 - \frac{P+2a+E}{2}G\right)$

式中, P 为询问信令的长度; E 为对询问信令回答结束的信息包长度。

由此看出, 各系统的吞吐量 $S \approx G$。此外, 在延时传输系统中, 当延时系数 a 较小时, 坚持 CSMA 和 CSMA/CD 性能较好; 当延时较大时, 时隙 ALOHA 性能较好, 它与延时无关。另一方面, 当 G 趋向于无穷时, 所有随机竞争型系统只要有延时存在, 吞吐量 S 都趋向于 0, 而对于中央控制的轮询系统, 则有最大的吞吐量, 系统稳定。实际上, 这种稳定是因为采用了拒绝排队规则, 若对于其他系统都使用该规则, 系统都能稳定。

从所讨论的结果看, 各种多址接入方式都有其自身的性能特长, 不存在彼此孰优孰劣的问题, 所以对于不同的环境, 可采用与环境相适应的上述方法。

8.3 实验设备与软件环境

每两台 PC 机为一组,双方软、硬件配置相同。

硬件:串口连接电缆(反绞,用于连接两台计算机的串口),带串口及 USB 接口的蓝牙模块(建议为 SEMIT TTP6603),USB 电缆,串口连接电缆(不反绞)。

软件: Windows 2000 Professional 操作系统(显示设置采用 Windows 标准字体,分辨率为 1024×768),TTP 通信传输的有效性和可靠性分析实验软件。

整个实验环境如图 8.6 所示,首先使用串口电缆连接两台终端,然后去掉串口电缆,两端分别连接 TTP6603。

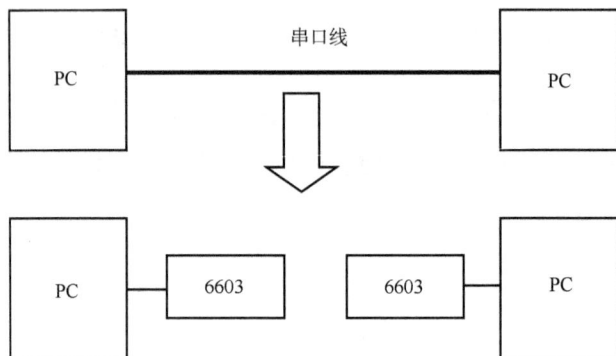

图 8.6 实验环境

8.4 实 验 内 容

8.4.1 性能仿真

认真理解 8.2.1 节的实验原理。进行下面的仿真:

1) 连续 ARQ 和停止-等待协议的差错率和帧传送平均延时的关系(点击主界面图上的"仿真 2")。

2) 陆地和卫星通信信道环境中,各种参数下最佳帧长和信道利用率的关系(点击主界面图上的"仿真 1")。

3) 共享信道技术、网络负载和吞吐量之间的关系(点击主界面图上的"仿真 3"~"仿真 7",可选)。

8.4.2 数据速率

数据传输速率的分析(点对点通信)。

通过无线信道速率测试程序,使学生体会:无线通信两端距离,信道上障碍物,帧长对无线传输速率的影响。

设置测试包长度,测试:

1) 两台主机直接用串口电缆连接,测得实际速率 V'_{RS232}。

2) 两台主机各自用串口电缆连接蓝牙模块,建立连接后测得实际速率 $V'_{RS232+BT}$。

3) 两台主机各自用 USB 连接蓝牙模块,建立连接后测得实际速率 V'_{USB+BT}。

通过软件实际测到的是图 8.2 中的 t_T 和 l_f,蓝牙速率测试不能直接用 t_T 除 l_f,这样测出的速率偏小。

如图 8.7 所示,参考基带实验中的包结构(括号内的单位是"bit"),可见,基带包在数据载荷前约有 21 个字节。

接入码(72)	包头(54)	L2CAP 包头(32)	数据帧载荷

图 8.7　基带的包结构

设帧长 100 字节,实际空中传输 121 个字节;响应帧 1 个字节,实际空中传输 21 个字节,那么响应帧的传输时间是不能忽略的,实际速率 $=(121+21)/t_T$ 而不是 $100/t_T$。

基带包长和程序中指定的包长还不是一个概念。基带包有七种 ACL 包,数据载荷长度分别在 18~341 字节不等,程序默认设定 341 字节的 DH5 包类型;程序指定的数据帧长是程序一次发给蓝牙芯片的数据分组长度,它的上限由蓝牙芯片规定,本实验中取值为 1000 字节。

综上所述,实测速率为

$$v = \frac{\text{发送包数} \times (\text{基带包数据载荷} + 42)}{t_T}$$

式中,发送包数 $=$ int(数据长度/程序指定帧长)×(int(程序指定帧长/基带包长)$+$ 1),int 表示取整。

假定采用默认设置,应用程序指定帧长为 300 字节,则

$$v = \frac{\text{int(数据长度}/300) \times 382}{t_T}$$

由于基带信道分成 SCO、ACL 两种物理信道,而 1Mbps 只是蓝牙所有信道的传输速率。数据分组是从 ACL 上传输,ACL 信道不可能占满所有的时隙,这是 RS232、USB 蓝牙速率测试和文件传输中速率的一个主要的瓶颈。同样,USB 也分为多个逻辑信道,数据分组只占用其中的一部分,所以 USB(蓝牙)测出的速率值比理论值要小。

改变两个蓝牙模块之间的距离,增加信道上的金属障碍物,改变帧长,观察传输速率的影响。

8.4.3 文件传输

加上误码,采用纠检错信道编码的方法牺牲速率来保证通信的可靠性。在不同的误码率情况下,在可靠性和速率之间进行折衷。

在以下两种典型的信道编码的情况下权衡通信的可靠性(比较最终收到文件和发出文件所得出的误比特率)和所付出的代价(实际传输的字节数/所要传输文件的字节数,实际传完所消耗的时间)。

检错:CRC 校验。

纠错:线性分组码。

传输机制采用停止-等待方式。第一次直接用 232 串口连接两台计算机,第二次分别采用 232 串口和 USB 连接蓝牙模块。

具体步骤如下:

1) 发送方选择发送的文件、数据帧长、对传输的数据帧进行纠检错的信道编码方式以及容许的最大重传次数和信道误码率。

2) 接收方对收到的包进行解码,如能纠错,即纠正错误;如检出错误不能纠正,则要求重发。接收方如认为一帧传输无误则提交给上层应用程序。

3) 统计通信性能参数:文件实际传输时间、文件实际传输的字节数和重传次数。文件传输后可以得到的结果有文件传输的误比特率、实际传输的时间、在信道上实际的流量和重传的次数。

改变两个蓝牙模块之间的距离,增加信道上的金属障碍物,改变帧长,观察对文件传输速率和误比特率的影响。

8.5 实 验 步 骤

8.5.1 性能仿真

依次点击图 8.8 软件主界面上的"仿真 1"~"仿真 7",完成 8.4.1 节的实验内容。

如果对实验原理有疑问的话,可以点击"相关资料"按钮,会弹出一个帮助窗口。用户从中可以找到相关的实验原理,其中图表的右上角代表图表中曲线含义的颜色块,不同的颜色代表了不同的曲线。

举例:"仿真 1"输入的参数如表 8.1 所示。

表 8.1 "仿真 1"输入的参数

链路 1 容量/kb	4.8	误比特率	0.000001
链路 1 容量/kb	48	卫星链路延时/ms	350
传播时延/ms	50	控制信息长度/bit	48

观察结果如图 8.8 所示,在界面表格中可以看到和线路有关的数据,并标出了

信道利用率最大时的帧长。

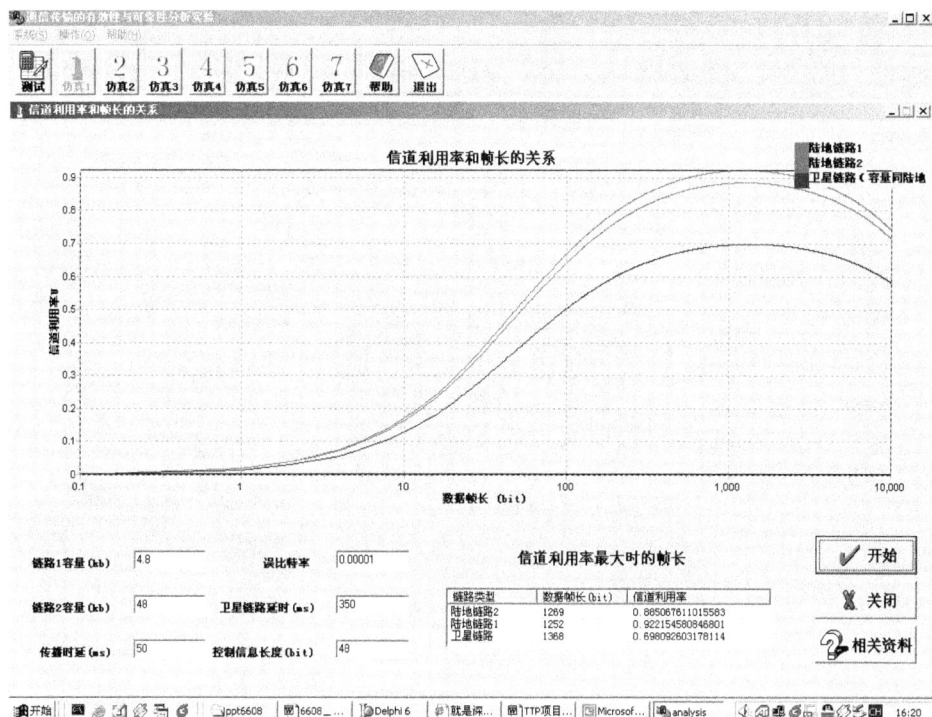

图 8.8　仿真界面

8.5.2　速率测试

在主界面上选择"测试"窗口,界面如图 8.9 所示。

使用两台计算机进行操作,分别进行三项测试:两台计算机直接用 RS232 串口线连接,两台计算机都用 USB 连接蓝牙设备,两台计算机都用 RS232 串口线连接蓝牙设备。

在"链路管理"区中选择测试模式及使用的端口。

点击"初始化设备"。如果选择"与蓝牙模块连接"方式,测试前还需建立物理连接,方法是:一方进行查询和建链,另一方等待。

在"速率测试"区中填写测试参数:包长 M(字节)、包的个数 N 和测试个数 P,其中 M 是一次发到蓝牙模块的数据帧长,每发送 N 个包则向上报一次数据采样值,一共报 P 个值。

界面图中标签显示的速率直接用发送数据量与时间相除,体现了各个采样值的相对大小,实际速率学生可根据 8.4.2 节的实验内容计算。发送数据量与花费时间的数值显示在图表下的表格里。

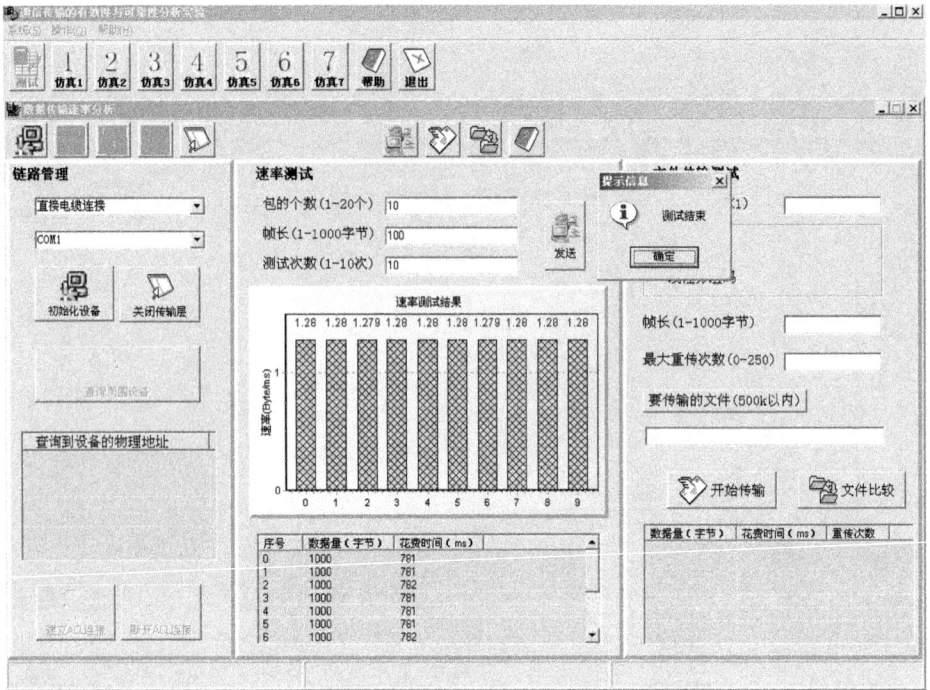

图 8.9　速率测试界面

改变两个蓝牙模块之间的距离,增加信道上的金属障碍物,改变帧长。观察对测试速率的影响。

8.5.3　文件传输

传输前的准备工作与 8.5.2 节的内容相同。

发送方设置:

1) 误码率,传输的文件名。

2) 选择需要的信道编码方式。设置时请注意:CRC 可检出一帧中的一个、两个或奇数个比特的错误。实验中采用的(32,24)汉明线性分组码可纠正 3 字节信息中 1bit 错误。

3) 数据帧长(帧长大,传输快,但同时错误和重传的概率会提高)。

4) 最大重传次数。最大重传次数仅对 CRC 编码有效,在误码率较大时,最大重传次数设置过小会导致传输无法进行。

发送方程序会记录传输该文件所消耗的时间和重传次数,显示在文件传输区下面的列表中。接收方程序会记录接收到文件的错误比特数。

点击文件传输区中的"文件比较",选择发送的文件和接收的文件。点击"比较"按钮可得到结果,如图 8.10 所示。

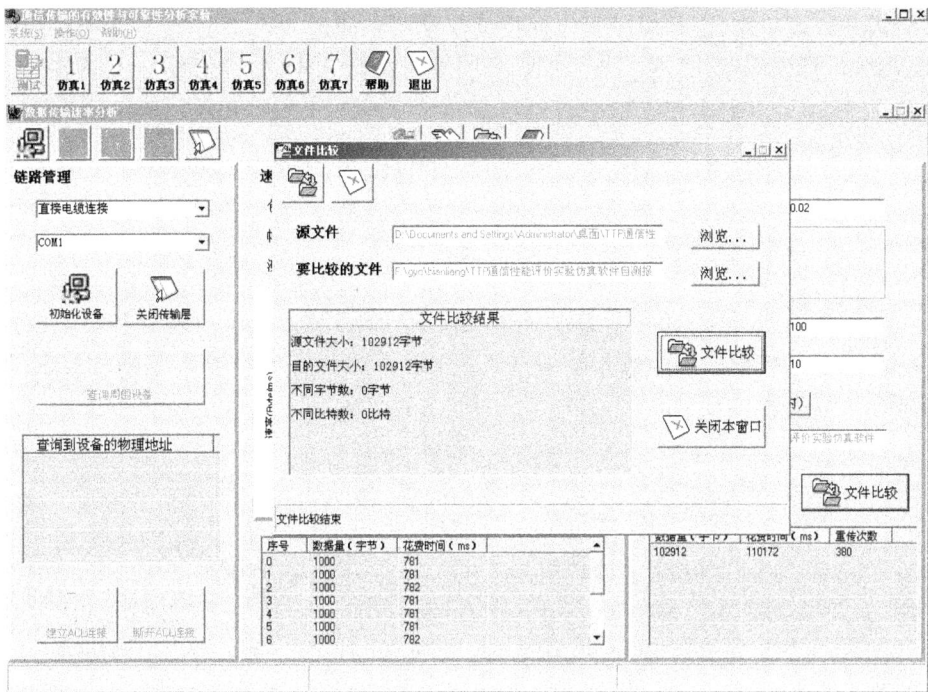

图 8.10　文件传输界面

注意:由于蓝牙模块的限制,做速率测试和文件传输实验时设置的数据帧长不能超过 1000 字节。

8.6　预　习　要　求

1)了解停止-等待协议、连续 ARQ 协议知识,了解信道利用率和最佳帧长的概念。

2)了解检错重发 ARQ、前向纠错 FEC 等误码和差错控制原理。

3)了解受控接入中的轮叫轮询、传递轮询以及随机接入中的 ALOHA、CSMA 和 CSMA/CD 机制。

8.7　实验报告要求

1)在速率测试中,设置包的个数为 10,测试次数为 10 次。取不同的包长,记录通过串口连接蓝牙模块和通过 USB 口连接蓝牙模块的测试结果(包括包长、数据量、花费时间和平均速率)。分析各次测试结果,从中可以得出什么结论?

2)在文件传输测试中,传输一个大小为 100kb 的文件,误码率分别设为

0.001、0.01 和 0.05,帧长设为 300 字节,最大重传次数为 50。分别采用 CRC 与线形纠错码方式纠错,记录通过串口连接蓝牙模块和通过 USB 口连接蓝牙模块的测试结果(包括误码率、传输字节、花费时间、重传次数和不同比特数)。分析各次测试结果,从中可以得出什么结论?

3) 回答思考题。

思 考 题

1. 推导汉明码(32,24)的监督位生成式和纠错方法。

2. 文件传输中的最佳帧长结果与 8.4.1 节性能仿真中的结果有什么差异,如何解释这种差异?

参 考 文 献

Andrew S Tanenbaum. 2001. 计算机网络(第 4 版). 北京:清华大学出版社

谢希仁. 1999.计算机网络(第 2 版). 北京:电子工业出版社

Bluetooth SIG. 2001. Specification of the Bluetooth System V1. 1-Core. http://www.bluetooth.org

第9章 数字图像的采集传输和处理

9.1 引 言

多媒体信息的采集、处理和传输是数字通信的重要任务之一,其中数字图像的采集、处理和传输占据了较大的比重。本章中,读者可以了解电荷耦合器件(CCD,Charge Coupled Device)和模数转换器(ADC,Analog-to-Digital Converters)对图像数字化的重要作用以及数字图像的采集过程,接触多种图像压缩方式和基于蓝牙平台的图像传输过程,理解硬件参数与软件处理方法对数字图像的影响,掌握简单的数字图像处理的方法,如伪彩、平滑、锐化、图像增强等,同时还可通过实际编程加深对理论知识的理解,提高实践能力。

9.2 基 本 原 理

9.2.1 数字图像的采集

1. 数字图像采集系统的结构

数字图像采集系统由摄像头、电荷耦合器件 CCD、模数转换器 ADC、高速缓存及控制器等部分组成,系统结构如图 9.1 所示。图 9.1 中摄像头产生一个对应于物体的光学图像,CCD 将此光学图像转换为相应的电信号,ADC 将 CCD 输出的连续的电信号转换成离散的电信号,最后将此电信号存储在存储器中,以便进一步的处理,其中 CCD、ADC、存储器都是由控制器控制的。

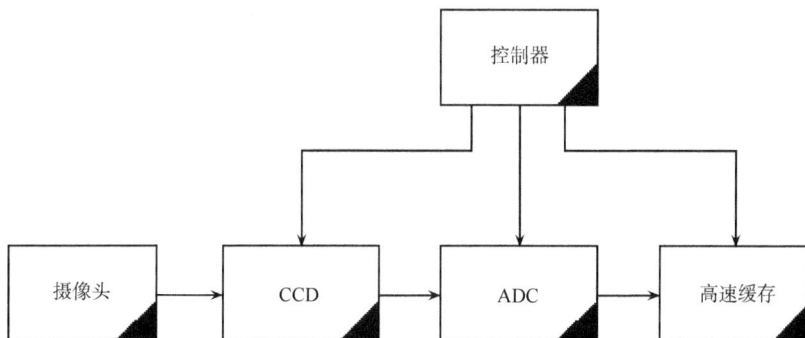

图9.1 数字图像采集系统的结构

2. 电荷耦合器件 CCD 的工作原理

CCD 用于将光信号转换成电信号,可以用三种不同的结构读出 CCD 图像检取器件的累计电荷:经典结构(又叫全帧结构)、行间传送结构和帧传送结构。

(1) 全帧 CCD

在曝光之后,全帧 CCD 必须在读出过程中关闭快门以使其保持黑暗,然后把传感器的底行电荷移出,每次移动一个像素。当底行被移空后,所有行的电荷被向下移动一行,然后底行被移出。将这个过程重复,直到最后顶行移到底行并移出,然后该器件准备累积(曝光)另一幅图像。

(2) 行间传送 CCD

在行间传送 CCD 中,传感器的每个偶数列被一个不透明的掩膜覆盖着,这些被掩盖的势阱构成的列仅在读出过程中被使用。曝光后,每一个曝光的势阱中的电荷包被移动到相邻的掩膜阱中。因为所有的电荷组一起被移动,因此这种传送仅需很少时间。当暴露的势阱在累积下一幅图像时,掩膜阱中的电荷被移下和移出,就像经典 CCD 那样。在这种类型的传感器中,芯片上每列的像素数是每列实际阱数的一半。由于被掩盖的列占据了表面的一半,因此只有不超过 50% 的芯片面积是光敏的。

(3) 帧传送 CCD

帧传送 CCD 芯片有一个双倍高度的传感器阵列,上面的一半以标准方式获取图像,下面的一半是存储阵列,它被不透明的掩膜盖着,以防止接触入射光线。在累积期结束时,传感器阵列中累积的整个电荷图像被一行行地快速移入存储阵列,当传感器阵列在累积下一幅图像时,存储陈列中的图像按标准方式逐个像素地被移出。与行间传送一样,这种技术同时累积电荷和传出图像,以使视频速度的图像获取成为可能。

(4) CCD 性能

CCD 可以按不同的方式配置,从而构成一系列可用于电视和图像数字化目的的小型而稳定的固态摄像机,这类摄像机没有几何畸变,而且对光的响应是高度线性的。CCD 可以作为多种图像传感应用的可选设备,它能以电视速率(30 帧/s)或更慢的速率扫描。由于它们可用几秒到几小时的累积时间来捕捉低亮度图像,因此 CCD 可以用于诸如天文学和荧光显微镜学等领域。如果曝光时间较长,应将传感器冷却至室温以下以减小暗电流效应。暗电流能在光电得以形成之前将势阱中填满热电子,但由于晶格点阵的缺陷,尤其在不太昂贵的芯片上,不同像素的暗电流可能差别很大。在曝光时间较长的图像上,会留下一个像星空那样的固定噪声图案,这种效应是因为少数像素具有反常的较大暗电流。既然这种噪声图案是固定的,除非暗电流已使势阱中的热电子达到饱和,否则它们可以记录下来并在以后从图像中减去。

3. 模数转换器 ADC 的作用

量化器将传感器输出的连续量转化为整数值。典型的量化器是一种被称为"模数转换器"的电路,它产生一个与输入电压或电流成比例的数值。

9.2.2 数字图像的传输

物理图像被划分为称作图像元素(Picture Element)的小区域,图像元素简称为像素(Pixel)。每个像素具有两个属性:位置(或称地址)和灰度。位置由扫描线内的采样点的两个坐标决定,这两个坐标又被称为行和列;表示像素位置上亮暗程度的整数值称为灰度。在每个像素位置,图像的亮度被采样和量化,从而得到图像对应点上表示其亮暗程度的一个整数值。在对所有的像素都完成上述转化后,图像就被表示成一个整数矩阵,此数字矩阵就作为计算机处理的对象,因此传输数字图像就是传输这个数字矩阵的内容。

数字图像处理过程中一般经常会产生很多的包含图像数据的大型文件,它们经常需要在不同的用户及系统之间互相交换,这就要有一种有效的方法来存储及传递这些大型文件。由于数字图像天生数据量很大,因此人们期望对它进行压缩,图像压缩就是通过删除冗余的或不需要的信息来达到这个目的的技术。

1. 图像压缩

(1)压缩特性

数据的压缩方法种类繁多,可以分为无损压缩和有损压缩两大类。无损压缩利用数据的统计冗余进行压缩,可以完全恢复原始数据而不引入任何失真,但压缩率受到数据统计冗余度的理论限制,一般为 2∶1 到 5∶1。这类方法被广泛用于文本数据、程序和特殊应用场合的图像数据(如指纹图像、医学图像等)的压缩。由于压缩比的限制,仅使用无损压缩方法不可能解决图像和数字视频的存储和传输问题。

有损压缩方法利用了人类视觉对图像中的某些频率成分不敏感的特性,允许压缩过程中损失一定的信息,虽然不能完全恢复原始数据,但是所损失的部分对原始图像的理解影响较小,却换来了大得多的压缩比。有损压缩被广泛应用于语音、图像和视频数据的压缩。

(2)压缩技术分类

无损压缩算法可分为两大类:基于字典的技术和基于统计的方法。

基于字典的技术所生成的文件包含的是定长码(通常是 12~16 位),每个码代表原文件中数据的一个特定序列。基于统计的方法通过用较短的代码来代表频繁出现的字符,用较长的代码来代表不常出现的字符,从而实现数据的压缩。

基于字典的技术有行程编码(RLE,Run-Length Encoding)、LZW(Lempel-Ziv-

Welch)编码。统计编码方法有哈夫曼编码(Huffman Coding)等。

2. 数字图像的不同格式

(1) bmp 格式

bmp(bitmap)文件格式是 Windows 本身的位图文件格式,所谓本身,是指 Windows 内部存储位图即采用这种格式。一个 bmp 格式的文件通常有扩展名 bmp。bmp 文件可用每像素 1、4、8、16 或 24 位来编码颜色信息,这个位数称作图像的颜色深度,它决定了图像所含的最大颜色数。一幅 1bpp(bit per pixel,位/像素)的图像只能有两种颜色,而一幅 24bpp 的图像可以有超过 16 兆种不同的颜色。

典型 bmp 文件的结构被分成四个主要的部分:位图文件头,位图信息头,色表和位图数据本身。位图文件头包含关于这个文件的信息,如从哪里是位图数据的定位信息;位图信息头含有关于这幅图像的信息,例如以像素为单位的宽度和高度;色表中有图像颜色的 rgb(red/green/blue)值;位图数据格式依赖于编码每个像素颜色所用的位数。

对于一个 256 色的图像来说,每个像素占用文件中位图数据部分的一个字节。像素的值不是 rgb 的颜色值,而是文件中色表的一个索引。像素值按从左到右的顺序存储,通常从最后一行开始,所以在一个 256 色的文件中,位图数据中第一个字节就是图像左下角的像素的颜色索引,第二个就是它右边的那个像素的颜色索引。如果位图数据中每行的字节数是奇数,就要在每行都加一个附加的字节来调整位图数据边界为 16 位的整数倍。位图文件的具体结构可参见本章附录。

(2) jpeg 格式

jpeg(joint photographic experts group)文件格式最初由 c-cube microsystems 推出,是为了提供一种存储深度位像素的有效方法,例如对于照片的扫描,颜色可以很多而且差别细微(有时也不细微)。jpeg 和前面讨论的 bmp 的最大区别是:jpeg 使用一种有损压缩算法,它利用了人的视角系统的特性,使用量化和无损压缩编码相结合来去掉视角的冗余信息和数据本身的冗余信息。

jpeg 图像压缩是一个复杂的过程,经常需要专门的硬件来帮助。首先图像以像素为单位分成 8×8 的块,然后每个块分三个步骤被压缩:第一步使用离散余弦变换(DCT,Discrete Cosine Transform)把 8×8 的像素矩阵变成 8×8 的频率(颜色改变的速度)矩阵;第二步对频率矩阵中的值用量化矩阵进行量化,滤掉那些总体上对图像不重要的部分;第三步,对量化后的频率矩阵使用无损压缩。因为被量化后的频率矩阵缺少了许多高频信息,所以 jpeg 图像通常能被压缩到一半甚至更少。

jpeg 的有损部分产生在第二步,量化矩阵的值越高,从图像中丢掉的信息就越多,从而压缩率就越高,可是同时图像的质量就越差。在进行 jpeg 压缩时可以选择一个量化因子,这个因子的值决定了量化矩阵中的数值。理想的量化因子要在压缩率和图像质量间达到平衡,所以对不同的图像要选择不同的量化因子,通常要经过若干次尝试后方可确定。

无损压缩一般根本不能压缩真正的照片图像,所以50%的压缩率已是相当不错了,但另一方面,无损压缩能把一些图像文件尺寸减少90%,这样的图像文件就不适合用jpeg来压缩。无损压缩算法能在解压后准确再现压缩前的图像,而有损压缩则牺牲了一部分的图像数据来达到较高的压缩率,虽然这种损失很小以至于人们很难察觉。

3. jpeg编码

图9.2是基于DCT操作模式核心部分的关键步骤,这些图显示了单元件(灰度)图像压缩的特例。

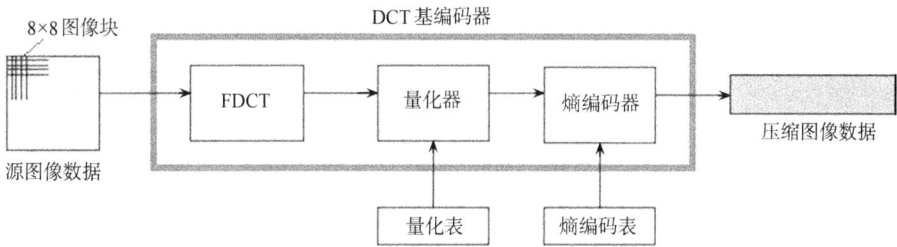

(a) DCT基压缩编码

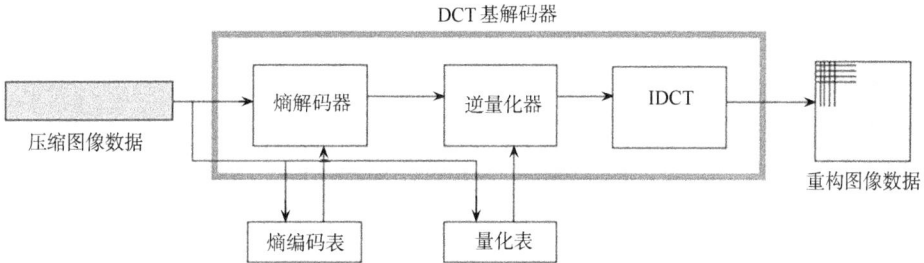

(b) DCT基解压缩编码

图9.2 DCT编、解码

其中的压缩编码大致分成三个步骤:

1)使用正向离散余弦变换(FDCT,Forward Discrete Cosine Transform)把空间域表示的图变换成频率域表示的图。

2)使用加权函数对DCT系数进行量化,这个加权函数对于人的视觉系统是最佳的。

3)使用霍夫曼可变字长编码器对量化系数进行编码。

对于DCT连续模式编、解码器,包括基线连续编、解码器在内,简化图9.2显示了单元件压缩工作的完整工作方式。每输入一个8×8的图像块,经过一步步操作,最终以压缩格式输出数据流。对于 DCT 累进方式编码器来说,在熵编码前需要一图像缓冲器,这样图像能够被储存下来,然后打包输出,多重扫描,从而成功地提高了图像质量。层次操作模式的步骤需要建立图像块,并用一个更大的框图来描述。

在编码器的输入端,源图像样本被分成 8×8 的图像块,从 $[0, 2^p-1]$ 的无符号整数范围内移动到 $[-2^{p-1}-1, 2^{p-1}-1]$ 的有符号整数范围,并输入到 FDCT。在解码器的输出端,反向离散余弦变换(IDCT,Inverse Discrete Cosine Transform)输出 8×8 采样图像块,组成了重新构建的图像。

读者可以通过思考 8×8 块灰度图像样本的数据流压缩来领会基于 DCT 压缩的要点。彩色图像压缩能大致被当成多重灰度图像压缩来处理,区别在于前者是一次完整地压缩一幅图像,后者是每次交互插入 8×8 抽样块来压缩。

下列公式是理想的 8×8 FDCT 和 8×8 IDCT 的数学定义:

$$F(u,v) = \frac{1}{4} C(u) C(v) \left[\sum_{i=0}^{7} \sum_{j=0}^{7} f(i,j) \cos \frac{(2i+1)u\pi}{16} \cos \frac{(2j+1)v\pi}{16} \right]$$

$$f(i,j) = \frac{1}{4} C(u) C(v) \left[\sum_{u=0}^{7} \sum_{v=0}^{7} F(u,v) \cos \frac{(2i+1)u\pi}{16} \cos \frac{(2j+1)v\pi}{16} \right]$$

上面两式中

$$\begin{cases} C(u) \text{、} C(v) = 1/\sqrt{2} & \text{当 } u \text{、} v = 0 \\ C(u) \text{、} C(v) = 1 & \text{其他} \end{cases}$$

$f(i,j)$ 经 DCT 变换之后,$F(0,0)$ 是直流系数,其他为交流系数。

DCT 与离散傅立叶变换(DFT,Discrete Fourier Transform)有关。一些对基于 DCT 压缩的简单直觉可以通过将 FDCT 当作谐波分析器以及将 IDCT 当作谐波合成器获得。每个 8×8 源图像的抽样块能够有效地被当成一个 64 点的离散信号,这是一个 x、y 的二维空间函数,FDCT 将每一信号当成它的输入,然后分解成 64 个正交的基信号。每一个有 64 个惟一的二维(2D)"空间频率",这就组成了输入信号的"频谱"。FDCT 的输出是一组 64 基信号幅度值或由 64 点输入信号惟一确定的"DCT 系数"。

DCT 系数值能被当作由 64 点输入信号决定的二维空间频率的总和。任意一维里的 0 频率系数都被称为"DC 系数",其他 63 个系数都被称为"AC 系数"。因为一幅图像的抽样值点对点变化得很慢,所以 FDCT 的处理步骤成了在低空间频率里集中大部分信号能量并进行数据压缩的基础。对一个典型源图像的典型 8×8 抽样图像块来说,大部分的空间频率有 0 值或近 0 的幅度值,这不需要进行编码。

译码或者叫做解压缩的过程与压缩编码过程正好相反。解码器中 IDCT 将前面的步骤反向进行,包含 64 个 DCT 系数(各点必须进行量化),并且通过将基信号相加重组出一幅 64 点的输出图像的信号。从数学角度来看,DCT 是在图像和频域里的 64 点向量的一对一的映射。如果 FDCT 和 IDCT 能够精确地进行计算,并且

DCT 系数在下列描述中没有被量化的话,那么原始的 64 点信号就能够被精确地还原出来。原则上说,DCT 对于源图像抽样是无损的,它只是将它们变换到一个能够更有效进行编码的域。

实际的 FDCT 和 IDCT 应用的一些性质提出了关于 jpeg 标准需要什么的问题。一个基础特性就是 FDCT 和 IDCT 公式包含了先验函数,结果没有物理应用能够精确地计算出来。因为 DCT 应用的重要性和它与 DFT 的联系,于是有了许多不同的算法。事实上,快速 DCT 算法的研究还在继续,但至今还没有一个适用于所有应用的最佳独立算法。通用的计算机软件里最好的图像压缩方法,可能对可编程的 DSP 来说不是最好的,也可能对具体的 VLSI 来说只是比较好。

9.2.3　数字图像的处理

在一个完整的图像处理系统中,由数字化器产生的数字图像先进入一个适当装置的缓存中,而后计算机根据操作员的指令去调用和执行程序库中的图像处理程序。在执行过程中,输入图像被逐行地读入计算机。对图像进行处理后,计算机逐像素生成一幅输出图像,并将其逐行送入缓存。

图像处理最基本的目的之一就是改善图像。过去曾用光学和电子技术改善图像,并从中获得很大收益,随即各行各业又对图像改善提出了更高的要求。改善技术中最常用的方法是图像增强。图像增强的目的是为了改善图像的视觉效果,或者是为了更便于人或计算机的分析和处理。图像增强可能会压制另一部分信息。图像增强的处理,有的针对图像像素的灰度值,有的针对目标的几何形状,有的以灰度值变化的快慢(即空间频率)作为增强的依据,有的以减少图像上的噪声为主要目标。目前,图像增强方面还没有统一的质量评价标准。

1. 直方图与灰度变换

(1) 直方图

最常见的图像缺陷是全幅偏暗或偏亮、亮度范围不足或非线性等因素造成的对比度不够,使得观看效果不理想。设全幅图像的灰度范围都是 0~255 级,若相邻两物体目标灰度相差小于 10 级,超过人眼对灰度差的感知能力,人眼就不能区分两物体。人眼对灰度的感觉可用并靠着的两个不同灰度的物体目标的图像做实验,首先将一幅图像各像元灰度做统计,画出直方图。

如图 9.3 所示,纵坐标为某灰度的像元数,横坐标为灰度值。常用的直方图是规格化和离散化的,即纵坐标用相对值表示,其定义公式为

$$p(r) = \lim_{n \to \infty} \frac{\text{灰度值为 } r \text{ 的像素个数}}{\text{像素总数}}$$

式中,$p(r)$ 为连续灰度的概率密度函数。

图 9.3(a) 为灰度连续变化时的统计图。灰度离散化时把原灰度量化为均匀

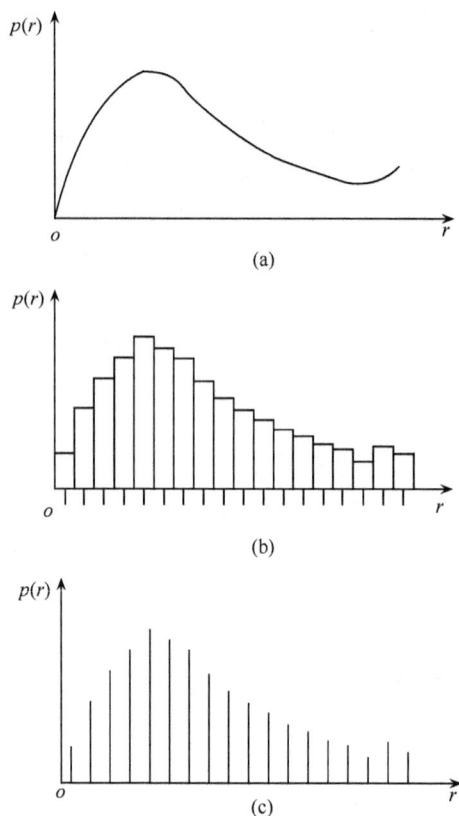

图 9.3　直方图的表示

的有限层次,即在某一灰度级 $r+\Delta/2$ 中像元数的总和可用一矩形条表示,如图 9.3(b)所示,或用一条线表示,如图 9.3(c)所示。

设图像总像元数为 N,某一灰度级 $r+\Delta/2$ 中像元数为 n_r,则对应图 9.3(b),有

$$p(r) = n_r/N$$

当量化分层越多,Δ 越小,当 Δ 趋于无穷小时,频数对灰度级的直方图就变为连续灰度的概率密度函数 $p(r)$。换句话说,概率密度函数的离散化表示即为常用直方图,如图 9.3(c)所示。通常图像的灰度量化分层为 256 级,这对计算机处理来说已足够细了。

（2）直方图的动态范围

直方图的灰度动态范围对实用计算机图像处理系统来说,是通过模数转换器件才能得到的灰度分布数据。若用八位模数转换,则最低位反映较微小变化的灰度信息;若舍入,则丢失了灰度细节信息,因此直方图必须经过修改以适应各种图像的应用领域。

对于彩色图像,若由红、绿和蓝三色所合成,则有红、绿、蓝三幅直方图,进行计

算机处理时也是红、绿、蓝分开处理再合成。

（3）灰度线性变换

由前所述，一幅图像的灰度从最黑到最亮若分成 256 个灰度级，当两块邻接区域灰度相差小于 256/10 个灰度级(例如相差小于 10~25 个灰度级)时，则人眼对此很难区别，会看成是一块联合区域。因此一般图像看不清楚，多数是由于图像相邻像元的灰度级太接近，我们把这种现象叫做灰度压缩，即相互之间灰度差远小于人视觉对灰度分辨能力的限制。

我们可以用映射的方法把原来压缩的直方图分得开一些，这叫直方图拉伸。拉伸和压缩直方图有许多方法，最常用的是线性映射。例如一幅图像中两种不同类型的目标，分别占两段灰度范围，这时我们可以把要看清楚的目标甲的直方图做拉伸映射，对不需要的目标乙的一段直方图可以压缩，使目标乙变成视觉感知较模糊的图像。

以图 9.4 为例，设原直方图为 $p(r)$-r 曲线，该图可看成两部分，一部分是背景，另一部分是图像中的物体。原直方图中 0~r_0 一段为目标，而 r_0~1 一段为图像背景。此直方图反映目标的灰度相互距离太近(压缩后看不清楚)，而背景拉得较开则较为清楚。要想把目标看得清楚一些，背景的细节需要模糊一些，则可用图中

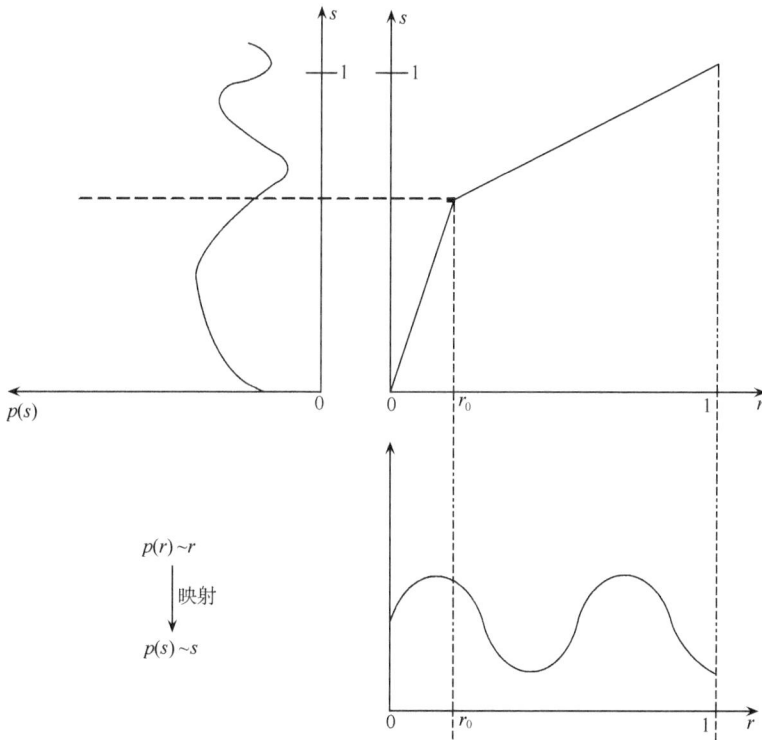

图 9.4　直方图的映射

的 $s = T(r)$ 函数作为映射曲线,得到新的直方图 $p(s)$-s。从图 9.4 中可以看出 $p(s)$-s 直方图把背景的灰度压缩了,而把目标灰度拉伸了,这样目标的细节就显得更清晰。

2. 图像的平滑

噪声分为两大类,一类是点状、尖峰状颗粒噪声;另一类是分布的噪声,如高斯噪声等。对于点状噪声,最有效的方法就是图像平滑技术。

（1）图像邻域平均法

图像邻域平均法在空域中处理的原理是选中图像的小区,进行各像元灰度平均,再把此灰度值赋予该小区的中点 (x, y),作为该点的新灰度值 $g(x, y)$。

（2）加权平均法

为了去掉尖峰噪声,同时保存原图像的各种边缘,可以用加权平均法。设模板内的值叫做权,则与四周像元的值相差越大,其权值越低。例如与四邻的灰度差大于 10,则权值为 1.0;若与四邻的灰度差小于 10,其权为 4.0。请注意,模板的权值总和应维持为 1 才能使处理前、后的平均灰度稳定,这叫模板的归一化。同样也可以用灰度差的负指数来加权,用来表示权值,然后再归一化为四邻像元的灰度差。

归一化方法有两种:

1）模板各值被加权后的各权值总和除,但仍维持加权后模板对准。$f(x, y)$ 的权值为 1。

2）取中间系数为 1/9,而周边八个和为 8/9。

（3）其他方法

如选择平均法、多幅平均法、空间滤波法和频域低通滤波法。

常用模板

$$\dot{M} = \frac{1}{10} \begin{bmatrix} 1 & 1 & 1 \\ 1 & 2 & 1 \\ 1 & 1 & 1 \end{bmatrix} \qquad M = \frac{1}{16} \begin{bmatrix} 1 & 2 & 1 \\ 2 & 4 & 2 \\ 1 & 2 & 1 \end{bmatrix}$$

频域图像平滑:

低通滤波器

$$H(u, v) = \frac{1}{1 + (\sqrt{2} - 1) \left[\dfrac{D(u, v)}{D_0} \right]^{2n}}$$

3. 图像的锐化和轮廓增强

为了把轮廓抽取出来,就要找一种方法把图像的最大灰度变化处找出来。图像锐化的作用是使灰度反差增强,这个技术有利于轮廓的抽取,因为轮廓或边缘就是图像中灰度变化率最大的地方。若把图像平滑理解为积分作用,则图像锐化相当于微分作用。

（1）梯度法

与平滑运算一样,应取一个门限值。

（2）Roberts 梯度

Roberts 梯度显然也应有一个阈值作为门限,才可得到较好的处理效果。采用的梯度法和门限的关系如下:通常设定某一较暗的均匀灰度,则原图像消失并呈现均匀灰度。常选择最暗的灰度,这样便于突出轮廓及边缘的图像,但此时轮廓仍为明暗不均匀、不连续且杂乱的线段。

这完全以抽取轮廓为目的,使原图像消失而变成在一极暗的背景上有很亮的轮廓线,此法对目标的识别和跟踪等领域十分重要。

门限设置除适用于 Roberts 梯度外,对于用一般梯度求轮廓的应用也适用。

（3）边缘的方向性

在多种用途中必须知道边缘的方向,如水纹、火焰温度的分布等。由于梯度的角度是连续的,而在计算机图像处理中只能量化为少数方向,通常分成 8 或 16 个方向。我们常用的 3×3 模板只能标示出 8 个方向,因而称为方向模板。用这种模板在空间滤波(卷积)得到的最大值的方向就是边缘的主方向。

（4）边缘的抗干扰

由于图像总会有些干扰,所以只用个别点作为边缘的判断根据受干扰的影响较大,因此常采用区域平均再求差值的方法:

1）局部圆区域平均差分。

2）矩形方向性窗口。先将平行的长方形窗口内的灰度平均之后,再求差分。窗口可用 12×1、8×1、6×1 和 3×1 等形式,其方向一般是分为 12、8、6、4 份等,视需要而定。此法可抽取边缘而且使噪声平滑掉,因此对突出边缘极为有利。

类似道理,长方形可用正方形和圆形等小区来代替,也能表示不同的方向。

3）二阶矩形差分。类似一阶差分,有时用二阶差分来识别边缘。设 (x,y) 为一个 $n×n$ 小区的均值,以小区中心点作为灰度的代表点,则通过求差分可表示其关系。

空域图像锐化：

一维波形锐化

$$g(x) = f(x) - \frac{\mathrm{d}^2 f(x)}{\mathrm{d}x^2}$$

二维波形锐化

$$g(x,y) = f(x,y) - \alpha \nabla^2 f(x,y) \qquad (\alpha\ 为锐化因子)$$

常用模板

$$M = \begin{bmatrix} -\alpha & -\alpha & -\alpha \\ -\alpha & 1+8\alpha & -\alpha \\ -\alpha & -\alpha & -\alpha \end{bmatrix}$$

频域图像锐化:

高频提升滤波器

$$H(u,v) = \cfrac{1}{1 + (\sqrt{2}-1)\left[\cfrac{D_0}{D(u,v)}\right]^{2n}}$$

4. 滤波

从原理上看,频域滤波是频域乘一个 $H(u,v)$ 滤波(传递)函数而成,它相当于在空域把图像与滤波函数的空域函数 $h(x,y)$ 做卷积。因此可把频域的滤波处理改为空域执行卷积,称为空间滤波方法。此法需找到滤波函数量 (u,v) 的空域函数 $\lambda(x,y)$,常采用小区卷积,该小区常用 3×3,5×5…表示。

显然,小区越大,计算量越大。因此常用的程序往往都是选择 3×3 的 $\lambda(x,y)$ 做卷积,$\lambda(x,y)$ 是空域的一个 3×3 图像,称为样板(Template)或掩模(Mask)。选择不同的 3×3 的 $\lambda(x,y)$ 就相应于图像做各种高通、低通、带通和带阻滤波,故用 3×3 样板编程时极为方便,只需一个固定的卷积程序,当改变不同样板内的数据时,就可适应不同的滤波需求。由于 $\lambda(x,y)$ 是滤波的傅里叶反变换,因此其样板内的数据就是一确定值,但用 3×3 离散数据来描述二维连续函数必然会有量化误差,所以样板的数据对各种不同的滤波要求都是近似数据。工作者常根据具体情况做少量修正,以使滤波效果有较大改善。

另外,由于样板法简单、程序统一,稍加修改即可适应各种需求,因此把能够在空域中处理的程序都归入样板法的范畴,例如在空域求一个 3×3 小区的平均就可用样板法执行,大小常选 3×5、5×7、7×7,且常用十字状窗口。窗口选定后,把窗口内各像元按灰度排队。以一维窗口为例,设 W 罩住的五个像元,其灰度按位置顺序为 2、5、1、8、9,按大小顺序为 1、2、5、8、9,此序列的中间位置为 S,代替原窗口的中间值 1。

中值滤波的性质:

1)非线性。

2)对尖峰性干扰效果好,既保持边缘的陡度又去掉干扰,对高斯分布噪声的效果差。

3)对噪声延续距离小于 $W/2$ 的噪声抑制效果好。

图 9.5 为一维信号用 $W=5$ 中值滤波执行的结果,它表示了以上三条性质。图 9.5 中(a)列为输入信号,(b)列为一般滤波,(c)列为中值滤波。可以看出,干扰脉冲超过 $W/2$ 时即不能抑制。

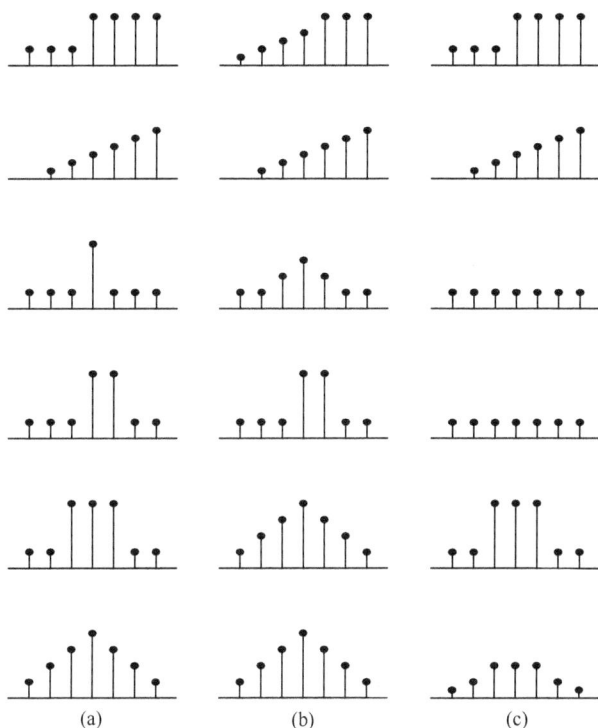

图 9.5 中值滤波

显然中值滤波对图像的细节也产生影响,因此中值滤波适用于散粒状噪声而细节不太多的图像,而对于虽有散粒噪声但图中细线多、细节多的图像就不太适合。为了解决这个问题,可以采用加权中值滤波法,把窗口内各像元加权,某一像元加权值为 m,即窗口像元灰度排队时,该像元重复 m 个。例如一维 1×3 窗口,可使中间像元的权 $m = 3$,两边像元各为 $m = 2$,然后再去排队,有时可保存细节。

5. 伪彩色变换

由于人眼的生理特性是对于微小的灰度变化不敏感,而对彩色的微小差别极为敏感,因此利用该特性就可以把人眼不敏感的灰度信号映射为人眼灵敏的彩色信号,以增强人眼对图像中细微变化的分辨力。我们把从黑白域图像映射到彩色域的增强手段叫做伪彩色增强。

已知人眼对于黑白层次的变化,若最暗与最亮之间分为 256 个层次,则一般当相邻两物体灰度层次相差十几级时人眼才能明确区分,而人眼对彩色的区分可达两千种。例如两物体的彩色稍有差别人眼就能分辨,特别是专业印染工人仅对红色就能分辨出上百种,区分彩色可达几千种之多。因此伪彩色技术被广泛用于各领域,如 XCT 图像、气象图像等。通常黑白图像看不到的细节,用彩色映射后就可看到。这从黑白电视和彩色电视的观看效果就可明显地感觉到。伪彩色增强的效果与系统方案的选择、处理图像的类型有关,通常用户要求采用自己喜爱的彩色为伪彩色。

(1) 真彩色、伪彩色和假彩色

1) 真彩色(True Color)。

自然物体的彩色叫做真彩色。一般可用红、绿、蓝三种滤色片把一幅真彩色图像分离为红、绿、蓝三幅图像,把三幅红、绿、蓝图像再合成即恢复为原来的真彩色图像,即图像的真彩色是真实物体的可见光谱段,它可以分成红、绿、蓝三个谱段,也可以再度合成真彩色景物物体图像。

2) 假彩色(False Color)。

假彩色一般有三种:

第一种是把真实景物图像的像元逐个地映射为另一种颜色,使目标在原图像中更突出。例如蓝天上有灰蓝色飞机,蓝天可映射为红色,飞机、草地可映射为蓝色,只要对突出飞机有利就行。这种映射可以是一一对应的,也可以是非一一对应的,因此又叫假彩色指定。

第二种是把多光谱图像中任意三个光谱图像映射为红、绿、蓝三个可见光谱段的信号,再合成为一幅彩色图像。通常这种映射的图像有接近于自然光彩色的效果。

第三种是把黑白图像用灰度级映射或频谱映射而成为类似真实彩色的处理,相当于黑白照片的人工着色方法。着色可以任选彩色,通常尽量模拟自然的彩色。

3) 伪彩色(Pseudo Color)。

伪彩色即伪彩色指定,相当于假彩色的一个特例,也就是指定某灰度为某种彩色。通常这种指定最多为 16 级左右,最高也不超过 30 级,否则指定彩色太多,会无法记忆和区分。当每个像元可指定的彩色数目对红、绿、蓝分别达到 256 种时,也就变为模拟自然彩色的假彩色了。因此假彩色和伪彩色指定是很难严格区分的,通常把黑白图像做少量彩色映射时叫做伪彩色指定。

(2) 灰度分层映射

一幅黑白图像或任意一幅红、绿、蓝单色图像都可看做在二维坐标系统 (x,y) 上的亮度函数 $\lambda(x,y)$。若把 $\lambda(x,y)$ 看做二维坐标系统上的高度,则一幅单色图像可看做是起伏的山峦,低谷为亮度暗的地方,高峰为亮度大的地方,这样可作若干平行于 x-y 平面的平行平面,这些平面与 $\lambda(x,y)$ 的山峦相截,其交线为等高线即等灰度线。分层层数可视图像要求的精度而定,通常多采用分为 256 层的方案。若把每一分层指定为某种彩色的映射,即把某一分层指定为红、绿、蓝不同比例的三种彩色的合成色。这种灰度分层映射是伪彩色和假彩色的最基本形式,各种形式不同的假彩色方案皆由此而成。图 9.6 表示了两大类型的分层映射方案。

(a)

(b)

(c)

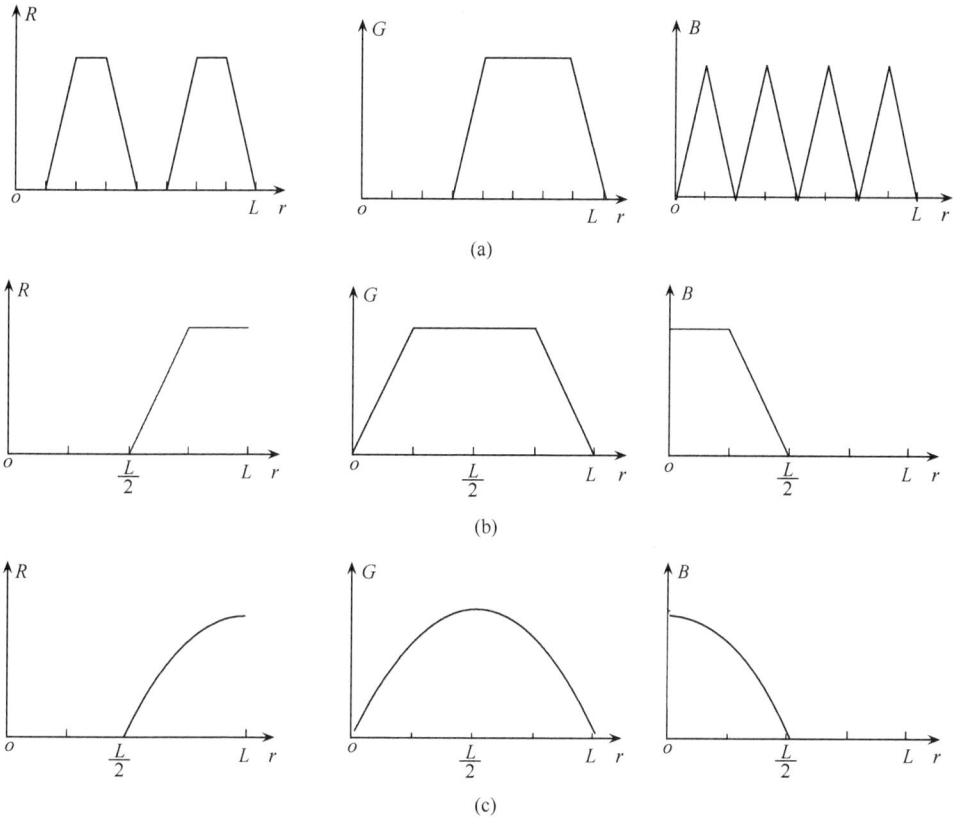

图 9.6 伪彩变换映射曲线

9.3 实验设备与软件环境

本实验每两台 PC 机为一组,分为采集端和控制端,如图 9.7 所示。

硬件:SEMIT TTP6605,SEMIT TTP6603,并口电缆,串口电缆,电源适配器。

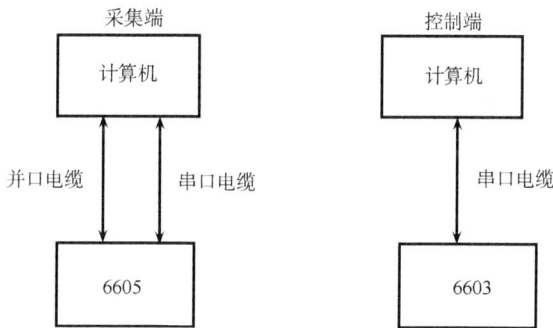

图 9.7 实验设备

软件：Windows 2000 Professional 操作系统，TTP 图像传输实验软件，Visual C++6.0(可选)。

9.4 实验内容

9.4.1 图像采集

采用采集端控制和控制端控制两种方式拍摄图像，并将采集端拍摄到的图像通过蓝牙无线平台传送到控制端。

9.4.2 图像处理

1）观察改变灰度范围后图像质量的变化。

2）通过选择不同的平滑方式、不同大小的锐化因子和轮廓阈值，观察图像清晰度或其他方面的改变。

3）通过选取不同伪彩色变换方式，将黑白图像变换成不同效果的彩色图像。

4）通过变换格式，在保证一定图像质量的条件下，尽可能压缩文件。

9.4.3 软件编程

学生使用 Visual C++6.0 在指定文件中填入程序源代码，实现图像的伪彩、平滑、滤波和锐化处理。

9.5 实验步骤

9.5.1 连接硬件设备

采集端：连接好实验电路板 SEMIT TTP6605 与计算机的并口电缆和串口电缆接口，然后接通电源。

控制端：连接好实验电路板 SEMIT TTP6603 与计算机的串口电缆，然后接通电源。

切忌带电插拔串口电缆和并口电缆。

9.5.2 建立蓝牙连接

1. *初始化蓝牙设备*

分别选择好采集端和控制端对应的"硬件连接端口"，初始化蓝牙设备，等待提示信息，获得各自的蓝牙地址。

2. 查询其他蓝牙设备

由采集端或控制端查询其他蓝牙设备。

3. 建立物理链路

选中设备信息中的蓝牙地址,然后建链,此时为主动建链,而另一端为被动建链。

4. 断开物理链路

在传输完图像后可断开物理链路。

9.5.3 图像采集

1. 采集端控制

采集端界面如图 9.8 所示。

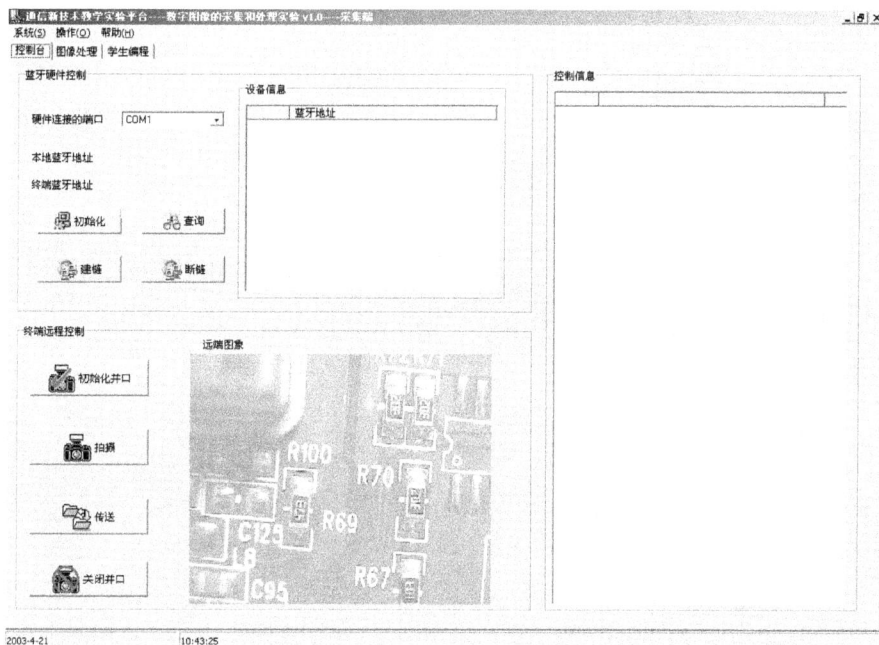

图 9.8　采集端界面

（1）初始化采集端

此时,采集端控制界面图 9.8 上"初始化"按钮可操作,单击后出现"并口初始化完成"的提示信息,同时,控制端没有取得控制权,无权初始化采集端。

（2）拍摄

单击"拍摄"按钮后,硬件开始采集图像,并在窗口显示结果,完成后会出现提示信息"拍摄完毕"。同样,此时控制端没有取得控制权,无权拍摄。

（3）图像传送

单击"传送"按钮,由采集端主动传送图像到控制端。

（4）关闭采集端

由采集端关闭采集端。

2. 控制端控制

控制端界面如图9.9所示。

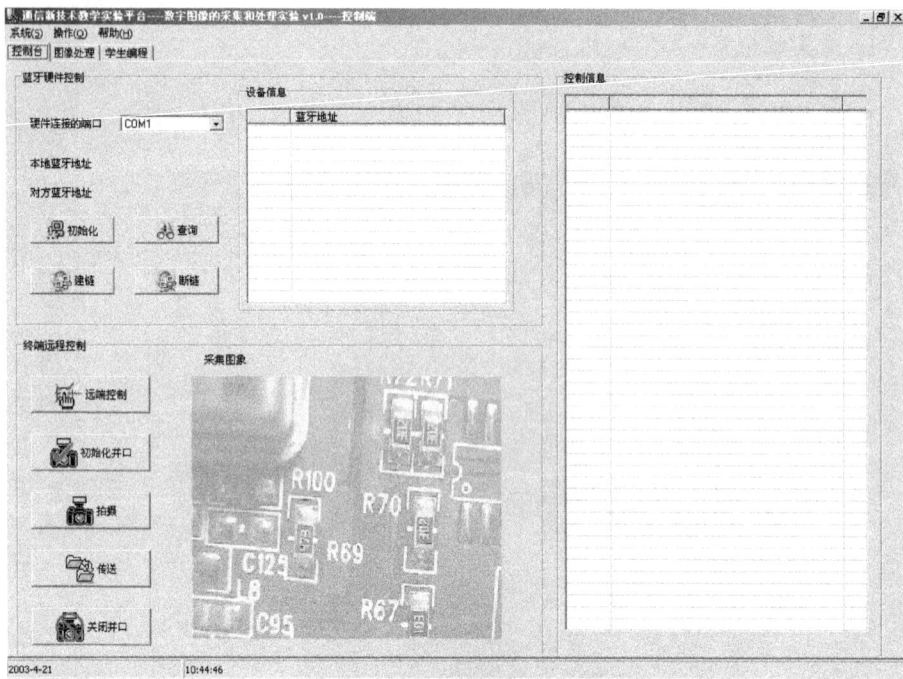

图9.9　控制端界面

（1）控制端控制

当控制端提出"控制端控制"请求后,采集端出现单选框,可选择不同意"控制端控制",则控制端无法取得控制权,无法进行拍摄、传送等操作;但采集端若同意"控制端控制"的话,则控制端出现提示,取得控制权。

（2）初始化采集端

此时,控制端控制界面图9.9上"初始化"按钮可操作,单击后出现"控制完

· 204 ·

成"的提示信息,而同时采集端出现"并口初始化成功"提示。

（3）拍摄

单击"拍摄"按钮后,采集端硬件开始采集图像,并在采集端窗口显示结果,完成后会出现提示信息"拍摄完毕"。

（4）图像传送

单击"传送"按钮,由采集端被动传送图像到控制端,在控制端窗口显示图像。

（5）关闭采集端

单击"关闭采集端"铵钮,控制信息通过蓝牙传送到采集端,由采集端被动"关闭采集端"。

9.5.4 图像处理

采集端和控制端设备上的图像处理操作是完全一样的,而图像处理对象既可以是传输的原图像,也可以是处理后的图像。图像处理界面如图9.10所示。如选中"处理后的图像",则对处理后的图像进行修改;选中"原图像",则对原图像进行处理。

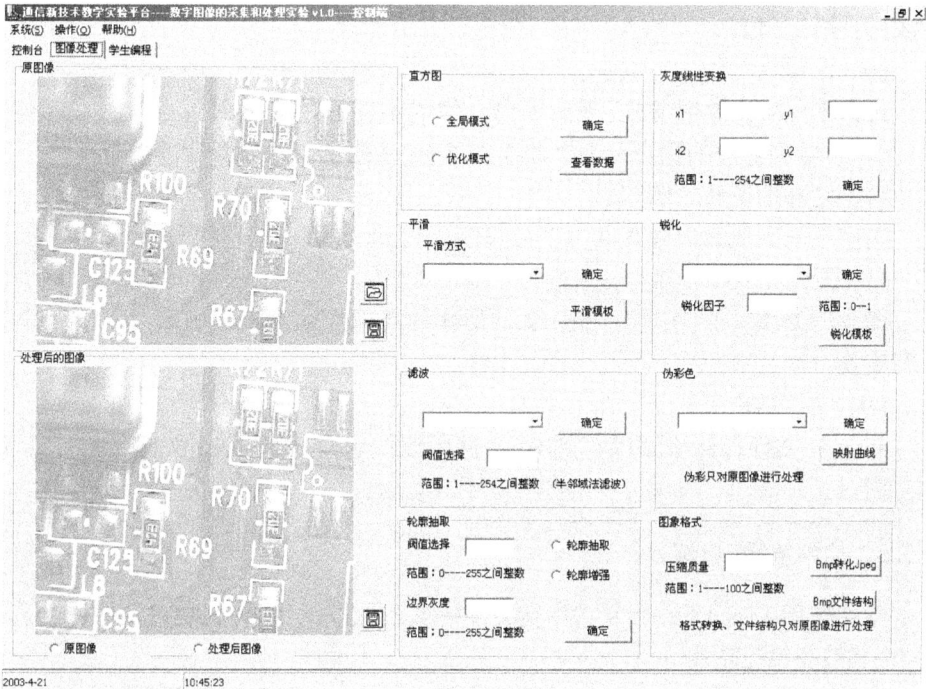

图 9.10　图像处理界面

图9.10所示的界面包括如下实验内容:

（1）直方图

任选不同直方图模式,查看直方图或直接查看灰度统计信息。

全局模式:纵坐标为实际值,便于观察全部直方图。

优化模式:纵坐标最大值为3000,便于观察灰度值较少的部分。

（2）灰度线性变换

要求给出直方图灰度值的坐标变换曲线,以观测图像线性变换后的效果变化,重点观测物体与背景对比度。

映射曲线为$(0,0)$、(x_1,y_1)、(x_2,y_2)、$(255,255)$所确定的三折线,其中(x_1,y_1)、(x_2,y_2)需试验者根据实际情况给出。

（3）平滑

可在三种不同平滑方式中任选一种,观测图像平滑处理后效果的变化。

（4）锐化

选择不同的锐化模板,并给出不同大小的锐化因子,观察图像目标的突出效果。

（5）滤波

选择不同滤波方式,并选择不同阈值,观测图像变化的不同效果,其中,半临域滤波法要给出阈值。

（6）伪彩色

选择不同变换映射方式,观察黑白图像的不同彩色变换效果。单击"映射曲线"按钮可看到对应的伪彩色映射曲线。注意,伪彩色只对原图片进行变换。

（7）轮廓抽取和轮廓增强

选用不同阈值和边界灰度,可看到对应的变化效果。

（8）图像格式

输入压缩质量值,可将原 bmp 文件形式的图像压缩为 jpeg 文件,只对原图像进行变换。

（9）文件结构

将 bmp 文件存储格式保存到 txt 文件中以便观察分析,bmp 文件结构可参见本章附录。

9.5.5 软件编程(可选)

学生使用 Visual C++6.0 在指定文件中填入程序源代码,实现对图像的伪彩、平滑、滤波和锐化功能。

student. dll 是学生需自行编写的动态链接库程序,该程序仅向上层应用程序提供函数接口,该动态链接库由头文件 student. h 和源文件 student. cpp 编译生成,文件内容可参见本章附录。

1. 操作步骤

1）使用 Visual C++ 6.0 打开 student 目录下的 student. dsw 工程。

2）打开 student. cpp 文件,在标有/ * Add your code here */处添加代码。

3）编译链接 student. dll 通过后,将生成的 student. dll 拷贝至与上层应用程序同一路径下。

4）重新运行应用程序,观察界面上显示的结果是否达到要求。

2. 注意事项

1）注意需要编写的四个接口函数的声明和定义(包括输入参数、输出结果的类型和个数以及函数名称)均已给定,不能随意变更。

2）一定要将 student. dll 拷贝至与上层应用程序同一路径下,覆盖原来的student. dll,否则不会得到想要的应用程序运行结果。

9.6 预习要求

1）了解数字图像采集系统的结构以及各组件的功能。
2）了解常用的数字图像格式。
3）了解数字图像的灰度变换、平滑、锐化、滤波、轮廓抽取和轮廓增强等概念。

9.7 实验报告要求

1）选定原图像,记录直方图和灰度统计信息,给出直方图灰度值的坐标变换曲线,记录图像线性变换后的效果变化。
2）记录在三种不同平滑方式下进行平滑处理的新图像。
3）记录在不同的锐化模板以及不同大小的锐化因子下的新图像。
4）记录在不同滤波方式以及不同阈值下的新图像。
5）记录在不同阈值和边界灰度下的新图像。
6）对照本章附录对 bmp 文件进行分析。
7）回答思考题。

思 考 题

1. 除 bmp 和 jpeg 格式外,还有哪些静态图像格式? 它们都采用了哪些编码方法,有何优缺点?
2. 图像采集中使用的硬件参数与软件处理对数字图像有何影响?

参 考 文 献

K. R. Castleman 著. 1998. 朱志刚,林学阎,石定机等译. 数字图像处理(Digital Image Processing). 北京：电子工业出版社

容观澳. 2000. 计算机图像处理. 北京：清华大学出版社

附 录

1. bmp 文件结构

位图文件可看成由四部分组成：位图文件头(Bitmap-file Header)、位图信息头(Bitmap-information Header)、彩色表(Color Table)和定义位图的字节阵列，它们的名称和符号如附表 9.1 所示。

附表 9.1 **bmp 图像文件组成部分的名称和符号**

位图文件的组成	结构名称	符 号
位图文件头(Bitmap-file Header)	BITMAPFILEHEADER	bmfh
位图信息头(Bitmap-information Header)	BITMAPINFOHEADER	bmih
彩色表(Color Table)	RGBQUAD	aColors[ ]
图像数据阵列字节	BYTE	aBitmapBits[ ]

位图文件结构综合如附表 9.2 所示。

附表 9.2 **位图文件结构内容摘要**

	偏移量	域的名称	大 小	内 容
图像文件头	0000h	标识符(Identifier)	2 bytes	两字节的内容用来识别位图的类型： 'BM'：Windows 3.1x, 95, NT⋯ 'BA'：OS/2 Bitmap Array 'CI'：OS/2 Color Icon 'CP'：OS/2 Color Pointer 'IC'：OS/2 Icon 'PT'：OS/2 Pointer
	0002h	File Size	1 dword	用字节表示的整个文件的大小
	0006h	Reserved	1 dword	保留,设置为 0
	000Ah	Bitmap Data Offset	1 dword	从文件开始到位图数据开始之间的数据(Bitmap Data)之间的偏移量
	000Eh	Bitmap Header Size	1 dword	位图信息头(Bitmap Info Header)的长度,用来描述位图的颜色、压缩方法等。下面的长度表示： 28h：Windows 3.1x, 95, NT⋯ 0Ch：OS/2 1.x F0h：OS/2 2.x
	0012h	Width	1 dword	位图的宽度,以像素为单位
	0016h	Height	1 dword	位图的高度,以像素为单位
	001Ah	Planes	1 word	位图的位面数

	偏移量	域的名称	大　小	内　容
图像信息头	001Ch	Bits Per Pixel	1 word	每个像素的位数： 1：Monochrome bitmap 4：16 color bitmap 8：256 color bitmap 16：16bit（high color）bitmap 24：24bit（true color）bitmap 32：32bit（true color）bitmap
	001Eh	Compression	1 dword	压缩说明： 0：none（也使用 BI_RGB 表示） 1：RLE 8-bit／pixel（也使用 BI_RLE4 表示） 2：RLE 4-bit／pixel（也使用 BI_RLE8 表示） 3：Bitfields（也使用 BI_BITFIELDS 表示）
	0022h	Bitmap Data Size	1 dword	用字节数表示的位图数据的大小，该数必须是 4 的倍数
	0026h	HResolution	1 dword	用像素/米表示的水平分辨率
	002Ah	VResolution	1 dword	用像素/米表示的垂直分辨率
	002Eh	Colors	1 dword	位图使用的颜色数，如 8-bit/pixel 表示为 100h 或者 256
	0032h	Important Colors	1 dword	指定重要的颜色数。当该域的值等于颜色数时，表示所有颜色都一样重要
调色板数据	0036h	Palette	$N \times 4$ bytes	调色板规范。对于调色板中的每个表项，这 4 个字节用下述方法来描述 RGB 的值： 1字节用于蓝色分量； 1字节用于绿色分量； 1字节用于红色分量； 1字节用于填充符（设置为 0）
图像数据	0436h	Bitmap Data	x bytes	该域的大小取决于压缩方法，它包含所有的位图数据字节，这些数据实际就是彩色调色板的索引号

2. 编程接口

（1）student. h 文件

结构体声明：

```
struct PixPointer
```

```
    {
    DWORD*               Ppix;
    DWORD                Height;
    DWORD                Weight;
    };
```

该结构为读写像素的对象;Ppix 为图像像素值指针;Height 为图像的高度值;Weight 为 图像的宽度值。

（2）student. cpp 文件

1）函数声明。

① 写像素函数:X 为像素的横坐标;Y 为像素的纵坐标;P_PIX 为画布结构。

    WriteColorPix(DWORD X,DWORD Y ,DWORD Color,PixPointer P_PIX);

② 读像素函数:X 为像素的横坐标;Y 为像素的纵坐标;P_PIX 为画布结构。

    DWORD ReadGrayPix(DWORD X, DWORD Y,PixPointer P_PIX);

2）函数说明。

① 接口函数 1。

    STUDENT_API void Falsecolor(PixPointer P_IN, PixPointer P_OUT);

输入:P_IN 为读像素的对象;P_OUT 为写像素的对象。

处理过程:根据相应的伪彩曲线进行伪彩变换。

② 接口函数 2。

    void SmoothAverage (PixPointer P_IN, PixPointer P_OUT);

输入:P_IN 为读像素的对象;P_OUT 为写像素的对象。

处理过程:根据相应的平滑模板进行变换。

③ 接口函数 3。

    void PicFilter (PixPointer P_IN, PixPointer P_OUT);

输入:P_IN 为读像素的对象;P_OUT 为写像素的对象。

处理过程:根据相应的滤波方法进行变换

④ 接口函数 4。

    void PicSharp (PixPointer P_IN, PixPointer P_OUT);

输入:P_IN 为读像素的对象;P_OUT 为写像素的对象。

处理过程:根据相应的锐化模板进行变换。

第10章 GSM/GPRS 接入

10.1 引　言

全球数字移动通信系统(GSM,Global System for Mobile communication)具有频谱效率高、容量大、话音质量高、接口开放、安全性好等特点,是目前世界上应用最广泛的移动通信系统。通用分组无线业务(GPRS,General Packet Radio Service)覆盖在 GSM 的物理层和网络实体之上,增强了 GSM 的数据传输能力。无线应用协议(WAP,Wireless Application Protocol)可以实现人们使用手机上网、用无线互联的梦想,使用 GPRS 作为 WAP 的承载方式更能有效地为无线端用户提供高效服务。本章提供了 GSM/GPRS 模块和相应软件,读者可以从中了解主机通过 GSM/GPRS 模块访问有线网的配置流程,以及了解如何通过该模块让设备终端之间建立 TCP 连接以传输用户数据,理解 GSM/GPRS 相关的 AT 命令集、短消息协议和 GSM/GPRS 信令流程。

10.2　基本原理

10.2.1　GSM 系统

在 20 世纪 80 年代中期,当模拟蜂窝移动通信系统刚投放市场时,世界上的发达国家就在研制第二代移动通信系统,其中最有代表性和比较成熟的制式有泛欧 GSM、美国的 ADC(D-AMPS,North America Digital Cellular)和日本的 JDC(Japanese Digital Cellular,现为 PDC,Personal Digital Cellular System)等数字移动通信系统。在这些数字系统中,GSM 的发展最引人注目。1991 年 GSM 系统正式在欧洲问世,网络开通运行。GSM 系列主要有 GSM900、DCS1800 和 PCS1900 三种,三者之间的主要区别是工作频段的差异。

1. GSM 体系结构

GSM 是一个庞大、复杂的系统,从结构上来看主要包含三个主体:移动台(MS,Mobile Station)、基站子系统(BSS,Base Station Sub-system)、网络和交换子系统(NSS,Network and Switching Sub-system),如图 10.1 所示。

下面对系统的部件逐一介绍:

(1) 移动台(MS)

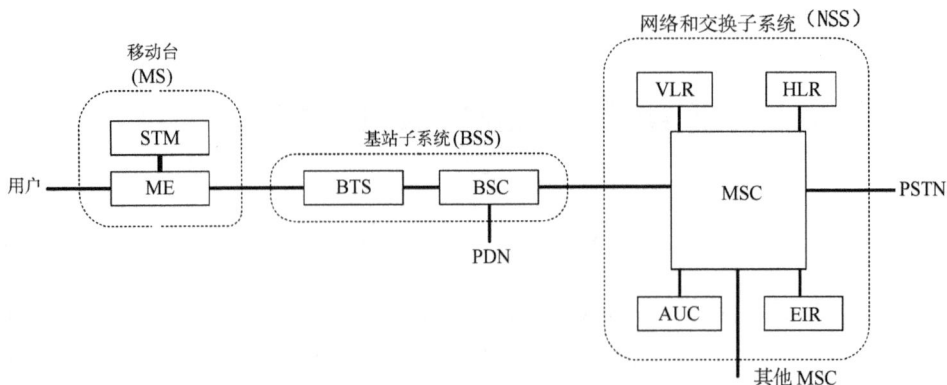

图 10.1　GSM 的参考体系结构

当移动台与用户通信时,为适应空中接口的传输协议,需改变信号的格式使之与 BSS 通信。用户和 MS 通信、语音通信可借助于麦克风和扬声器来实现,短消息可通过键盘来实现,对于其他的数据终端的通信可通过有线连接来实现。MS 包括两部分,一部分为移动设备(ME,Mobile Equipment),ME 属于硬件部分,用户可从设备生厂商或他们的代理商处买到 ME。硬件部分包括处理人机接口和与 BSS 空中接口的部件,主要有扬声器、麦克风、键盘和无线调制解调器。

MS 的另一部分为用户识别模块(SIM,Smart Identification Module),SIM 为智能卡,用户在申请服务时获得,能惟一识别用户,包括用户地址和用户申请的服务类型。GSM 的呼叫是与 SIM 相关联的,与终端并非有直接的联系,短信也是存储在 SIM 卡中。由于 SIM 卡携带了用户的私有信息,所以在 GSM 中采用了安全机制,用户使用卡时,需输入四位个人身份号码(PIN,Personal Identification Number)。

(2) 基站子系统(BSS)

BSS 通过无线空中接口与用户进行通信,借助于有线协议和有线基础结构进行通信。也就是说,BSS 通过空中接口和固定的有线基础结构协议来传输信息。

BSS 可分为两部分:通过无线接口与移动台相连的基站收发信台(BTS,Base Transceiver Sub-system)以及另一侧与交换机相连的基站控制器(BSC,Base Station Controller)。BTS 负责无线传输,BSC 负责控制与管理。BSS 是由一个 BSC 与一个或多个 BTS 组成的,一个基站控制器根据话务量需要可以控制数十个 BTS。BTS 可以直接与 BSC 相连,也可通过基站接口设备(BIE,Base station Interface Equipment)与远端的 BSC 相连。基站子系统还应包括码型变换器(TC,Transform Code)和子复用设备(SM,Sub Multiplexer)。基站收发信台 BTS 属于基站子系统 BSS 的无线部分,受控于基站控制器,是服务于某个小区的无线收发信设备,完成 BSC 与无线信道之间的转换,实现 BTS 与 MS 之间通过空中接口的无线传输及相关的控制功能。BSC 是基站子系统 BSS 的控制和管理部分,位于 MSC(Mobile Switch Center)与 BTS 之间,负责完成无线网络管理、无线资源管理及无线基站的监视管理,控制移动台与 BTS 无线连接的建立、接续和拆除等管理,控制完成移动台的定位、切换及寻呼。

(3)网络和交换子系统(NSS)

网络和交换子系统 NSS 主要包含有 GSM 系统的交换功能以及用于用户数据与移动性管理、安全性管理所需要的数据库功能,它对 GSM 移动用户之间的通信以及 GSM 移动用户与其他通信网用户之间的通信起着管理作用。网络子系统分为五个功能单元:MSC、归属位置寄存器(HLR,Home Location Register)、拜访位置寄存器(VLR,Visitor Location Register)、鉴权中心(AUC,AUthentication Centre)和设备识别寄存器(EIR,Equipment Identity Register)。

1)移动交换中心(MSC)。移动业务交换中心 MSC 是网络的核心,它提供交换功能,完成移动用户寻呼接入、信道分配、呼叫接续、话务量控制、计费、基站管理等功能,并提供面向系统其他功能实体和面向固定网 PSTN(Public Switched Telephone Network)、ISDN(Integrated Services Digital Network)等的接口功能。

2)归属位置寄存器(HLR)。HLR 是 GSM 系统的中央数据库,存储着该 HLR 控制的所有存在的移动用户的相关数据,一个 HLR 能够控制若干个移动交换区域或整个移动通信网,所有用户的重要的静态数据都存储在 HLR 中。HLR 还存储且为 MSC 提供移动台实际漫游所在的 MSC 区域的信息(动态数据),这样就使任何入局呼叫立即被按选择的路径送往被叫用户。

3)拜访位置寄存器(VLR)。VLR 存储进入其覆盖区的移动用户的全部有关信息,这使得 MSC 能够建立呼入/呼出呼叫。VLR 从移动用户的归属位置寄存器 HLR 处获取并存储必要的数据,移动用户一旦离开该 VLR 的控制区域,进入另一个 VLR 的控制区域,移动用户则重新在新的 VLR 上登记,原 VLR 将取消临时记录的该移动用户数据。

4)鉴权中心(AUC)。鉴权中心 AUC 属于 HLR 的一个功能单元部分,是为了防止非法用户接入 GSM 系统而设置的安全措施。

5)设备识别寄存器(EIR)。EIR 为存储移动台设备识别码的数据库,功能是拒绝非法的移动台入网。数据库存储的信息是国际移动设备识别码(IMEI,International Mobile Equipment Identity),IMEI 包括制造商、生产的国家和终端类型。

2. GSM 协议结构

GSM 标准指定了前面所讨论的体系结构所有部件之间通信的接口。主要的硬件和相关硬件接口之间通信的协议体系结构,如图 10.2 所示。

MS 和 BTS 通信的空中接口 Um 是指与无线相关的接口,其定义最为复杂。BTS 和 BSC 间的接口为 A-bis,BSC 和 MSC 间的接口为 A,这两者采用的协议与现

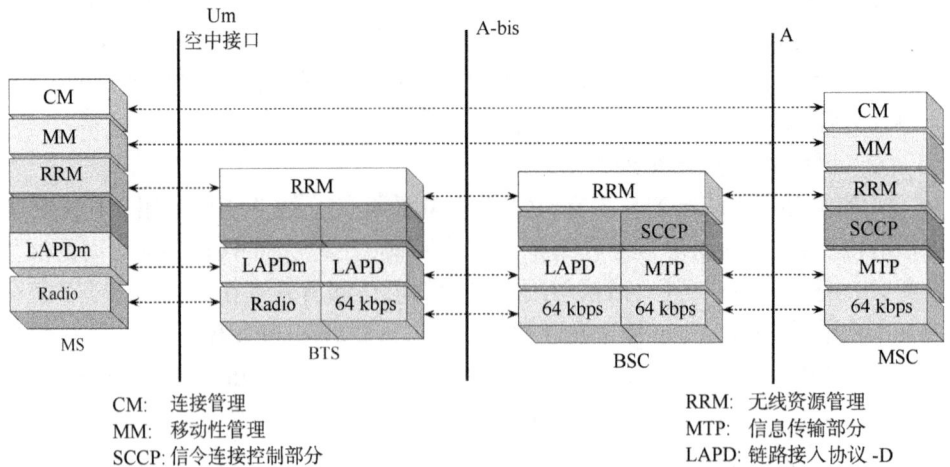

图 10.2　GSM 协议栈的体系结构

有的 ISDN 协议很像。协议栈分为三层:物理层、数据链路层(DLL,Data Link Layer)、网络或消息层。

BTS 和 BSC 之间的消息是通过 A-bis 接口传输的,对于语音业务,A-bis 接口支持的速率为 64kbps;对于数据/信令业务,A-bis 接口支持的速率为 16kbps。这两种业务数据都是通过 ISDN 中的数据链路协议-D(LAPD,Link Access Protocol-D)来传输的。BSC 和 MSC 间消息的是通过 A 接口传输的,物理层采用 2Mbps 的 CCITT 连接,采用的通信协议为 SS-7 协议。对于无差错传输,采用的协议为消息传输部分(MTP,Message Transfer Part) ,而逻辑连接采用的协议为 SS-7 的信令连接控制部分(SCCP,Signaling Connection Control Part) 。

(1) 第 1 层:物理层

物理层的 A 和 A-bis 接口标准遵循 ISDN 中的每个语音用户 64kbps 的标准。GSM 标准所定义的新的物理层为 Um 空中接口,该层指定不同的语音和数据业务消息如何格式成分组并如何通过无线信道进行传输。该层体指定无线调制解调的方式、在空中的业务分组和控制分组的结构,以及如何将不同的业务打包成一个分组的比特。该层定义了建立和维护信道所需的调制方法和编码技术、功率控制方法和时间同步方法。

1) 功率和功率控制

无线网络的功率管理很重要。在蜂窝电话系统中,服务提供商采用功率管理来控制用户间的干扰,并减少终端的功率消耗。因此,功率管理直接影响业务的服务质量(QoS,Quality of Service)和电池的使用时间,而这些特征值对用户而言是相当重要的。

移动台主要包括三种类型:车载台、便携台和手持台。车载台使用汽车中的电池,便携台使用大型的可充电电池,手持台使用可充电的小型电池。车载台的天线安装在车的外部,离用户很远,但手持台的天线靠近用户的耳朵和大脑,并且强辐射的无线功率对身体有害。GSM 小区的辐射范围为 300m ~ 35km,小区的大小对 BTS 和 MS 的传输功率也产生一定的影响。为了协调生产商和服务提供商对不同 MS 和 BBS 子系统的不同要求,GSM 定义无线辐射功率的不同等级。移动终端的发射功率分为五级,功率的范围为 29dBm(0.8W)到 44dBm(20W),相邻的功率等级为 4dBm。BTS 的发射功率分为八级,功率的范围为 34dBm(2.5W)到 55dBm,相邻的功率等级为 3dBm。通常控制 MS 发射的射频功率为所需的最小值,从而可最小化不同小区的同频道干扰,并最大化电池的使用时间。MS 输出的峰值功率可减为 20mW,并以 2dB 逐步降低。BSS 在接口检测 MS 不同的功率等级和接收到的信号强度值,并通过控制信令分组将结果返回给 MS。

2) 物理分组突发

GSM 上行链路(反向)的频率为 890 ~ 915MHz,下行链路(正向)的频率为 935 ~ 960MHz。在每个方向上,25MHz 的带宽被分为 124 个信道,每个信道占用的带宽为 200kHz,频谱的两端为 100kHz 的保护带宽。在时分多址(TDMA,Time Division Multiple Access)中,载波又被分为 8 个时隙。载波的数据速率为 270.833kbps,采用的调制方式为高斯滤波最小频移键控(GMSK,Gaussian filtered Minimum Shift Keying),带宽扩展因子为 0.3。当以这种速率传输信息时,每比特的宽度为 3.69μs。用户传输分组的突发间隔固定为 577μs,在 156.25 乘以 3.69μs 的持续时间的分组之间插入信息比特和时间间隔。

GSM 支持四种不同的业务突发和控制信令突发:普通突发(NB,Normal Burst)、频率校正突发、同步突发、随机接入突发。语音业务分组、数据业务分组、信令信道分组都使用 NB 作为空中接口上的信道,另外三种突发类型是针对特定的任务而设计的。四种格式如图 10.3 所示,其中 TB(Tail Bit)为尾比特,GP(Guard Period)为保护期。

TB(3)	加密比特(58)	训练序列(26)	加密比特(58)	TB(3)	GP(8.25)

(a)普通突发

TB(3)	固定比特模式(142)			TB(3)	GP(8.25)

(b)频率校正突发

TB(3)	加密比特(39)	同步序列(64)	加密比特(39)	TB(3)	GP(8.25)

(c)同步突发

TB(3)	同步序列(41)	加密比特(36)	TB(3)	GP(68.25)

(d)随机接入突发

图 10.3　GSM 突发的四种类型

3) TDMA 帧的层次结构

当用户业务信号和控制信令信号在不同的时隙传输时,需有一个层次结构用来标识在大量的突发流中特定突发的位置,这些突发传输到不同的终端。每个终端在这个层次结构的不同等级设置不同的计数器来定位相关的分组。GSM 的无线接口标准定义这个层次结构不同的业务信道和控制信道,并且以基本的 8-时隙 TDMA 传输模式来建立这些信道。帧的层次结构如图 10.4 所示。在 GSM 网络的 TDMA 分层结构中,突发长度为 0.577ms,超帧长度为 3.5h。这个层次结构的基本帧长度为 4.615ms。每帧包括 8 个突发或时隙,时隙间隔等于 156.25bits 的传输时间,这个层次结构的下一级为复帧,如图 10.4 所示。

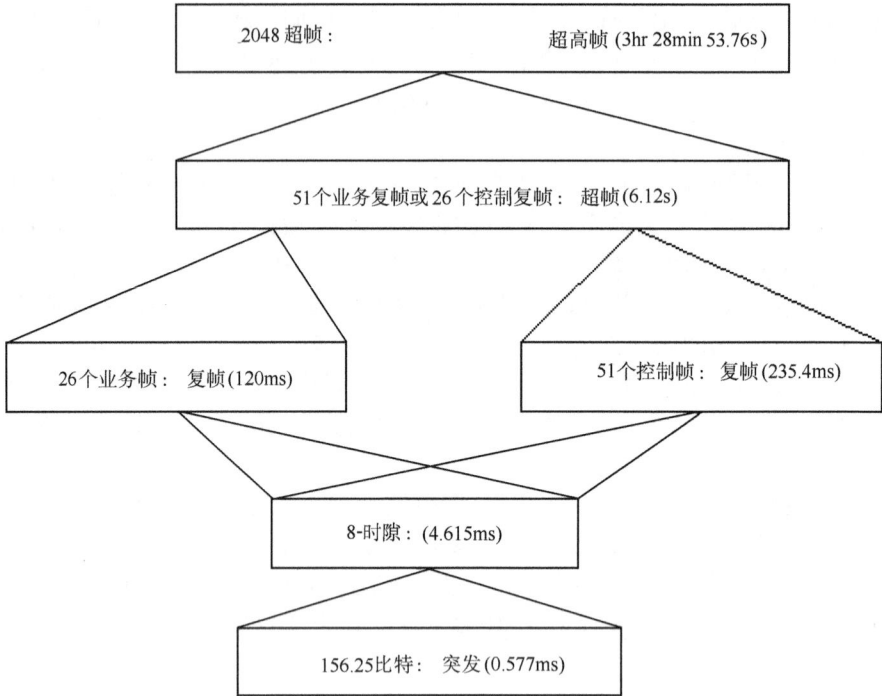

图 10.4　GSM 帧的层次结构

图 10.4 中,26 帧组成 120ms 的复帧,每帧包括 8 个时隙。每个复帧的 24 帧用于传输用户信息,2 帧用于传输系统控制信息,系统控制信息与单个用户的信息有关。在 120ms 内,传输 24 个语音突发,每个语音突发携带的信息比特为 $2 \times 57 = 114$bits,所以每个语音用户的速率为 $24 \times 114/120 = 22\ 800$bits/s。声码器的速率为 13kbps,加上错误检测和错误纠正编码冗余比特,传输的速率为 22.8kbps。

8-时隙的帧可形成控制复帧,而不仅仅只是形成业务复帧。控制复帧用于建立不同类型的信令和控制信道,这些信道用于系统接入、呼叫建立、同步和系统的一些其他控制功能。业务或控制复帧可形成两类超帧,然后再形成超高帧。终端记数器与网络通信时,需记录分组的超高帧、超帧和复帧的号码。

4）逻辑信道

终端与基站间通信的信息包括业务信息、信令信息和控制信息。整个通信系统可以看做实时分布的计算机需使用一些指令将信息分组从一个位置传输到另一个位置上。通信系统为完成此工作,需要完成以下几个功能:位置登记和呼叫建立的初始终端之间需保持同步,移动性管理,业务数据传输。与计算机相似,网络中的各部件为完成特定的任务需一系列的指令和端口。在通信系统中,这些端口称为逻辑信道。逻辑信道使用单个的物理 TDMA 时隙或几个物理时隙来完成网络中某个特定的操作。

为了描述 GSM 中的逻辑信道,可将逻辑信道分为基本的两类:业务信道(TCH,Traffic CHannel)和控制信道(CCH,Control CHannel)。业务信道为双向信道,在 MS 和 BTS 之间传输语音和数据业务。TCH 逻辑信道映射为物理突发 NB,如图 10.3(a)所示。TCH 信道分为两类:全速率业务信道(TCH/F,TCH/Full)以及半速率业务信道(TCH/H,TCH/Half)。控制信道分为三类:广播信道(BCH,Broadcast CHannel)、公共控制信道(CCCH,Common Control CHannel)和专用控制信道(DCCH,Dedicated Control CHannel)。BCH 又包括三种广播信道:频率校正信道(FCCH,Frequency Correction CHannel)、同步信道(SCH,Synchronization CHannel)以及广播控制信道(BCCH,Broadcast Control CHannel)。CCCH 逻辑信道分为三类:寻呼信道(PCH,Paging CHannel)、随机接入信道(RACH,Random Access CHannel)以及准许接入信道(AGCH,Access Grant CHannel)。DCCH 包括三种逻辑信道:独立专用控制信道(SDCCH,Standalone Dedicated Control CHannel)、慢速随路控制信道(SACCH,Slow Associated Control CHannel)以及快速随路控制信道(FACCH,Fast Associated Control CHannel)。

（2）第 2 层:数据链路层

任何面向连接的网络可分为两部分:一部分用于传输业务消息,另一部分用于传输信令和控制消息。信令和控制消息传输的物理通道可相同,也可采用不同的物理信道分别传输。GSM 的业务信道信息比特经过错误检测编码和错误纠正编码后形成长度为 456bits 的分组,再通过四种普通的突发格式来传输,而信令和控制数据是通过第 2 层和第 3 层的消息来传送的。DLL(第 2 层)总的功能包括校验第 3 层的分组流,并提供在同一物理层上的多个服务接入点(SAP)。在 GSM 中,DLL 校验第 3 层分组的地址和序列号,并管理传输分组的确认。另外,DLL 可为信令和短消息(SMS)提供两个 SAP。在 GSM 中,SMS 业务信息不是通过业务信道来传输的,而 GSM 的其他数据业务则是通过业务信道来传输的。SMS 采用的是伪信令分组,伪信令分组中携带的用户信息是通过信令信道来传输的。GSM 中的 DLL 提供的这种机制可对 SMS 数据进行复用而形成信令流。

GSM 信令分组传输到物理层时,总长度为 184bits,与 ISDN 网络中的 LAPD 协议的 DLL 分组的长度相同。BTS 和 BSS 间的 A 接口使用的协议为 LAPD,并且

BSS 和 MSC 间的 A-bis 接口采用的协议也为 LAPD,而空中接口使用的 DLL 协议为 LAPDm,m 是指 LAPD 协议的改进版本,从而使其适应移动的环境。LAPDm 分组的长度与 LAPD 的相同,如图 10.5 所示,只是其格式有些变化,以适应移动的环境。

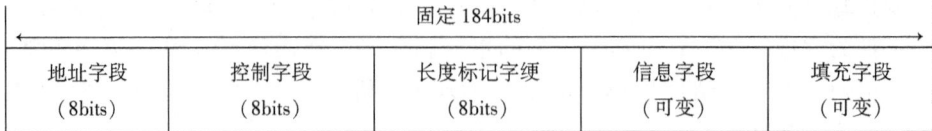

固定 184bits				
地址字段 (8bits)	控制字段 (8bits)	长度标记字绰 (8bits)	信息字段 (可变)	填充字段 (可变)

图 10.5　LAPDm 中 DLL 的帧格式

(3) 第 3 层:网络层

GSM 协议定义了一些机制来建立、维持和终止移动通信会话,在网络层或信令层中采用一些协议来支持这些机制。GSM 网络层还需提供一些附加的控制功能和支持 SMS。如前所述,业务信道根据不同的语音和数据业务映射为不同格式的 TCH,并通过普通突发进行传输。信令信息使用其他的突发模式,并且 DLL 分组的形成过程更为复杂。信令过程、机制或协议由系统硬件部分之间一系列的通信事件或消息构成,这些事件或消息在逻辑信道中采用 DLL 帧封装。第 3 层定义了逻辑信道的消息如何封装为 DLL 帧的具体细节。网络的两个部件间通信的消息只有很少一部分不带第 3 层的消息,比如 DLL 的确认。

第 2 层分组的信息比特指定了第 3 层消息的操作,这些信息比特可进一步划分为几个字段,如图 10.6 所示。事务标识符(TI,Transaction Identifier)字段标识了消息序列组成的过程或协议,TI 允许多个过程并行操作;协议鉴别器(PD,Protocol Discriminator)标识操作的类型(管理、补充服务、呼叫控制和测试过程);消息类型(MT,Message Type)标识给定的 PD 的消息类型;信息部件(IE,Information Element)的时间部分为可选项,因为在指令中携带了 IE 标识符(IEI,Information Element Identifier)定义的一些消息。

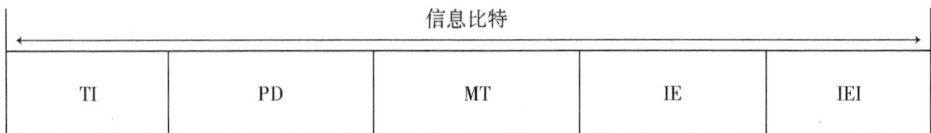

信息比特				
TI	PD	MT	IE	IEI

图 10.6　典型第 3 层消息格式

第 3 层的消息远远多于纯第 2 层消息,为进一步简化对第 3 层消息的描述,GSM 标准将消息分为三个子类或三个子层:无线资源管理(RRM,Radio Resource Management)消息、移动管理(MM,Mobile Management)和连接管理(CM,Connection Management)消息。RRM 的子层管理频率的分配和监视无线链路的质量,功能主要为分配无线信道,采用慢跳频来使频率跳变到新的信道,管理越区切换的过程,对 MS 返回的测量报告进行分析从而决定是否进行越区切换,以及调整时间的提前以便取得同步。MM 子层处理与无线并不直接相关的移动性问题,主要功能包括更新 MS 位置,对用户进行鉴权,处理 TMSI,完成 IMSI 的分离。CM 子层需完成建立、维护和释放电路交换连接的功能,并协助处理 SMS。CM 的主要功能包括建立移动用户被叫和移动用户主叫,改变通话时的传输模式,对双音频拨号方式进行控制和 MM 间断后进行重新建立。

3. GSM 接续流程

(1) 移动台初始化

图 10.7 表示了移动台初始化登记入网的过程,定义了每一步所需使用的逻辑信道。

步骤	MS	BTS	BSC	MSC
1.请求信道(RACH)	→	→	→	
2.信道分配(AGCH)	←	←	←	
3.SABM(SDCCH)	→	→	→	
4.确认(SDCCH)	←	←		
5.位置更新请求(SDCCH)	→	→	→	→
6.位置更新证实(SDCCH)	←	←	←	
7.更新确认(SDCCH)	→	→		
8.识别请求(SDCCH)	←	←		
9.识别响应(SDCCH)	→	→		
10.请求释放信道(SDCCH)	→	→		
11.断连(SDCCH)	←	←		
12.确认(SDCCH)	←	←		

图 10.7　移动台初始化入网接续流程及逻辑信道

当移动台开机(打开电源)时,它首先要在空中接口上搜索,接收 BCCH 信道载波,找出最强的频率,并通过频率校正信道(FCCH)和同步频率,并将此频率锁定。随后移动台在此频率上读取同步信道(SCH)中的信息,得到基站的 BSIC,并同步到超高帧 TDMA 帧号上,这样移动台与基站在时间上获得同步。移动台在锁定的 BCCH 上,还可读出基站的识别码、网络代号和位置区标志。然后移动台开始初始化入网过程。

移动台在随机接入信道(RACH)上发送一条"信道请求"消息,BTS 收到此消息后通知 BSC,并附上 BTS 对该移动台到 BTS 传输时延的估算及本次接入原因,BSC 根据接入原因及当前资料情况,选择一条空闲的专用信道 SDCCH 并通知 BTS 激活它。BTS 完成指定信道的激活后,BSC 在 AGCH(允许接入)上发送"立即分配"消息或初始化分配消息,其中包含 BSC 分配给 MS 的 SDCCH 信道描述、初始化时间提前量、初始化最大传输功率以及有关参考值。每个在 AGCH 信道上等待分配的移动台都可以通过比较参考值来判断这个分配信息的归属,以避免争抢引起混乱。

当 MS 正确地收到自己的初始分配后,根据信道的描述,把自己调整到该信道上,建立一条传输信令的链路,发送第一个专用信道上的初始消息置异步平衡模式(SABM,Set Asynchronous Balanced Mode),其中含有客户的识别码(来自 SIM 卡上的信息)、本次接入的原因、登记和鉴权等内容。当 BSC 没有空闲信道可供分配时,BSC 要向移动台发出"立即分配拒绝"消息,其中可以含有一个限制 MS 继续呼出的时间指示。这是一种减少 RACH 信道过载的方法。

随后移动台要求接入网络,向 MSC 发送"位置更新请求"消息,通知 GSM 系统这是一个此位置区内的新客户,MSC 根据该客户发送的 IMSI 中的消息,向该客户的 HLR 发送"位置更新请求",HLR 记录发送请求的 MSC 号码,并向 MSC 回送"位置更新接受"消息,至此 MSC 认为此移动台已被激活,在 VLR 中对该客户对应的 IMSI 上做"附着"标记,再向移动台发送"位置更新证实"消息,移动台的 SIM 卡记录此位置区识别码。此时移动台入网成功,返回"更新确认"的消息,BSC 接收后,向移动台发送"识别请求"消息,要求获取移动台的 IMEI,移动台接收后向 BSC 发送本地的 IMEI 码。这样所有消息交互已经完成,可释放 SDCCH 信道。BSC 发送"信道释放"消息,移动台对此做出响应,并回送消息"断链",BSC 收到后,发送确认信令,释放 SDCCH 信道。

(2) 移动台主呼

第 3 层的通信消息分为无线资源管理(RRM)、移动性管理(MM)和呼叫控制(CC)三部分。移动台主呼的第 3 层消息交互流程以及使用的逻辑信道如图 10.8 所示。

1) 建立 RR 连接。

RR 的功能包括物理信道管理和逻辑信道的数据链路层连接等。

在任何情况下,MS 向系统发出的第一条消息都是信道请求(CH-REQ,CHannel-REQuest),要求系统提供一条通信信道,所提供的信道类型则由网络决定。CH-REQ 有两个参数:建立原因和随机参考值(RAND,RANDom number)。建立原因是指 MS 发起这次请求的原因,本例的原因是 MS 发起呼叫,其他原因有紧急呼叫、呼叫重建和寻呼响应等。RAND 是由 MS 确定的一个随机值,使网络能区别不同 MS 所发起的请求。

CH-REQ 消息在 BSS 内部进行处理。BSC 收到这一请求后,根据对现有系统中无线资源的判断,分配一条信道供 MS 使用。该信道是否能正常使用,还需 BTS 作应答证实,A-bis 接口上的一对应答消息:信道激活(CHACT,CHannel ACTivate)和信道激活证实(CHACK,CHannel Activate aCKnowledge)来完成这一功能。

步骤	MS	BTS	BSC	MSC
1.请求信道(RACH)	→→	→→		
2.信道分配(AGCH)	←←	←←		
3.SABM(SDCCH)	→→	→→	→→	
4.UA(SDCCH)	←←	←←	←←	
5.鉴权请求(SDCCH)	←←	←←	←←	
6.鉴权响应(SDCCH)	→→	→→		
7.加密命令(SDCCH)	←←	←←		
8.加密准备(SDCCH)	→→	→→		
9.建立呼叫(SDCCH)	→→	→→	→→	
10.呼叫处理(SDCCH)	←←	←←	←←	
11.指配业务信道(SDCCH)			←←	
12.信道指配完成(FACCH)	→→	→→	→→	
13.回铃(FACCH)	←←	←←	←←	
14.连接指令(FACCH)	←←	←←	←←	
15.连接应答(FACCH)	→→	→→	→→	
16.交换信息(TCH)	←←	←←		

图 10.8　移动台主呼接续流程及逻辑信道

网络准备好合适的信道后就通知 MS,由立即指配(IMMASS,IMMediate ASSign)消息完成这一功能。在 IMMASS 中,除包含 CHACT 中的信道相关信息外,还包括随机参考值(RA,RAndom number)、缩减帧号 T、时间提前量(TA,Timing Advance)等。

IMMASS 的目的是在 Um 接口建立 MS 与系统间的无线连接,即 RR 连接。MS 收到 IM-MASS 后,如果 RA 值和 T 值都符合要求,就会在系统所指的新信道上发送 SABM 帧,其中包含一个完整的 L3 消息(MP-L3-INF),这条消息在不同的接口有不同的作用。在 Um 接口,SABM 帧是 LAPDm 层上请求建立一个多帧应答操作方式连接的消息。系统收到 SABM 帧后,回送一个 UA 帧,作为对 SABM 帧的应答,表明在 MS 与系统之间已建立了一条 LAPDm 通路;另外,此 UA 帧的消息域包含同样一条 L3 消息,MS 收到该消息后,与自己发送的 SABM 帧中相应的内容比较,只有当完全一样时,才认为被系统接受。

A 接口上第 1 条消息传递完后,MS 与系统之间就建立了 RR 连接,RR 实体通知 MM 子层已进入专用模式。在专用模式下,MM 子层和 CC 子层负责发送所有 L2 层上的消息。除了错误指示和释放本地链路以外,均由 RR 子层直接处理。

2) 建立 MM 连接。

RR 建立后的第 1 个步骤是鉴权(AUTH,AUTHentification),即鉴定移动用户的身份。在 AUTHREQ(鉴权请求)中有两个参数:CIP KEY No(加密键号)和 AUT RAND(鉴权随机值)。CIP KEY No 与每个 MS 的密匙 Kc 相对应,由网络计算出来送到 MS,目的是毋须调用 AUTH 过程,就可直接由 MS 的 IMSI 和 CM-SERV-REQ 中的 CIP KEY No 参数得到 Kc。AUT RAND 供 MS 计算鉴权响应值(SRES,Signed RESponse)。MS 的 SIM 中存有四个与鉴权和加密相关的数据:鉴权算法 A3、加密序列算法 A8、加密算法 A5 和移动用户个人鉴权键 Ki。其关系如下: Kc = A8 (RAND,Ki),SRES = A3(RAND, Ki),加密数据流 = A5(User Data,Kc)。SRES 是 MS 对 AUTH REQ 的响应值,在 AUTH RES 中传递。网络中存储了与每个 IMSI 相对应的 Ki 值,网络根据计算出的 SRES 值和 MS 回送的 SRES 值,可对 MS 的身份进行鉴定。Kc 用于鉴权后的加密过程,加密算法 A5 由网络指定,但 MS 必须支持该算法。

对 MS 的身份识别及无线信道传输加密过程完成后,建立呼叫所需的 MM 连接已经建立,可以向更高层(CC 子层)提供呼叫信息的传递功能。

3) 建立 CC 连接。

MS 向网络发建立(SETUP)消息,请求建立呼叫。网络收到 SETUP 消息后,若接受请求,就回送呼叫处理(CALL PROC),表明正在处理呼叫,主叫 MS 处于等待状态,网络开始寻找被叫用户。

后续的 CC 层消息振铃(ALERT)、连接(CONNECT)及其应答消息,分别对应 MS 振铃和用户摘机动作。网络收到被叫的 ALERT 消息后,再向主叫 MS 发送同样的 ALERT 消息,使主叫知道当前的通话接续状态,即通常打电话时听到的振铃声。收到振铃声后,主叫等待被叫摘机,该动作在信令接续上反映为连接(CON-NECT)消息。完成对 CONNECT 消息的应答后,主、被叫双方进入正常通话状态,直到有一方关机时通话才结束。传递信令使用的是 SDCCH 或 FACCH,MS 通话必须在 TCH 信道上进行。

4) 连接话音通路。

GSM 系统业务的数据传递采用电路模式,在主叫与被叫之间有一条物理通路。建立这样一条通路有两个要求:① 为传递通信的不同路由段分配一定的信道资源。② 将各段信道连接在一起。信道资源包括 Um 接口的无线信道和 A 接口的 PCM 链路信道。无线信道由 CHACT 说明,A 接口的地面信道由 ASS-REQ 说明。各个信道的连接是一个接路过程。收到 ASS-REQ 后,BSC 将 A 接口的地面信道和 Um 接口的无线信道连接在一起。收到 CONNECT 消息后,MSC 将 A 接口的地面信道和网络内使用的信道连接在一起。在 MS 内部也有类似的接路过程。主叫方收到 ALERT 消息后,接通内部的话音通路;被叫端的用户(GSM 用户)在发送 CON-NECT 时,接通 MS 内的话音通路。

(3) 移动台被呼

移动台被呼的接续流程如图 10.9 所示。

步骤	MS	BTS	BSC	MSC
1.寻呼请求（PCH）	←	←	←	
2.请求信道（RACH）	→	→		
3.信道分配（AGCH）	←	←		
4.寻呼响应（SDCCH）	→	→	→	
5.鉴权请求（SDCCH）	←	←	←	
6.鉴权响应（SDCCH）	→	→	→	
7.加密命令（SDCCH）	←	←	←	
8.加密准备（SDCCH）	→	→	→	
9.建立呼叫（SDCCH）	←	←	←	
10.呼叫证实（SDCCH）	→	→	→	
11.指配业务信道（SDCCH）	←	←	←	
12.信道指配完成（FACCH）	→	→	→	
13.回铃（FACCH）	→	→	→	
14.连接指令（FACCH）	→	→	→	
15.连接应答（FACCH）	←	←	←	
16.交换信息（TCH）	→	→	→	→

图 10.9 移动台被呼接续流程及逻辑信道

接入网络的方式与主叫类似,不同点有:①被叫 MS 收到网络发出的寻呼(PAGING)消息后,才会提出信道请求。②被叫 MS 在与网络建立 CC 连接时,先由网络发下行的 SETUP 消息,MS 回送呼叫证实(CALL CONF)消息。CALL CONF后,网络与 MS 之间 CC 层的连接建立。③后续的 CC 层消息流向不同。

（4）呼叫清除

通话结束后,进行呼叫清除,释放业务信道和控制信道。呼叫清除既可以由 MS(移动台)发起,也可由基站启动。呼叫清除的消息接续流程如图 10.10 所示,图(a)为移动台发起的呼叫清除,图(b)为网络端发起的呼叫清除。

1）清除 CC 连接和 MM 连接。

以主叫 MS 先挂机为例。MS 发送断开连接(DISCONNECT)消息,指明呼叫清除的发起端及清除原因。网络收到 DISCONNECT 后,停止所有的 CC 连接定时器,清除业务信道在网络中的连接,向 MS 发送呼叫释放(RELEASE),通知其网络正在释放 CC 层的连接。MS 收到消息后,停止所有 CC 连接定时器,释放 MM 连接,向网络发送 RELCMP,本身进入空闲(NULL)状态。这时,在 MS 侧,L3 的连接已经全部释放完毕,但 MS 不能自己拆除 L2 层的连接,要等待网络的释放命令。网络收到呼叫释放完成(RELCMP)后,释放 MM 连接,返回到 NULL 状态。

步骤	MS	BTS	BSC	MSC
1.断开连接(FACCH)	→————→	————→	————→	
2.呼叫释放(FACCH)	←————	←————	←————	
3.呼叫释放完成(FACCH)	————→	————→	————→	
4.信道释放(FACCH)	————→	————→		
5.断开连接(FACCH)	————→			
6.确认(FACCH)				

(a)移动台发起呼叫清除

步骤	MS	BTS	BSC	MSC
1.断开连接(FACCH)	←————	←————	←————	
2.呼叫释放(FACCH)	←————	←————	←————	
3.呼叫释放完成(FACCH)	←————	←————	←————	
4.信道释放(FACCH)	←————	←————		
5.断开连接(FACCH)	←————			
6.确认(FACCH)				

(b)基站发起呼叫清除

图 10.10　呼叫清除接续流程及使用的逻辑信道

CC 层和 MM 层的连接释放完毕后,网络启动 SCCP 连接的释放,释放及应答消息分别为清除(CLRCOM)和清除完成(CLRCMP)。

2)释放 RR 连接。

将 RR 连接释放的目的是去激活正在使用的专用信道,专用信道释放后,MS 返回到空闲(IDLE)状态。RR 连接释放的命令是信道释放(CHREL),包括释放原因(正常释放、超时、切换失败等)。MS 收到 CHREL 后,启动定时器,回送一条 LAPDm 层的 DISC 消息,准备断开连接。当 DISC 消息被系统的 UA 消息证实或定时器超时后,MS 去激活所有信道,返回到空闲模式。

RR 连接释放后,停止系统在 TCH 信道的伴随信道 SACCH 上发送 DESACCH (去活 SACCH 信道),并在 TCH 信道上发送无线信道释放(RFCHREL)及其应答。与 RFCHREL 相对应,L1 的连接也被清除,以减小或关闭系统在该信道的发射功率。

10.2.2　GPRS 技术

GPRS 覆盖在 GSM 的物理层和网络实体之上,增强了 GSM 的数据传输能力,对独立短分组(500~1000 bytes)借助 GSM 的基础结构提供快速接入网络,从而与外部的分组数据网络建立连接。

GPRS 使用的物理无线信道与 GSM 完全相同,只是定义了新的逻辑 GPRS 无线信道。这些逻辑信道的分配很灵活,每个TDMA帧中可分配1~8个无线接入时隙。激活的用户可共享时隙,并且独立分配上行和下行链路,从小区可用的公共信道池中分配物理信道。GPRS动态分配的原则是"容量需求",也就是GPRS容量的分配是根据实际传输分组的需求而定的。GPRS并不请求分配固定的物理信道。GPRS提供与Internet固定的连接,收费的标准是根据连接的流量,这使得用户可获得价格更低的Internet连接。GPRS MS终端分为三种类型:类型A终端可运行GSM和GPRS服务;类型B终端可监视所有的服务;但在同一时间只能运行GPRS服务或只能运行GSM服务;类型C终端只能运行GPRS服务。通过这种分类方法,可选择高档终端或低档终端。

1. GPRS体系结构

(1) GPRS网络总体结构

GPRS网络是在现有GSM网络中增加GPRS网关支持节点(GGSN,GPRS Gateway Support Node)和GPRS服务支持节点(SGSN,Serving GPRS Support Node)来实现的,使得用户能够在端到端分组方式下发送和接收数据,其系统结构如图10.11所示。

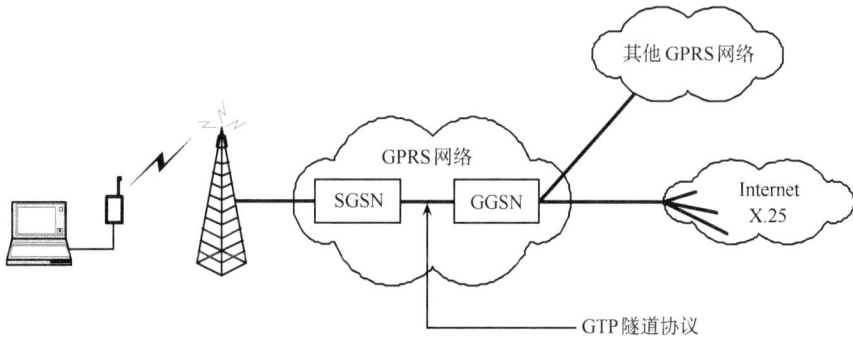

图10.11 GPRS系统结构

图10.11中,笔记本电脑通过串行或无线方式连接到GPRS蜂窝电话上;GPRS蜂窝电话与GSM基站通信,但与电路交换式数据呼叫不同,GPRS分组是从基站发送到SGSN,而不是通过MSC连接到语音网络上。SGSN与GGSN进行通信;GGSN对分组数据进行相应的处理,再发送到目的网络,如因特网或X.25网络。来自因特网标识有移动台地址的IP包,由GGSN接收,再转发到SGSN,继而传送到移动台上。

对于具有GPRS业务功能的移动终端,它本身具有GSM和GPRS业务运营商提供的地址,这样,分组公共数据网的终端利用数据网识别码即可向GPRS终端直接发送数据。另外,GPRS支持与基于IP的网络互通,当在TCP连接中使用数据报时,GPRS 提供 TCP/IP 报头的压缩功能。由于 GPRS 是 GSM 系统中提供分组业务的一种方式,所以它能广泛应用于 IP 域,其移动终端通过 GSM 网络提供的寻址方案和运营商的具体网间互通协议实现全球网间通信。

（2）GPRS 逻辑体系结构

从逻辑上来说,GPRS 通过在 GSM 网络结构中增添 SGSN 和 GGSN 两个新的网络节点来实现。由于增加了这两个网络节点,需要命名新的接口。图 10.12 说明了 GPRS 逻辑体系结构。表 10.1 给出了 GPRS 体系结构中的接口及参考点。

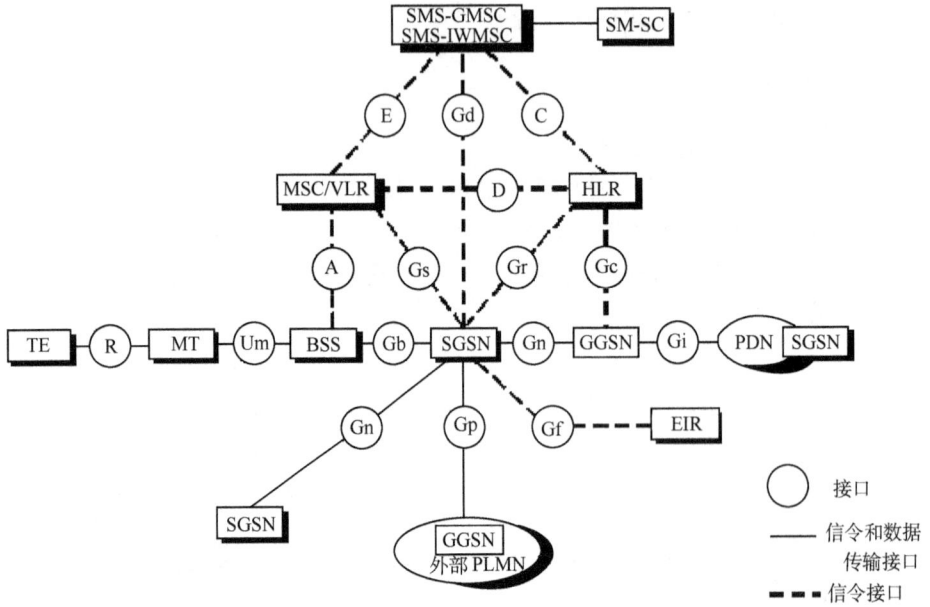

图 10.12　GPRS 逻辑体系结构

表 10.1　GPRS 体系结构中的接口及参考点

接口或参考点	说　　明
R	非 ISDN 终端与移动终端之间的参考点
Gb	SGSN 与 BSS 之间的接口
Gc	GGSN 与 HLR 之间的接口
Gd	SMS-GMSC 之间的接口,SMS-IWMSC 与 SGSN 之间的接口
Gi	GPRS 与外部分组数据之间的参考点
Gn	同一 GSM 网络中两个 GSN 之间的接口
Gp	不同 GSM 网络中两个 GSN 之间的接口
Gr	SGSN 与 HLR 之间的接口
Gs	SGSN 与 MSC/VLR 之间的接口
Gf	SGSN 与 EIR 之间的接口
Um	MS 与 GPRS 固定网部分之间的无线接口

除了这些接口和参考点之外,GPRS 还新增加了分组控制单元(PCU,Packet Control Unit)和 Gb 接口单元(GBIU,Gb Interface Unit),其中 PCU 使 BSS 提供数据功能、控制无线接口、使多个用户使用相同的无线资源。GBIU 提供从 BSS 到 SG-SN 的标准接口,可以和 PCU 合并在同一个物理实体中。

(3) GPRS 网络主要实体

GPRS 网络主要实体包括 GPRS 支持节点、GPRS 骨干网、HLR、短消息业务网关移动交换中心(SMS-GMSC,SMS-Gateway MSC)和短消息业务互通移动交换中心(SMS-IWMSC,SMS-InterWork MSC)、移动台、MSC、VLR、分组数据网络(PDN,Packet Data Network)等。

1) GPRS 支持节点(GSN)。

GPRS 的支持节点 GSN 是 GPRS 网络中最重要的网络节点,包含了支持 GPRS 所需的功能。GSN 具有移动路由管理功能,可以连接各种类型的数据网络,并可以连到 GPRS 寄存器。GSN 可以完成移动台和各种数据网络之间的数据传送和格式转换。GSN 是一种类似于路由器的独立设备,也与 GSM 中的 MSC 集成在一起。在一个 GSM 网络中允许存在多个 GSN。GSN 有两种类型:SGSN 和 GGSN。

SGSN 是为移动终端 MS 提供业务的节点(即 Gb 接口由 SGSN 支持)。在激活 GPRS 业务时,SGSN 建立起一个移动性管理环境,包含关于这个移动终端 MS 的移动性和安全性方面的信息。SGSN 的主要作用就是记录移动台的当前位置信息,并且在移动台和 SGSN 之间完成移动分组数据的发送和接收。

GGSN 通过配置一个 PDP 地址被分组数据网接入。它存储属于这个节点的 GPRS 业务用户的路由信息,并根据该信息将 PDU 利用隧道技术发送到 MS 的当前的业务接入点,即 SGSN。GGSN 可以经 Gc 接口从 HLR 查询该移动用户当前的地址信息。GGSN 主要是起网关作用,它可以和多种不同的数据网络连接,如 IS-DN 和 LAN 等。另外,GGSN 也又被称作 GPRS 路由器。GGSN 可以把 GSM 网中的 GPRS 分组数据包进行协议转换,从而可以把这些分组数据包传送到远端的 TCP/IP 或 X.25 网络。

SGSN 与 GGSN 的功能既可以由一个物理节点全部实现,也可以在不同的物理节点上分别实现,它们都应有 IP 路由功能,并能与 IP 路由器相连。当 SGSN 与 GGSN 位于不同的公用陆地移动网络(PLMN,Public Land Mobile Network)时,通过 Gp 接口互连。SGSN 可以通过任意 Gs 接口向 MSC/VLR 发送定位信息,并可以经 Gs 接口接收来自 MSC/VLR 的寻呼请求。

2) GPRS 骨干网。

GPRS 中有内部 PLMN 骨干网和外部 PLMN 骨干。内部 PLMN 骨干网是指位于同一个 PLMN 上的并与多个 GSN 互连的 IP 网。外部 PLMN 骨干网是指位于不同的 PLMN 上的并与 GSN 和内部 PLMN 骨干网互连的 IP 网。每一个内部 PLMN 骨干网都是一个 IP 专网,且仅用于传送 GPRS 数据和 GPRS 信令。IP 专网是采用一定访问控制机制以达到所需安全级别的 IP 网。两个内部 PLMN 骨干网是使用边界网关(BG, Border Gateway)和一个外部 PLMN 骨干网并经 Gp 接口相连的,外部 PLMN 骨干网的选择取决于包含有 BG 安全功能的漫游协定,BG 不在 GPRS 的规范之列。外部 PLMN 可以是一个分组数据网。

3) 归属位置寄存器(HLR)。

在 HLR 中有 GPRS 用户数据和路由信息。从 SGSN 经 Gn 接口或 GGSN 经 Gc 接口均可访问 HLR。对于漫游的 MS 来说,HLR 可能位于另一个不同的 PLMN 中,而不是当前的 PLMN 中。

4) 短消息业务网关移动交换中心(SMS-GMSC)和短消息业务互通移动交换中心(SMS-IWMSC)。

SMS-GMSC 和 SMS-IWMSC 经 Gd 接口连接到 SGSN 上,这样就能让 GPRS MS 通过 GPRS 无线信道收发短消息 SM。

5) GPRS 移动台。

GPRS MS 能以三个运行模式中的一个进行操作,其操作模式的选定由 MS 所申请的服务决定,即①仅有 GPRS 服务。②同时具有 GPRS 和其他 GSM 服务。③依据 MS 的实际性能同时运行 GPRS 和其他 GSM 服务。

6) 移动交换中心(MSC)和拜访位置寄存器(VLR)。

在需要 GPRS 网络与其他 GSM 业务进行配合时选用 Gs 接口,如利用 GPRS 网络实现电路交换业务的寻呼,GPRS 网络与 GSM 网络联合进行位置更新,以及 GPRS 网络的 SGSN 节点接收 MSC/VLR 发来的寻呼请求等。同时 MSC/VLR 存储 MS(此 MS 同时接入 GPRS 业务和 GSM 电路业务)的 IMSI 以及与 MS 相连接的 SGSN 号码。

7) 分组数据网络(PDN)。

PDN 提供分组数据业务的外部网络。移动终端通过 GPRS 接入不同的 PDN 时,采用不同的分组数据协议地址。

2. GPRS 协议结构

为传送不同的网络分组,与 GSM 一样,GPRS 也定义了协议栈。如图 10.13 所示,定义的是传输平面(用户数据通过 GPRS/GSM 网络的传输平面传输)。传输平台由一个分层协议结构组成,在不同的部件上有不同的分层,用于用户信息传输以及与此相关的信息传输中的过程控制(例如流量控制、检错、纠错和错误恢复等)。传输平台通过底层无线接口和网络子系统 NSS 平台连接,这种独立性是通过保留 Gb 接口来实现的。

图 10.13 中 GTP(GPRS Tunneling Protocol)是 GPRS 隧道协议,SNDCP(Sub-Network Dependent Convergence Protocol)是子网相关融合协议,LLC 是逻辑链路控制,BSSGP(Base Station System GPRS Protocol)是 GPRS 基站系统协议,NS(Net-

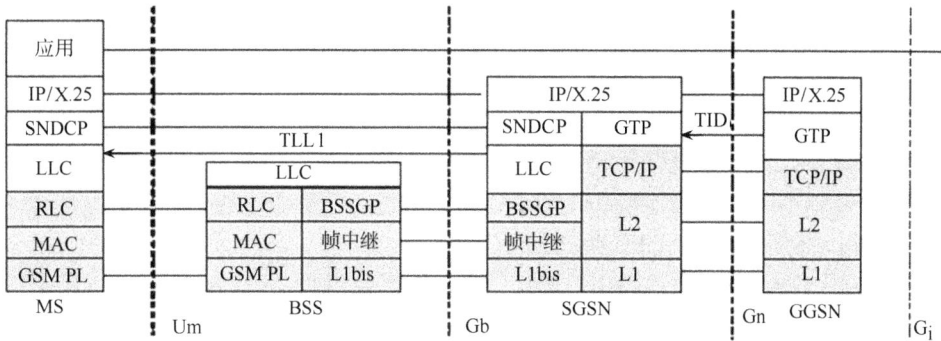

图 10.13　GPRS 传输平面

work Service)是网络服务,RLC(Radio Link Control)是无线链路控制层,MAC 是介质访问控制层。

3. GPRS 信令流程

GPRS 终端连接到网络需要两个阶段:

1)连接到 GPRS 网络(GPRS 附着):GPRS 终端通上电后,向网络发送附着消息。SGSN 根据 HLR 中的手机用户数据,对用户进行鉴权,然后与终端附着。

2)连接到 IP 网络(PDP 场景激活):GPRS 终端附着后,向网络请求 IP 地址。IP 地址用来向终端提供路由数据。

移动台附着网络后,应激活所有需要与外部网络进行数据传输的地址。数据传输结束以后,再解除这些地址。下面首先描述附着和分离过程,然后分析 PDP 上下文激活的场景,最后给出上下行链路数据传输的流程。

(1)GPRS"附着"(Attach)和"分离"(Detach)过程

通过 GPRS"附着"和"分离"过程,GPRS 移动台可以建立和结束与 GPRS 的连接。这两个过程均可由移动台发起,SGSN 对移动台发起的"附着"和"分离"请求进行处理。GPRS"连接成功后",移动管理上下文就在 SGSN 中建立了。

GPRS"附着"过程如图 10.14 所示,即

1)移动台向 SGSN 发送 GPRS 的"附着请求",让网络知道移动台的存在。

2)SGSN 向移动台发送用户表示请求。

图 10.14　GPRS"附着"过程

3）移动台将自己的 IMSI 发送给 SGSN,此时,SGSN 还没有用户的鉴权信息。

4）GSN 向移动台发送鉴权请求(请求参数为 RAND),移动台 SIM 卡根据收到的 RAND 和约定算法,计算 SERS。

5）移动台将计算出的 SERS′返回给 SGSN,若 SERS′=SERS,则该用户为合法用户,否则不是。完成用户身份鉴权之后,将检查用户设备 IMEI 的合法性。

6）SGSN 向移动台发送 IMEI 请求。

7）移动台将自己的 IMEI 传送给 SGSN。

8）SGSN 至此接受了 GPRS 连接,并向移动台返回一个 P-TMSI,P-TMSI 是 GPRS 移动台在通信过程中使用的"别名"。

9）移动台确认收到该 P-TMSI。

GPRS"附着"完成之后,移动管理上下文就建立了,SGSN 可开始跟踪移动台在 PLMN 中的位置。此时,移动台可收发短消息,但不能收发其他数据,因为此前还必须激活 PDP 上下文。

如果 GPRS 用户希望结束 GPRS 网络的一个连接,需启动 GPRS"分离"过程。GPRS"分离"过程将移动管理状态置于 IDLE,同时删除 SGSN 和移动台中的移动管理上下文。当"附着"之后,移动台 STANDBY 状态超时时,也会隐式执行 GPRS "分离"操作。"分离"过程一般由移动台发起,也可由网络发起。

（2）PDP 上下文激活

PDP 上下文有两种状态:ACTIVE 和 INACTIVE,两者之间的相互关系如图 10.15 所示。

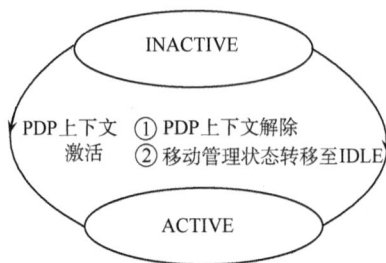

图 10.15　PDP 上下文状态转移图

如果移动台需和外部数据网络交换,它必须首先进行 GPRS"附着","附着"成功之后,需获得一 IP 地址并和外部网建立连接,也就是执行 PDP 上下文激活过程。

移动台的 IP 地址可以是静态的,即该 IP 地址固定分配给一个用户;也可以是动态的,即每开始一个新的会话,网络都随机为用户重新分配一次 IP 地址。移动台采用何种地址在用户的描述中定义。PDP 上下文激活流程可分为四步,如图 10.16 所示。

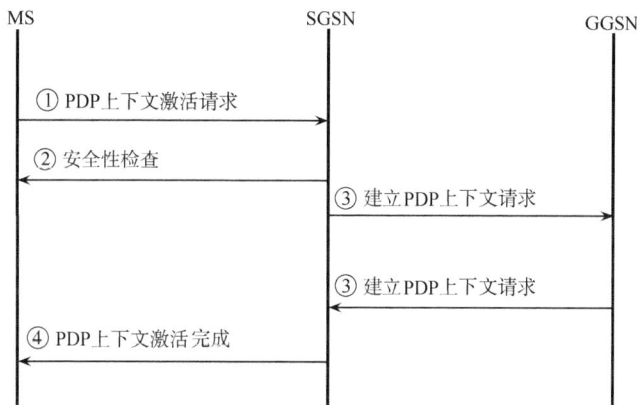

图 10.16　PDP 上下文激活过程

1) 移动台向 SGSN 发送 PDP 上下文激活请求,该请求中带有接入点名称(APN,Access Port Name)和 IP 地址参数(如果 IP 地址为空,则说明为动态分配的 IP 地址)。GGSN 通过 APN 标识的网络接口和外部数据网相连,接收到来自移动台的 PDP 上下文激活请求后,SGSN 和 HLR 通信,检查用户的用户描述信息,用户描述中包括可达的 APN 列表,以及该用户是静态 IP 地址还是动态 IP 地址的说明。

2) 移动台身份鉴别(IMSI,International Mobile Status Identity)和设备检查 IMEI,同 GPRS"附着"过程中的步骤类似,这里不再赘述。

3) SGSN 得到需要与之通信的 GGSN 地址后,向它发送"建立 PDP 上下文请求"。SGSN 通过域名服务器 DNS 得到 GGSN 的 IP 地址。DNS 根据 APN 来判断相应的 IP 地址是什么(GPRS 系统中 GGSN 的 APN 有些类似于 Internet 中的逻辑域名)。得到 GGSN 中的 IP 地址后,SGSN 向其发送"建立 PDP 上下文请求",该请求中带有 IP 地址(如果为空,则标识为动态分配的 IP 地址)、APN 以及建议使用的隧道标识(TID)等参数。如果使用动态 IP 地址分配方式,GGSN 和外部数据网络元素就要负责为发送 PDP 上下文请求的移动台分配一个 IP 地址。该地址包含在 GGSN 返回给 SGSN 的"建立 PDP 上下文响应"消息中,该消息还有最后确认使用的 TID 以及收费标识。

4) SGSN 向移动台返回"PDP 上下文激活完成"消息,该消息中携带着移动台在 PDP 上下文中使用的 IP 地址。

PDP 上下文解除激活之后,移动台或网络可以将其 PDP 场景清除,收回 IP 地址。

(3) 上、下行链路数据传输

激活 PDP 场景,获得 IP 地址之后,可进行数据分组传输。图 10.17 所示为 GPRS 上行链路和下行链路的分组传输过程。

GPRS 上行链路和下行链路的传输是独立的。介质接入协议称为"主-从动态速率接入"或 MSDRA(Master Slave Dynamic Rate Access),由 BSS 集中完成组织时隙的分配。"主"分组数据信道 PDCH(Packet Data CHannel)包括公共控制信道,用于为传输开始分组传递所需的信令信息。"从"PDCH 包括用户数据和 MS 专门信令信息。GPRS 逻辑业务和控制信道的定义与 GSM 中的定义相似。在 GPRS 中,定义了分组数据业务信道(PDTCH,Packet Data Transaction CHannel)、分组广播控制信道(PBCCH,Packet BCCH)。对于随机接入获得的一个业务信道,定义了分组随机接入信道(PRACH,Packet RACH)、分组准许接入信道(PAGCH,Packet AGCH)、寻呼信道(Packet PCH)。另外还有通知 MS 分组到达的分组通知信道(PNCH,Packet Notification CHannel)、对接收到的分组发送 ACK 的分组随路控制信道(PACCH,Packet Asscoiated Control CHannel 和调整帧同步的分组超前控制信道(PTCCH,Packet Timing advance Control CHannel)。

下面以上行链路为例,简单描述分组传输过程。

1) 分组信道请求。

上行分组传输开始于分组信道请求,可以在 RACH 或者 PRACH 上完成分组直接分配,网络侧必须给用户分配资源,预约考虑资源和分组信道请求的需要。如果 MS 使用了 RACH,仅能指出需要 GPRS 业务,网络侧可以在一或两个 PDCH 信道上分配上行链路资源,这是不够的,所以移动台发起的分组传输分为两个阶段:AGCH 用于分组直接分配,通过使用 PRACH,移动台可以提交关于请求资源的更充分的信息,所以可以分配给用户一个或更多的 PDCH;PAGCH 信道用于分组直接分配。功率控制(PC,Power Control)和时间提前量(TA)信息也包含在这个信息中,通过分组信道请求和分组直接分配,阶段一接入完成。阶段二是可选的,是在 MS 发起的,因为 MS 对分配给它的上行链路资源不满意。

2) 分组资源请求。

该消息用于携带上行链路传输资源请求的完整描述。

3) 分组资源分配。

该消息是网络侧的反应,是为上行链路传输保留的资源,功率控制 PC 和定时提前 TA 信息也包含在这个信息中。分组资源请求和分组资源分配是在 PACCH 信道上实现的。

4) 分组传输过程。

获得分组资源后,开始分组传输过程。在传输过程中,若 MS 接收到错误的 ACK,则重传数据帧;若没收到 ACK,则 MS 随机推迟一段时间后再重试。

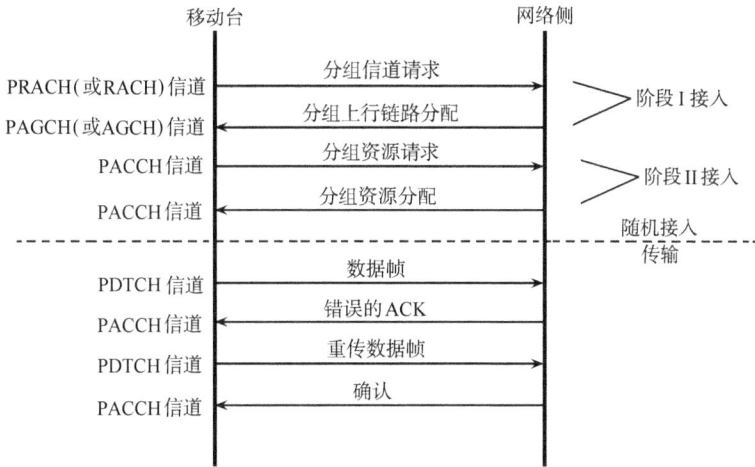

(a) GPRS 上行链路数据传输

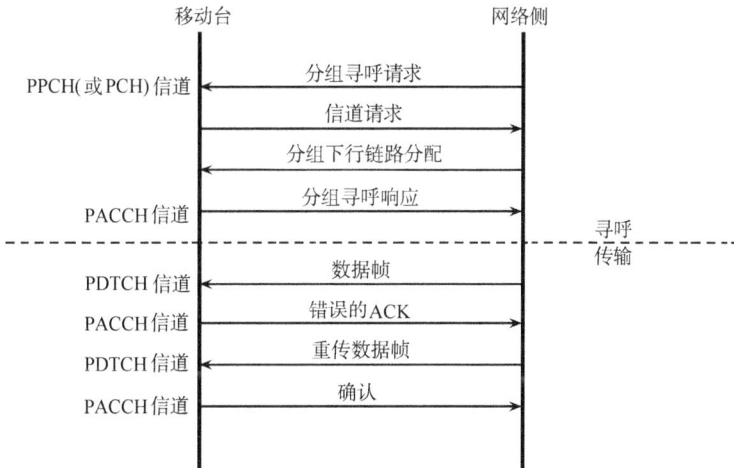

(b) GPRS 下行链路数据传输

图 10.17　GPRS 分组传输过程

10.2.3　基于 GPRS 的 WAP 应用

1. WAP 简介

WAP 是 Wireless Application Protocol(无线应用协议)的简称,它是开发移动网络上类似互连网应用的一系列规范的组合。通过 WAP,用户可以通过移动电话、寻呼机、PDA 或其他无线设备实现对相关 Internet 信息的访问。WAP 的应用模型如图 10.18 所示。

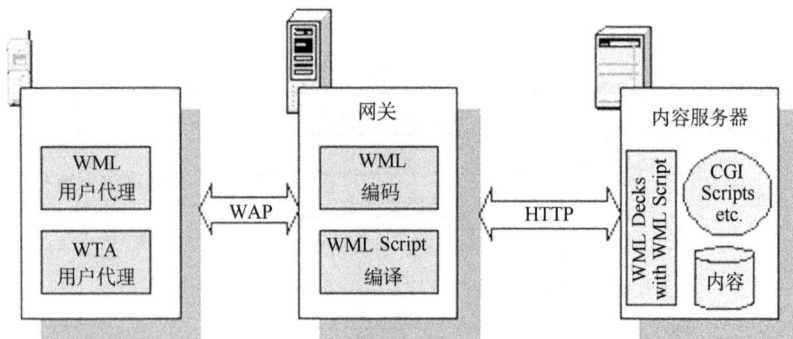

图 10.18　WAP 应用模型

图 10.18 中的内容服务器就是我们目前常用的 Web 服务器,WAP 网关与内容服务器之间通过 HTTP1.1 协议进行通信,内容服务器上存储着大量的信息,WAP 手机用户通过手机内置的微浏览器可登陆访问、查询、浏览。WAP 网关是 WAP 应用实现的核心,起着协议的"翻译"和传输内容编解码的作用,是联系移动通信网与 WWW 的桥梁。

2. 基于 GPRS 的 WAP 应用的协议栈模型

WAP 网关与移动通信网的连接方式是决定其结构和功能的主要因素之一,对采用分组交换的移动网络,如 GPRS 以及第三代网络等,WAP 网关可与其采用 IP 直连的方式;对于非 IP 网络(即电路交换网络),如 GSM 网等,WAP 网关不可能直接与其建立 IP 直连,它们之间的连接需进行一些转换(如采用拨号接入服务器)。

在 WAP 应用中,无论移动用户用什么方式访问 Internet,终究需要在移动终端与内容服务器之间有一条数据通道,如图 10.19 所示,这条数据通道可分为两个部分:

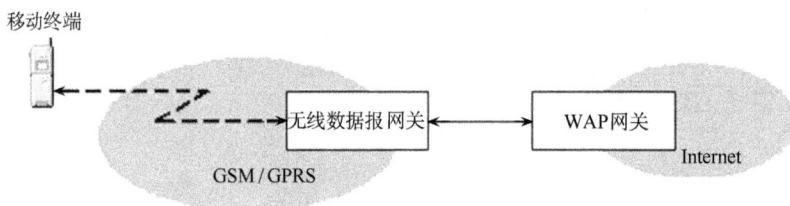

图 10.19　WAP 的无线承载

1) 移动终端至无线数据报网关的这部分数据通道处于无线网络中(如 GSM 或 GPRS)中,它利用无线网络的数据承载业务来传输无线数据报。

2) 无线数据报网关至 WAP 网关的这部分数据通路通常是有线环境,使用某种特别的协议以隧道技术传输无线数据报,其下层通信网络可以是任何普通的网络,如基于 TCP/IP 或 X.25 的广域网、基于 TCP/IP 和以太网技术的局域网等。

WAP 无线承载的选择,实际上就是选择何种无线数据业务作为从移动终端至无线数据报网关的数据通路问题,选择不同的数据业务就会由不同的网络实体来作为无线数据报网关。可用作 WAP 的无线承载数据的业务有:SMS、电路交换数据(CSD,Circuit Switch Data)、非结构化的补充数据业务(USSD,Unstructured Supplementary Service Data)以及通用无线分组业务 GPRS。和 SMS、CSD 以及 USSD 相比,GPRS 具有传输速度快、可动态分配带宽资源等特点,它能有效利用宝贵的无线频率资源,解决 WAP 应用中传输速度慢、频率资源紧张等问题。同时,GPRS 移动台可在服务区内实现瞬时连接,一旦有需求可立即发送或接收消息,不需事先拨号,也就是常说的"随时在线"。因此,以 GPRS 作为无线承载的 WAP 应用,更能为无线端用户提供高效的服务。

在 GPRS 上实现 WAP 应用和实现其他应用一样,GPRS 网络本身并不需要任何改变。GPRS 网络连接 GSM 和 Internet,在移动终端与 WAP 代理/服务器之间提供 IP 通路。图 10.20 给出了基于 GPRS 的 WAP 协议栈模型。

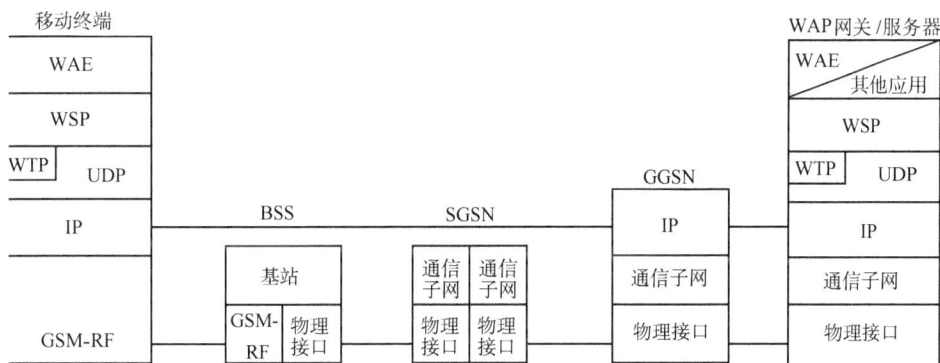

图 10.20　基于 GPRS 的 WAP 协议栈模型

承载网络可分为基于 IP 的承载网络(如 GPRS、CDPD)和基于非 IP 的承载网络(如 CSD,SMS)。当在两种不同的承载网络上构建 WAP 应用时,采用的协议栈结构会略有不同,其差异主要表现在 WAP 的传输层。对基于 IP 的承载网络来说,传输层协议是 UDP/IP;而对于非 IP 的承载网络来说,传输层协议为 WDP。UDP 对来自 GPRS 的数据报重新组装后,向上层提交。UDP 依靠端口号来区分与它通信的不同的高层协议实体。WTP(Wireless Transaction Protocol)又称无线事务处理协议,其主要作用是为无线会话协议(WSP,Wireless Session Protocol)提供建立在不可靠的数据报服务之上的可靠连接。

3. 基于 GPRS 的 WAP 应用的网络结构

基于 GPRS 的 WAP 应用的网络结构如图 10.21 所示,图中引入了 WAP 网关和无线电话应用 WTA 服务器,其目的是为了在 WAP 上提供与电话相关的应用。

前面已经提及,WAP 网关的基本功能是协议转换和传输内容编解码。协议转换的含义为:当用户从 WAP 手机向内容服务器发送内容请求时,请求消息经过无线网络,以 WAP 协议方式发送至 WAP 网关,在网关经过协议转换后,再以 HTTP 协议方式与 WAP 内容服务器交互。同样,当内容信息以 HTTP 协议方式从内容服务器返回网关后,网关再对它进行一次协议转换,然后以 WAP 协议方式发送到用户的手机终端。传输内容编解码是指,WAP 网关将从内容服务器返回的内容进行压缩、处理成二进制代码流后返回客户的 WAP 手机终端。由此可以看出,其实 WAP 是一个上层协议,是建立在各种无线网络之上的应用,其目的是为用户提供统一、开放的应用平台,屏蔽各种承载网络的差异,而 GPRS 只不过是各种数据载体的一种,GPRS 本身并不排斥 WAP 技术。

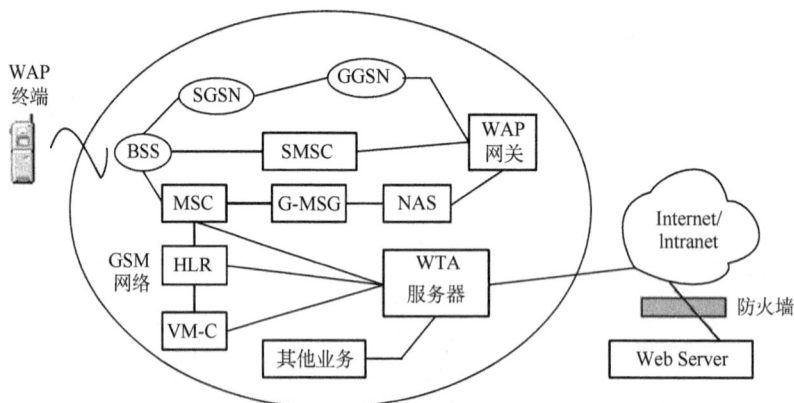

VM-C:语言信箱中心;SMSC:短消息业务中心;NAS:接入服务器

图 10.21　基于 GPRS 的 WAP 应用的网络结构

10.2.4　GSM AT 命令集

GSM 模块与计算机之间的通信协议是一些 AT 指令集(详见 GSM07.07)。每个指令以"AT+"开头,以回车结尾。每个命令执行成功与否都有相应的返回。其他一些非预期的信息(如有人拨号进来、线路无信号等),模块都将有对应的一些信息提示,接收端可做相应的处理。

控制符:

结束符(<CR>)十六进制的 0x0D

发送符(<Ctrl-Z>)十六进制的 0x1A

1. 一般常用 AT 命令

一般常用 AT 命令如表 10.2 所示。

表 10.2　一般常用 AT 命令

命令格式	功　能
AT+CSQ <CR>	该命令返回接收信号强度以及误码率
ATD<电话号码><CR>	拨号命令
AT+CPIN="nnnn"<CR>	输入 SIM 卡的 PIN 码
ATH<CR>	挂断电话
ATA<CR>	摘机
AT+CLCC<CR>	显示最近来电
AT+CGMI<CR>	查询手机厂家

2. 与 SMS 有关的 AT 命令

与短消息收发有关的规范主要包括 GSM 03.38、GSM 03.40 和 GSM 07.05。前两者着重描述 SMS 的技术实现(含编码方式),后者则规定了 SMS 的 DTE-DCE 接口标准(AT 命令集)。

一共有三种方式来发送和接收 SMS 信息:Block Mode, Text Mode 和 PDU Mode。目前很少用 Block Mode。Text Mode 是纯文本方式,可使用不同的字符集,从技术上说也可用于发送中文短消息,但国内手机基本上不支持,主要用于欧美地区。PDU Mode 被所有手机支持,可以使用任何字符集,这也是手机默认的编码方式。Text Mode 比较简单,而且不适合做自定义数据传输,我们就不讨论了。下面介绍的内容,是在 PDU Mode 下发送和接收短消息的实现方法。

PDU 串表面上是一串 ASCII 码,由"0"~"9"、"A"~"F"这些数字和字母组成。它们是 8 位字节的十六进制数,或者 BCD 码十进制数。PDU 串不仅包含可显示的消息本身,还包含很多其他信息,如 SMS 服务中心号码、目标号码、回复号码、编码方式和服务时间等。发送和接收的 PDU 串,其结构是不完全相同的。

(1) 设置

1) 设置发送短信息的模式:AT+CMGF=0+<CR>,其中 0 代表 PDU 模式;1 代表 Text 模式。

2) 设置接收短信息的模式。

① 直接串口接收:AT+CNMI=2,2,0,0,0+<CR>。有短信息来时,不经过 SIM 卡,直接写串口(如果此时端口没打开,则该短信息有可能丢失)。

② 通过 SIM 卡接收:AT+CNMI=2,1,0,0,0+<CR>。这是缺省设置,主动去读 SIM 卡中的短信息(建议使用该参数)。

3) 保存当前模块的参数设置:AT&W+<CR>。

(2) 发送 PDU 格式的短信

例如,发送的 SMSC 号码是+8613800250500,对方号码是 13815893639,消息内容是"Hello!",则发送如下 AT 命令:

AT+CMGF =0<CR> 发送模式设置,设为 PDU 模式;

AT+CMGS = <PDU 包的字节数(ddd:三位十进制格式)<CR>注意,该 PDU 长度不包含 SMSC 的长度;

> PDU< Ctrl-Z >

从手机发出的 PDU 串可以是

08 91 68 31 08 20 05 05 F0 11 00 0D 91 68 31 18 85 39 36 F9 00 00 00 06 C8 32 9B FD 0E 01

对照规范,具体分析如表 10.3 所示。

表 10.3

分　段	含　义	说　明
08	SMSC 地址信息的长度	共 8 个八位字节(包括 91)
91	SMSC 地址格式(TON/NPI)	用国际格式号码(在前面加"+")
68 31 08 20 05 05 F0	SMSC 地址	8613800250500,补"F"凑成偶数个
11	基本参数(TP-MTI/VFP)	发送,TP-VP 用相对格式
00	消息基准值(TP-MR)	0
0D	目标地址数字个数	共 13 个十进制数(不包括 91 和"F")
91	目标地址格式(TON/NPI)	用国际格式号码(在前面加"+")
68 31 18 85 39 36 F9	目标地址(TP-DA)	8613815893639,补"F"凑成偶数个
00	协议标识(TP-PID)	是普通 GSM 类型,点到点方式
00	用户信息编码方式(TP-DCS)	7-bit 编码
00	有效期(TP-VP)	5min
06	用户信息长度(TP-UDL)	实际长度 6 个字节
C8 32 9B FD 0E 01	用户信息(TP-UD)	"Hello!"

(3) 接收 PDU 格式的短信

如果是通过 SIM 卡接收短信息,则应该先得到新的短信息到达的通知信息(即监视串口的+CMTI<新短信息的索引号>)。如果不通过 SIM 卡接收短信息,则要实时处理串口的+CMT<短消息包结构>。

例如接收,SMSC 号码是+8613800250500,对方号码是 13851872468,消息内容是"你好!",则发送

AT+CMGR =<短信息的索引号><CR>

按 PDU 模式分解返回包,手机接收到的 PDU 串可以是

08 91 68 31 08 20 05 05 F0 84 0D 91 68 31 18 85 39 36 F9 00 08 30 40 90 80 63 54 80 06 4F 60 59 7D 00 21

对照规范,具体分析如表 10.4 所示。

表 10.4

分　段	含　义	说　明
08	SMSC 地址信息的长度	共 8 个八位字节(包括 91)
91	SMSC 地址格式(TON/NPI)	用国际格式号码(在前面加"+")
68 31 08 20 05 05 F0	SMSC 地址	8613800250500,补"F"凑成偶数个
84	基本参数(TP-MTI/MMS/RP)	接收,无更多消息,有回复地址
0D	回复地址数字个数	共 13 个十进制数(不包括 91 和"F")
91	回复地址格式(TON/NPI)	用国际格式号码(在前面加"+")
68 31 18 85 39 36 F9	回复地址(TP-RA)	8613851872468,补"F"凑成偶数个
00	协议标识(TP-PID)	是普通 GSM 类型,点到点方式
08	用户信息编码方式(TP-DCS)	UCS2 编码
30 40 90 80 63 54 80	时间戳(TP-SCTS)	2003-3-12 08:36:45 +8 时区
06	用户信息长度(TP-UDL)	实际长度 6 个字节
4F 60 59 7D 00 21	用户信息(TP-UD)	"你好!"

若基本参数的最高位(TP-RP)为 0,则没有回复地址的三个段。从 Internet 上发出的短消息常常是这种情形。

注意:号码和时间的表示方法不是按正常顺序顺着来的,而且要通过"F"将奇数补成偶数。

(4) 删除短信

　　AT+CMGD=<短信息索引号><CR>

(5) 列出短信

利用如下命令可以读出 SIM 卡中未读的短信息:

　　AT+CMGL="ALL"<CR>　　　//文本模式下读未读短信息

　　AT+CMGL=0<CR>　　　　　//PDU 模式下读未读短信息

3. 与 GPRS 有关的 AT 命令

与 GPRS 有关的 AT 命令如表 10.5 所示。

表 10.5　与 GPRS 有关的 AT 命令

命　令	功　能
AT+CGDCONT	定义或更改 PDP 上下文环境
AT+CGQREQ	定义或更改向 GPRS 网络请求的服务质量
AT+CGQMIN	定义或更改向 GPRS 网络请求的最小服务质量
AT+CGATT	附着 GPRS 网络
AT+CGACT	激活 PDP 上下文环境
AT+CGPADDR	查看分配的 IP 地址
AT+CGCLASS	查看移动台支持的 GPRS 类型

应用举例：目前支持 GPRS 的是中国移动的 GSM 网,因此如下定义 PDP 上下文环境：

  AT+CGDCONT＝1,"IP","CMNET"＜CR＞

然后使移动台"附着"GPRS 网络：

  AT+CGATT＝1 ＜CR＞

最后激活 PDP 场景：

  AT+CGACT＝1＜CR＞

10.3　实验设备与软件环境

本实验每两台 PC 机为一组,软、硬件设备配置相同。

硬件：SEMIT TTP6606 硬件模块(已配置开通 GPRS 业务的 SIM 卡),串口电缆,耳机话筒,稳压电源。

软件：Windows 2000 Professional 操作系统,TTP GSM/GPRS 接入实验软件。

实验配置框图如图 10.22 所示。

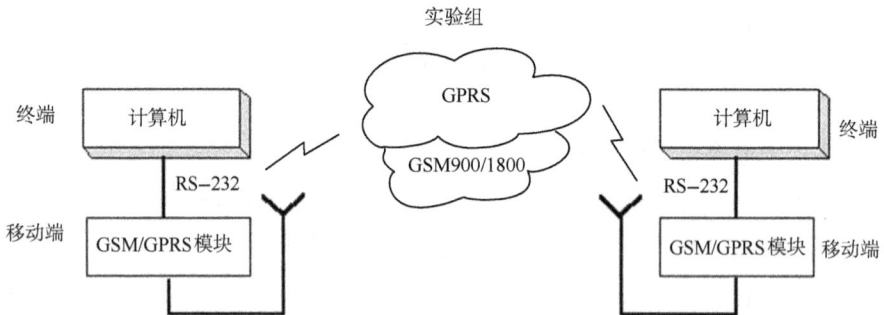

图 10.22　实验配置框图

10.4　实验内容

1) 配置 GSM/GPRS 模块,使之附着 GPRS 网络并激活 PDP 场景。
2) 拨号建立 PPP 链路。
3) 执行网络服务：① 话音服务。② 短消息服务。③ WAP 服务。
4) 通过建立 TCP 端口间的连接传输用户数据。
5) 通过 AT 命令操作 GSM/GPRS 模块。
6) GSM/GPRS 信令流程仿真。

10.5 实验步骤

10.5.1 配置主机和 GSM/GPRS 硬件模块

1. 硬件连接

用串口电缆将 SEMIT TTP6606 和计算机串口相连,接通稳压直流电源,打开开关。注意保证天线接触良好,切忌带电插拔串口电缆。

2. 配置无线模块

1）初始化串口。
2）点击界面上的"附着 GPRS"按钮,显示附着成功。
3）点击界面上的"配置网络参数"按钮,显示配置网络参数成功。
4）点击界面上的"激活场景"按钮,显示激活场景成功。

3. 配置主机

（1）安装标准 Modem 驱动
点击"装载 Modem 驱动"按钮,弹出界面如图 10.23 所示。

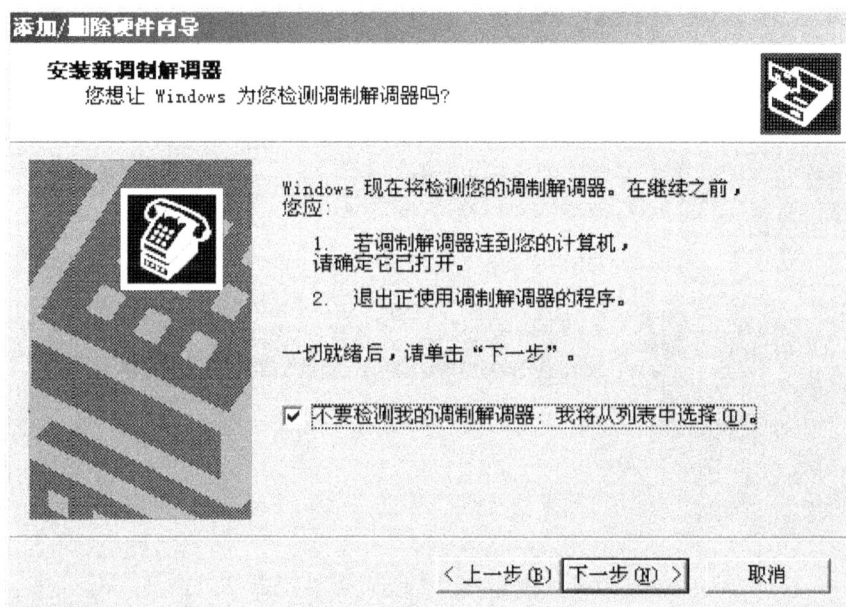

图 10.23 添加/删除硬件向导

勾上复选框,选择不检测调制解调器,单击"下一步"按钮。选择"标准33600bps 调制解调器",单击"下一步"按钮,得到如图 10.24 所示的对话框。

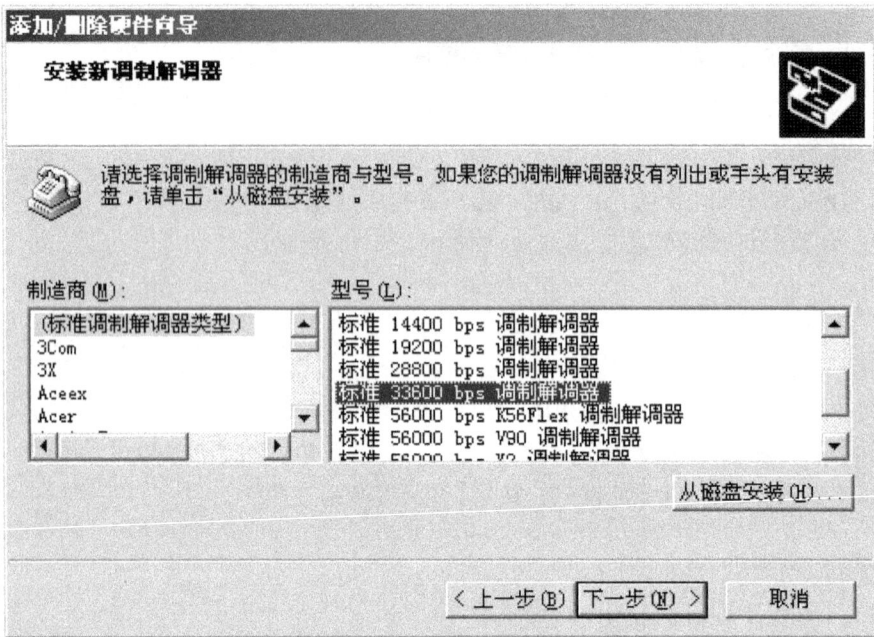

图 10.24 选择 Modem 型号

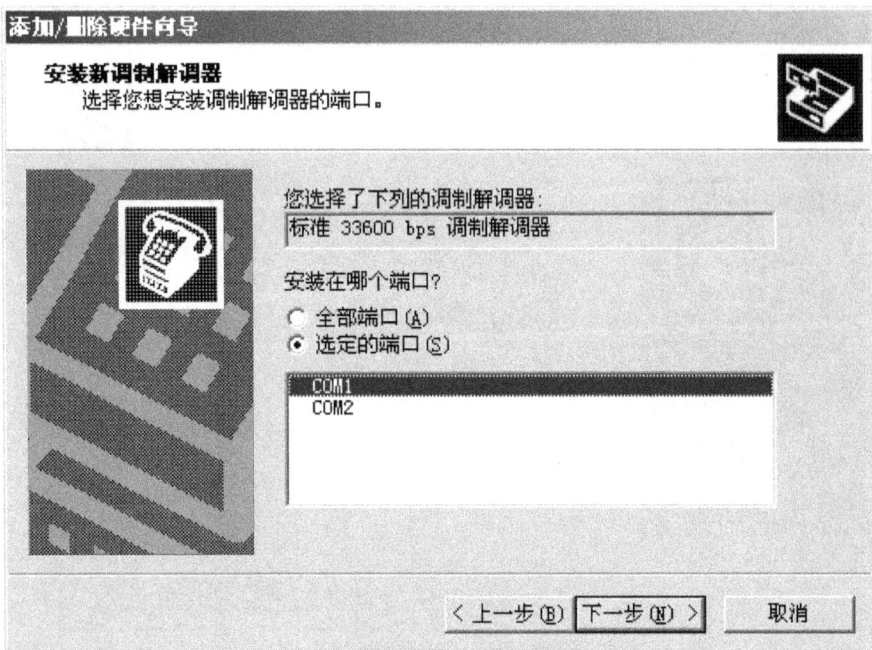

图 10.25 选择端口

选择将 Modem 驱动装载在与 GSM/GPRS 模块有物理连接的端口上，单击"下一步"按钮，得到的界面如图 10.25 所示。

最后单击"完成"按钮，完成调制解调器的安装。

（2）新建 GPRS 连接

点击"连接管理"按钮，弹出界面如图 10.26 所示，分别在其中输入"连接名称"、"用户名"、"密码"（此三项可根据用户需要随意填写），"连接时使用"选择"标准 33600bps 调制解调器（Modem）"，并输入"国家号"和"区号"。"电话号码"中输入" * 99#"。点击"新建连接"按钮，新建立的连接名将出现在连接列表中。选中连接列表中的连接名，点击"删除连接"按钮，将删除选中的连接。

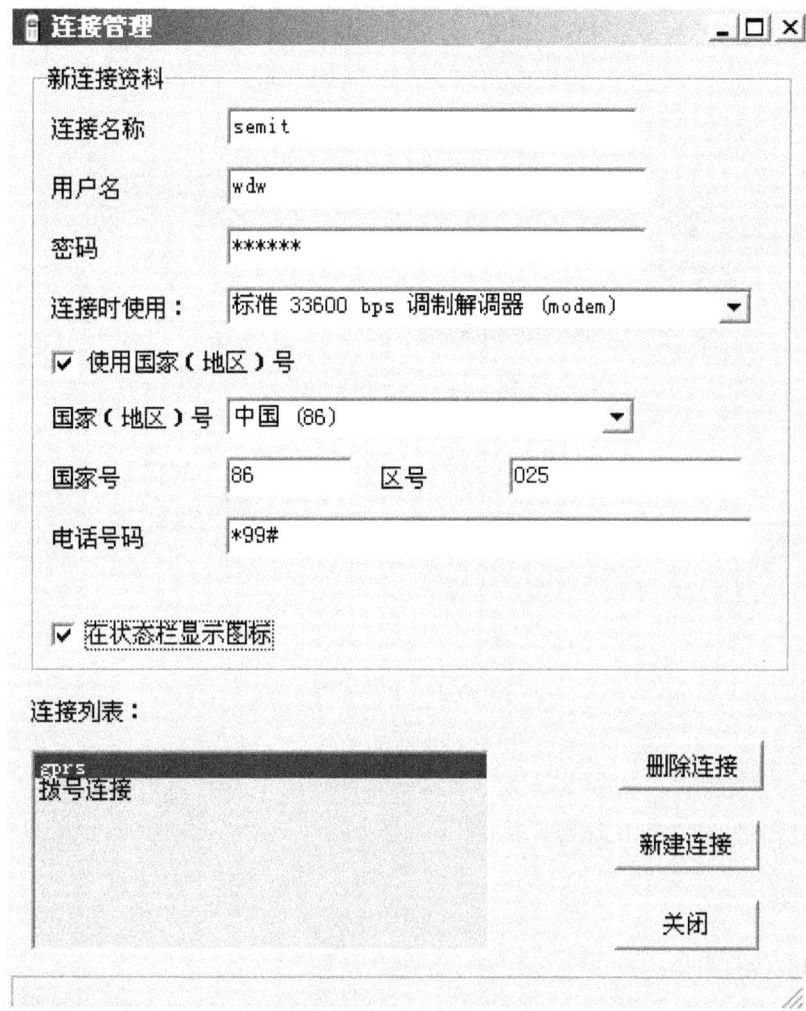

图 10.26 连接管理

（3）拨号建立 PPP 链路

点击"网络连接"按钮,弹出界面如图 10.27 所示。如果你建的连接没出现在列表中,请点击"更新"按钮。在连接列表中选中你所建的连接,点击"拨号"按钮(拨号前要关闭 SEMIT 6606 所用的串口),在状态栏中会显示出拨号的状态。不用连接时,点击"挂断"按钮。

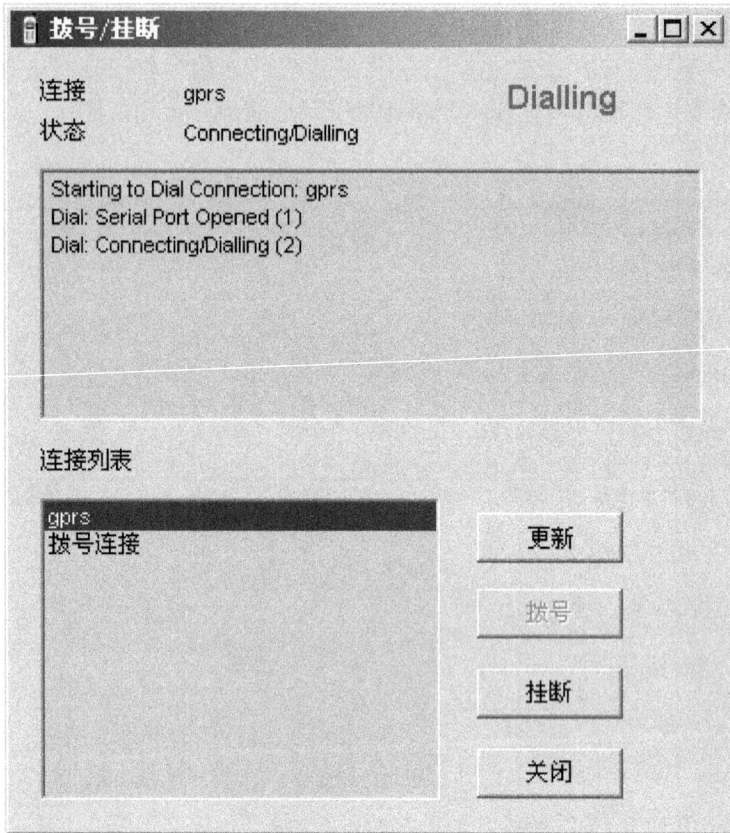

图 10.27　PPP 拨号

10.5.2　网络服务

网络服务界面如图 10.28 所示。

1. 话音服务

（1）拨打电话

在图 10.28 的界面上,输入对方电话号码,点击"拨号"按钮进行拨号。如有分机号,请在电话拨通后,输入分机号并点击"二次拨号"。拨通后点击"接听"按

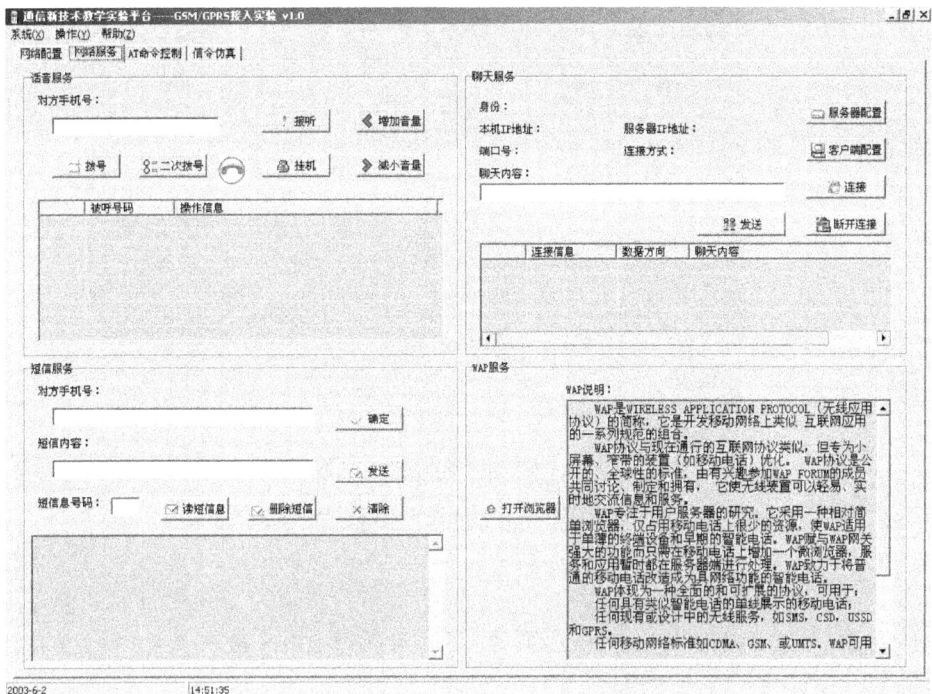

图 10.28　网络服务界面

钮,进行通话,通话结束后点击"挂机"按钮,结束通话。

（2）接听电话

出现来电提示后,在图 10.28 的界面上,点击"接听"按钮进行通话,通话结束后点击"挂机"按钮结束通话。

2.　短消息服务

（1）发送短消息

在图 10.28 的界面上,输入对方手机号后点击"确定"按钮,会出现"短信服务中心号码"对话框,填入当地的短信服务中心号码,点击"确定"按钮,并关闭该对话框,如图 10.29 所示。

填入短信内容后单击"发送"按钮发送,提示栏中会出现短消息所发送的内容。

（2）阅读短消息

在图 10.28 的界面上,输入要读的短消息号,点击"读短信息"按钮,短消息内容或提示信息会出现在信息栏中。

（3）删除短消息

在图 10.28 的界面上,输入要删除的短消息号,点击"删除短信"按钮,提示信

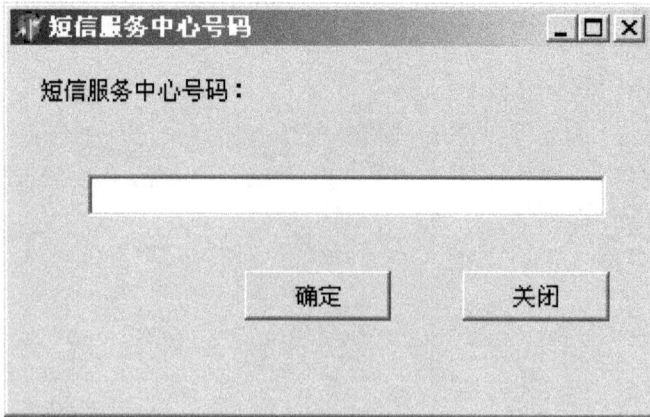

图 10.29　短信服务中心号码

息会出现在信息栏中。点击"清除"按钮能清空信息栏中所有信息。

3. WAP 服务

在图 10.28 的界面上,打开 WAP 浏览器,可通过 GPRS 浏览 WAP 网站(在此之前要配置好主机和无线模块,并打开连接)。

4. 聊天服务

(1) 配置服务器端

在图 10.28 的界面上,点击"服务器配置"按钮 ,在"服务器配置"界面中,输入连接端口号"2000",并选择连接方式"TCP",点击"确定"按钮,如图 10.30 所示。

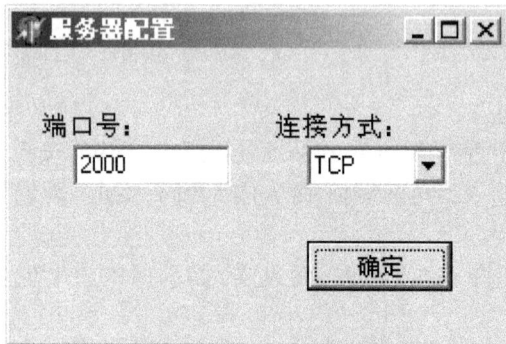

图 10.30　服务器配置

(2) 配置客户端

在图 10.28 的界面上,点击"客户端配置"按钮,在"客户端配置"界面中,输入服务器的 IP 地址(IP 地址可用 ipconfig 命令查询)和服务器的连接端口号,并选择连接方式"TCP",点击"确定",如图 10.31 所示。

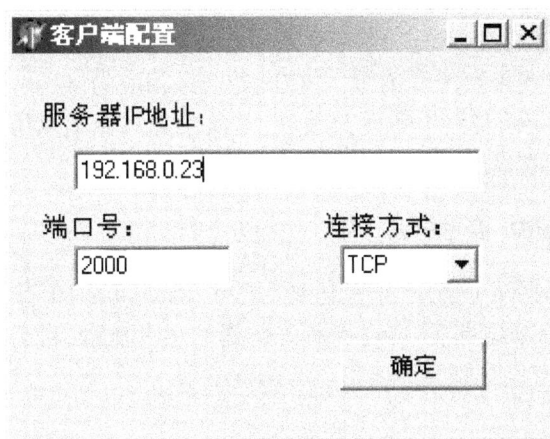

图 10.31　客户端配置

在图 10.28 的界面上,点击"连接"按钮,建立"TCP"连接。

(3) 使用聊天服务

在图 10.28 的界面上,服务器端和客户端可在"聊天内容"中输入聊天信息,并点击"发送"按钮,发送聊天信息。点击"断开连接"按钮,断开 TCP 连接。

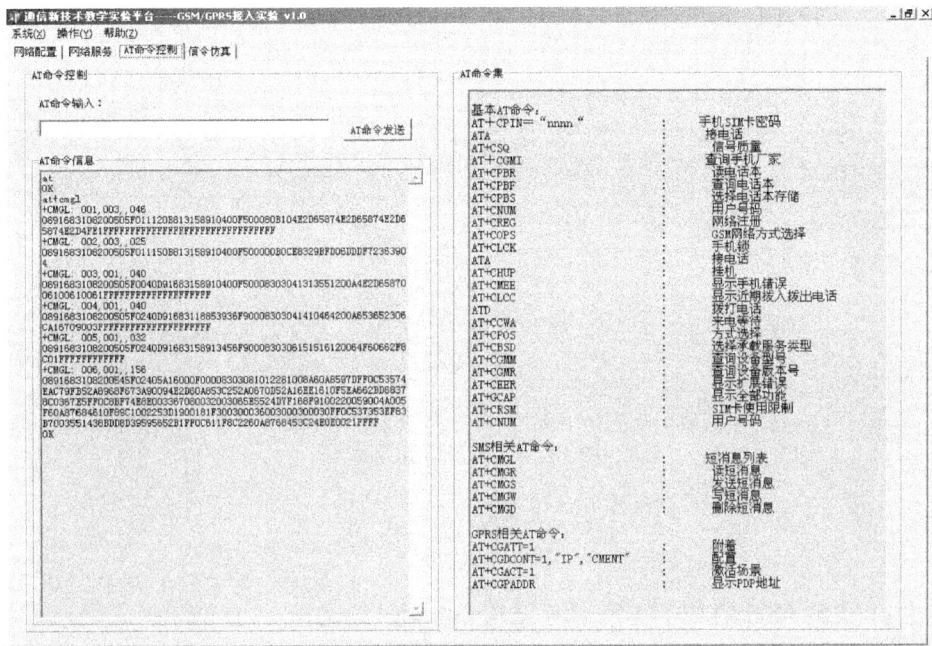

图 10.32　AT 命令界面

10.5.3 AT 命令

在图 10.28 的界面中选择"AT 命令控制"菜单,得到如图 10.32 所示的界面。在页面左侧输入 AT 命令,通过 AT 命令来操作 GPRS 模块。

前面提到的无线模块配置工作,可在此处通过相应的 AT 命令来完成,也可通过 AT 命令来实现短消息服务和话音服务,并从中观察短消息协议和相应的编解码方法。页面右侧有详细的 AT 命令描述。

10.5.4 GSM/GPRS 信令仿真

在图 10.28 的界面中选择"信令仿真"菜单,得到如图 10.33 所示的界面。选中 GSM 或 GPRS 信令仿真项,再选择所要仿真的信令流程,最后选择正确的信令和信道进行仿真,窗口右侧会给出相应的仿真结果。

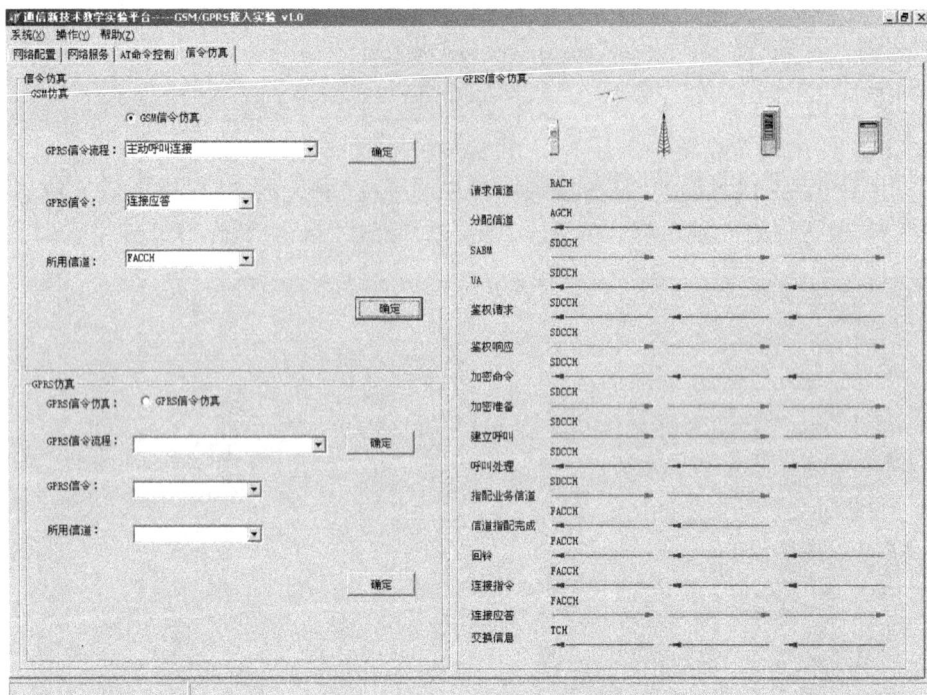

图 10.33 信令仿真界面

10.6 预 习 要 求

1) 了解 GSM 的基本概念、体系结构和电话接续流程。
2) 了解 GPRS 的基本概念、体系结构和 GPRS 信令流程。

3）了解 WAP 的基本概念以及基于 GPRS 的 WAP 应用模型。

10.7　实验报告要求

1）记录实现语音与短消息服务所使用的 AT 命令集以及 GSM/GPRS 模块相应的反馈信息。

2）记录 GSM 以及 GPRS 信令仿真的结果。

3）回答思考题。

思　考　题

1. GSM 作为第二代移动通信系统具有哪些优点?

2. GPRS 有哪些局限性?

3. WAP 中的 WDP 协议与 UDP 协议相比有哪些不同?

参 考 文 献

Kaveh Pahlavan, Prashant Krishnamurthy 著 . 2002. 刘剑,安晓波,李春生等译 . 无线网络通信原理与应用 . 北京：清华大学出版社

吕捷 . 2001. GPRS 技术 . 北京：北京邮电大学出版社

王嘉华.2000.GSM 系统信令接续流程.http://www.amcc.com.cn

钟章队,蒋文怡,李红君等 . 2001. GPRS 通用分组无线业务 . 北京：人民邮电出版社

附　　录(缩略语)

A

ACK	ACKnowledge character	肯定[确认]字符
AGCH	Access Grant CHannel	准许接入信道
APN	Access Port Name	接入点名称
AUC	AUthentication Centre	鉴权中心
AUTH	AUTHentification	鉴权
AUTHREQ	AUTHentification REQuest	鉴权请求

B

BCCH	Broadcast Control CHannel	广播控制信道
BCH	Broadcast CHannel	广播信道
BG	Border Gateway	边界网关

BIE	Base station Interface Equipment	基站接口设备
BSC	Base Station Controller	基站控制器
BSS	Base Station Subsystem	基站子系统
BSSGP	BSS Station System GPRS Protocol	GPRS 基站系统协议
BTS	Base Transceiver Sub-system	基本收发机子系统

C

CCCH	Common Control CHannel	公共控制信道
CCH	Control CHannel	控制信道
CCITT	Consultative Committee on International Telegraphy and Telephony	国际电报与电话咨询委员会
CDPD	Cellular Digital Packet Data	蜂窝数字分组业务
CHACK	CHannel ACTivate acknowledge	信道激活证实
CHACT	CHannel ACTivate	信道激活
CH-REQ	CHannel-REQuest	信道请求
CM	Connection Management	连接管理
CRC	Cyclic Redundancy Check	循环冗余校验法
CSD	Circuit Switched Data	电路交换数据

D

DCCH	Dedicated Control CHannel	专有控制信道
DCS	Data Communication System	数据传输系统
DLL	Data Link Layer	数据链路层

E

| EIR | Equipment Identity Register | 设备识别寄存器 |

F

| FACCH | Fast Associated Control CHannel | 快速随路控制信道 |
| FCCH | Frequency Correction CHannel | 频率校正信道 |

G

GBIU	Gb Interface Unit	Gb 接口单元
GGSN	GPRS Gateway Support Node	GPRS 网关支持节点
GP	Guard Period	保护期
GPRS	General Packet Radio Service	通用分组无线业务
GMSK	Gaussian Filtered Minimum Shift Keying	高斯滤波最小移频键控
GMSC	Gateway MSC	网关移动交换中心
GSM	Global System for Mobile Communication	全球移动通信系统
GSN	GPRS Support Node	GPRS 支持节点

| GTP | GPRS Tunneling Protocol | GPRS 隧道协议 |

H

HDLC	High level Data Link Control	高级数据链路控制
HLR	Home Location Register	归属位置寄存器
HTTP	Hypertext Transfer Protocol	超文本传输协议

I

ICMP	Internet Control Messages Protocol	网间控制报文协议
IE	Information Element	信息部件
IEI	IE Identifier	IE 标识符
IMEI	International Mobile Equipment Identity	国际移动设备识别码
IMMASS	IMMediate ASSign	立即指配
IMSI	International Mobile Status Identity	移动台身份鉴别
IP	Internet Protocol	网际协议
ISDN	Integrated Services Digital Network	综合业务数字网
IWMSC	Inter Working MSC	互联移动交换中心

J

| JDC | Japanese Digital Cellular | 日本数字蜂窝移动网络 |

L

LAN	Local Area Network	局域网
LAPD	Link Access Protocol-D	链路访问协议-D
LLC	Logical Link Control	逻辑链路控制

M

MAC	Medium Access Control	介质访问控制
ME	Mobile Equipment	移动设备
MM	Mobile Management	移动管理
MS	Mobile Station	移动台
MSC	Mobile Switch Center	移动交换中心
MSDRA	Master-Slave Dynamic Rate Access	主–从动态速率接入
MT	Message Type	消息类型
MTP	Message Transfer Part	消息传送部分

N

NB	Normal Burst	普通突发
NS	Network Service	网络服务
NSS	Network Sub-System	网络子系统

P

PACCH	Packet Associated Control CHannel	分组随路控制信道
PAGCH	Packet AGCH	分组准许接入信道
PBCCH	Packet BCCH	分组广播控制信道
PC	Power Control	功率控制
PCH	Paging CHannel	无线寻呼信道
PCM	Pulse Code Modulation	脉冲编码调制
PCS	Personal Communications Services	个人通信业务
PCU	Packet Control Unit	分组控制单元
PD	Protocol Discriminator	协议鉴别器
PDA	Personal Digital Assistant	个人数字助理
PDCH	Packet Data CHannel	分组数据信道
PDN	Packet Data Network	分组数据网络
PDP	Packet Data Protocol	分组数据协议
PDTCH	Packet Data Transaction CHannel	分组数据业务信道
PDU	Protocol Data Unit	协议数据单元
PIN	Personal Identification Number	个人身份号码
PLMN	Public Land Mobile Network	公用陆地移动网络
PNCH	Packet Notification CHannel	分组通知信道
PPCH	Packet Paging CHannel	分组寻呼信道
PPP	Point-to-Point Protocol	点到点协议
PPRCH	Packet Paging Response CHannel	分组寻呼响应信道
PRACH	Packet RACH	分组随机接入信道
PSTN	Public Switched Telephone Network	公共交换电话网
PTCCH	Packet Timing Control Channel	分组超前控制信道

Q

QoS	Quality of Service	服务质量

R

RA	RAndom number	随机参考值
RACH	Random Access CHannel	随机接入信道
RAND	RANDom number	随机参考值
RF	Radio Frequency	射频
RLC	Radio Link Control	无线链路控制
RRC	Radio Resource Control	无线资源控制
RRM	Radio Resource Management	无线资源管理

S

SABM	Set Asynchronous Balanced Mode	置异步平衡模式
SACCH	Slow Associated Control CHannel	慢速随路控制信道
SAP	Service Access Point	服务接入点
SCCP	Signaling Connection Control Part	信令连接控制部分
SCH	Synchronization CHannel	同步信道
SDCCH	Standalone Dedicated Control CHannel	独立专用控制信道
SGSN	Serving GPRS Support Node	GPRS 服务支持节点
SIM	Subscriber Identity Module	用户识别模块
SM	Short Message	短消息
SM	Sub Multiplexer	子复用设备
SMS	Short Message Service	短消息业务
SMSC	SMS Center	短消息中心
SMS-GMSC	SMS-Gateway MSC	短消息业务网关移动交换中心
SMS-IWMSC	SMS-InterWork MSC	短消息业务互通移动交换中心
SNDCP	Sub-Network Dependent Convergence Protocol	子网络相关汇聚协议
SRES	Signed RESponse	符号响应值

T

TA	Timing Advance	时间提前量
TACS	Total Access Communication System	全入网通信系统
TB	Tail Bit	尾比特
TC	Transform Code	码型变换
TCH	Traffic CHannel	业务信道
TCP	Transmission Control Protocol	传输控制协议
TDMA	Time Division Multiple Access	时分多址
TI	Transaction Identifier	事务标识符
TMSI	Temporary Mobile Subscriber Identity	临时移动用户识别

U

UDP	User Datagram Protocol	用户数据报协议
USSD	Unstructured Supplementary Service Data	未结构化的补充业务数据

V

VLR	Visitor Location Register	拜访位置寄存器
VM-C	Voice Mailbox-Center	语音信箱中心

W

WAP	Wireless Application Protocol	无线应用协议
WCMP	Wireless Control Message Protocol	无线消息控制协议
WTA	Wireless Telephony Application	无线电话应用
WTP	Wireless Transaction Protocol	无线事务处理协议
WML	Wireless Markup Language	无线标记语言
WSP	Wireless Session Protocol	无线会话协议
WWW	World Wide Web	万维网